# 大阪舎密局の史的展開

## 京都大学の源流

藤田英夫著

思文閣出版

# *HISTORICAL DEVELOPMENTS of OSAKA CHEMICAL LABORATORY (SEIMI-KYOKU) in JAPAN*

*KYOTO UNIVERSITY*
*from*
*the HISTORICAL POINT of VIEW*
*for CHEMISTRY*


*by*

*HIDEO FUJITA*



*KYOTO*

*SHIBUNKAKU SHUPPAN CO.,LTD.*

*1995*

第１図　浪花百景之内セイミ局（長谷川貞信画）

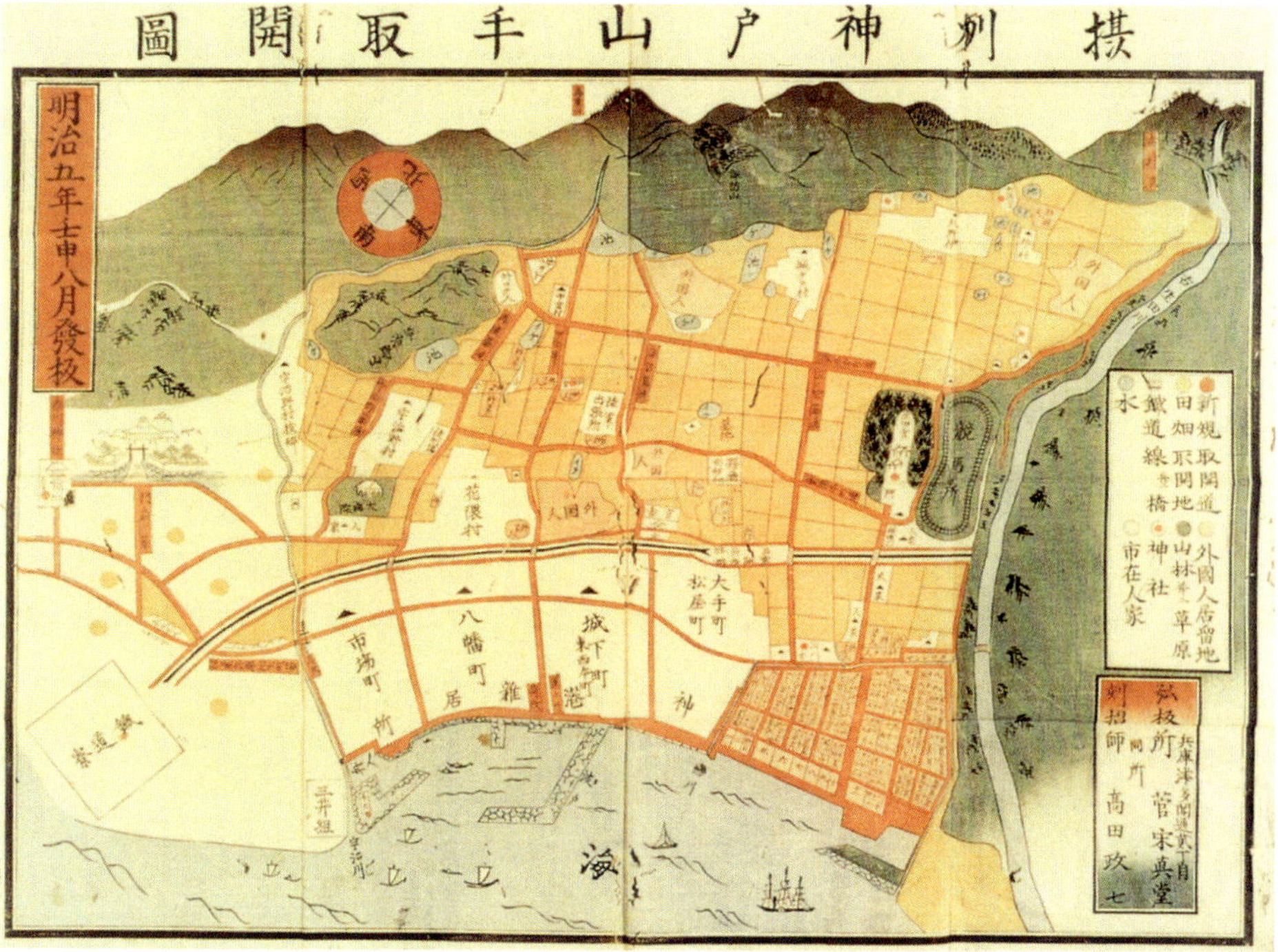


第２図　摂州神戸山手取開之図

第３図　御城外大調練之図
（長谷川小信画）

第４図　大阪開成所全図の一部

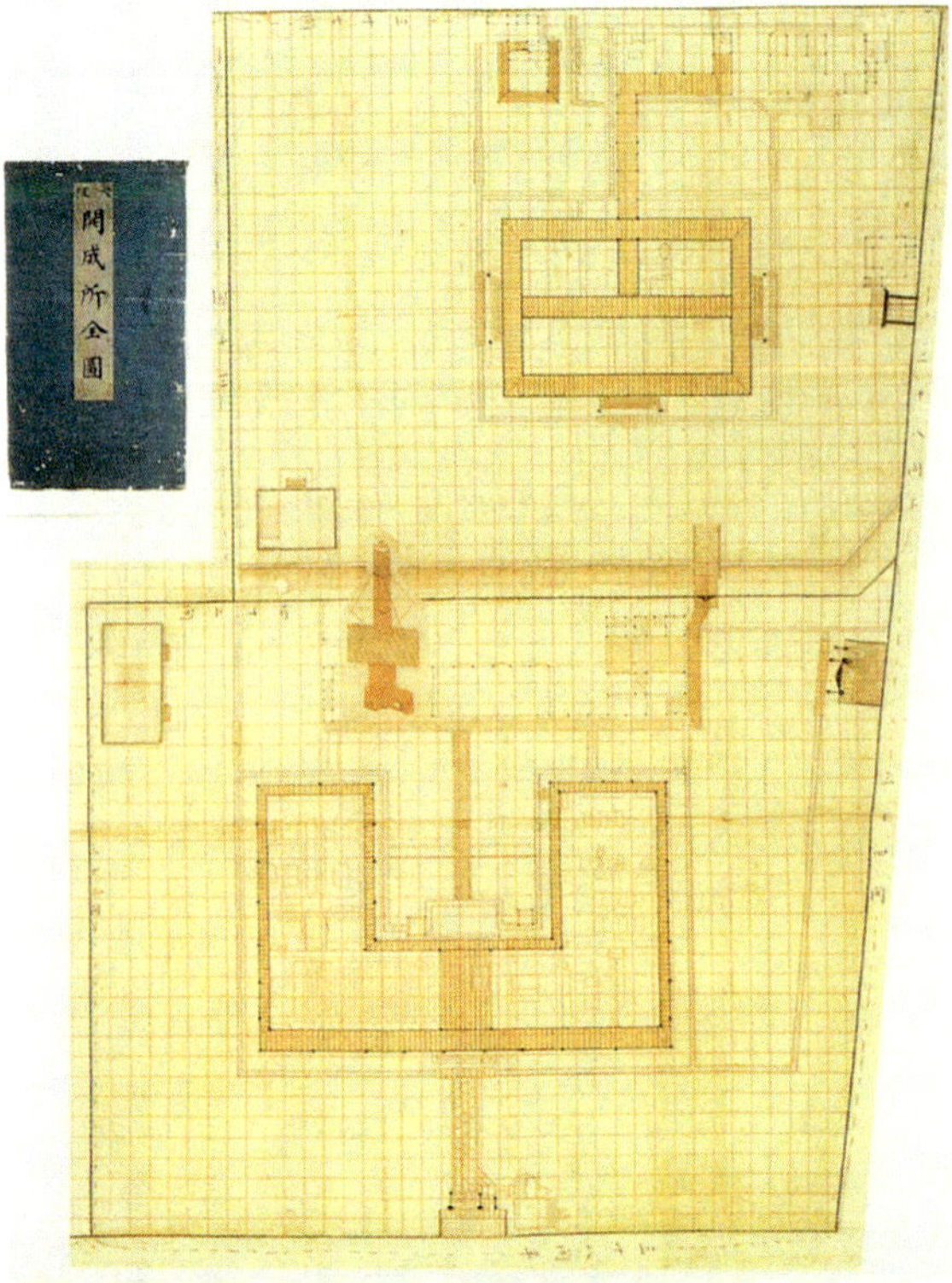

第６図　七宝焼琺瑯板（ワグネル作）

第５図　「白金器入函　化學實驗場」

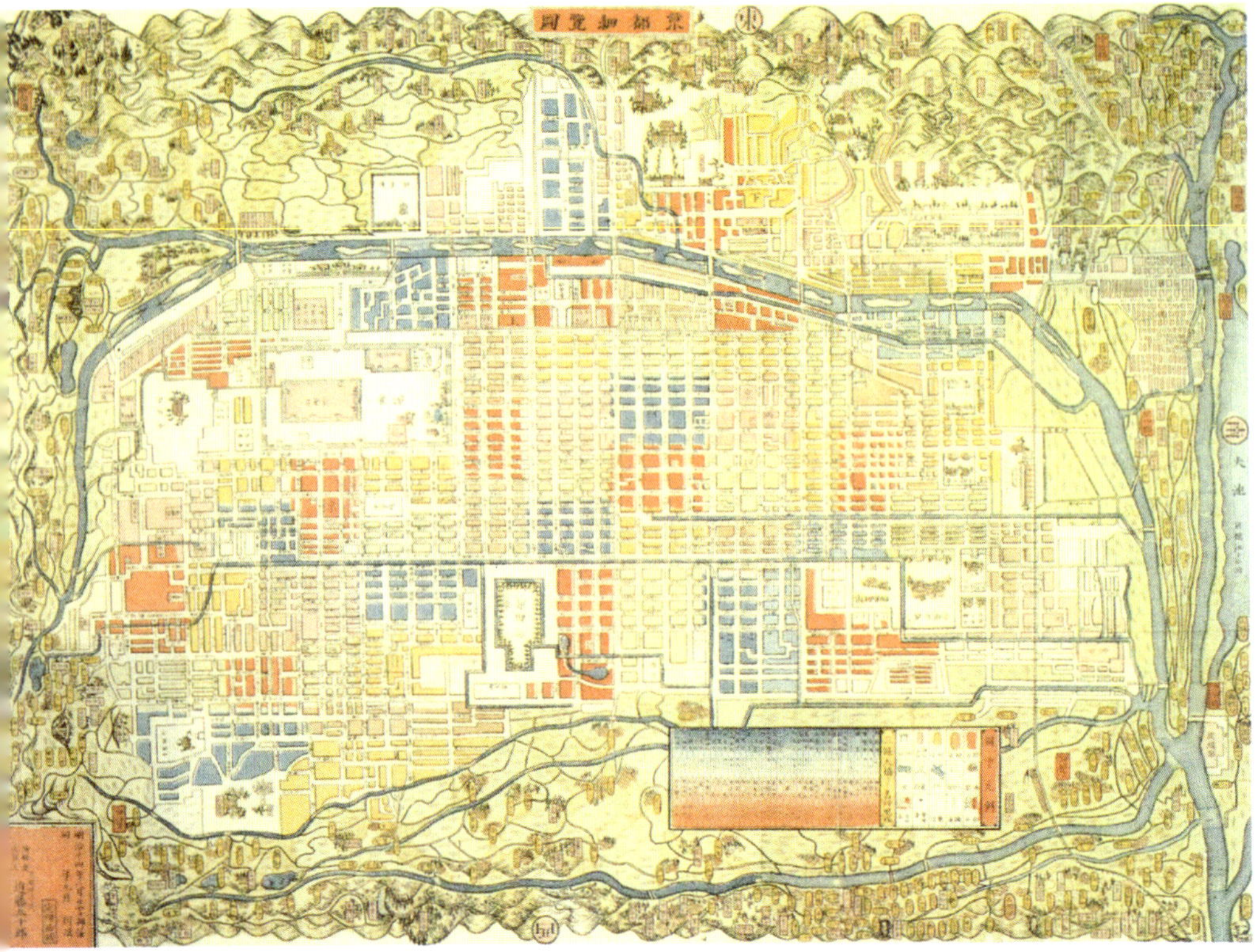

第 7 図　京都細覧図

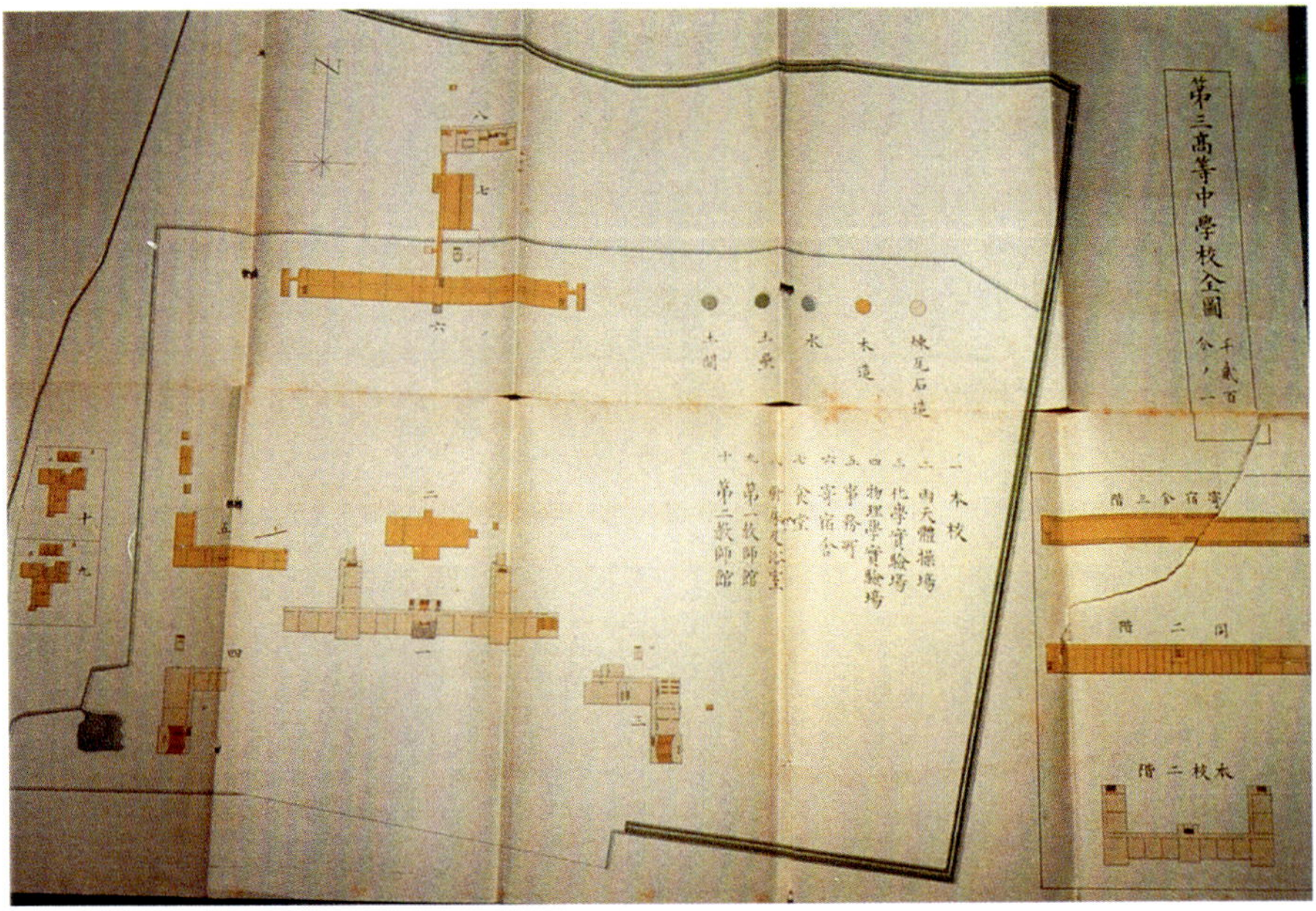

第 8 図　第三高等中学校の京都移転当時の一覧図

第９図　大阪舎密局開校記念写真

a: A. A. J. ガワー（イギリスの兵庫・大阪領事）
b: A. M. ヴェダー（アメリカ領事代理、神戸病院教頭）
c: 土肥真一郎（土居通夫、大阪府外国御用掛）
d: 西本清介（大阪府権弁事）
e: 緒方惟準（大阪医学校長）
f: ピステリュース（オランダの副領事）
g: A. F. ボードウィン（大阪医学校教頭）
h: 何礼之助（何礼之、一等訳官兼造幣局権判事）
i: 宇都宮三郎（宇都宮鉱之進、大阪府外国御用掛）
k: 平田助左衛門（大阪舎密局御用掛）
l: ハラタマ（大阪舎密局教頭）
m: 田中芳男（大阪舎密局御用掛）
n: 三崎嘯輔（大阪舎密局助教）

第10図　宇都宮三郎とハラタマ

第11図　大阪舎密局役人写真と舎密局日記（右下）

第11図の人物名一覧

a：田中芳男（大阪舎密局御用掛）
b：深瀬仲馬（大阪府判事）
c：三崎嘯輔（大阪舎密局助教）
d：木内伝内（大阪府判事）
e：ハラタマ（大阪舎密局教頭）
f：西四辻公業（大阪府知事）
g：松本銈太郎（大阪舎密局助教）
h：西本清介（大阪府権弁事）
i：平田助左衛門（大阪舎密局御用掛）
j：西園寺雪江（大阪府権判事）

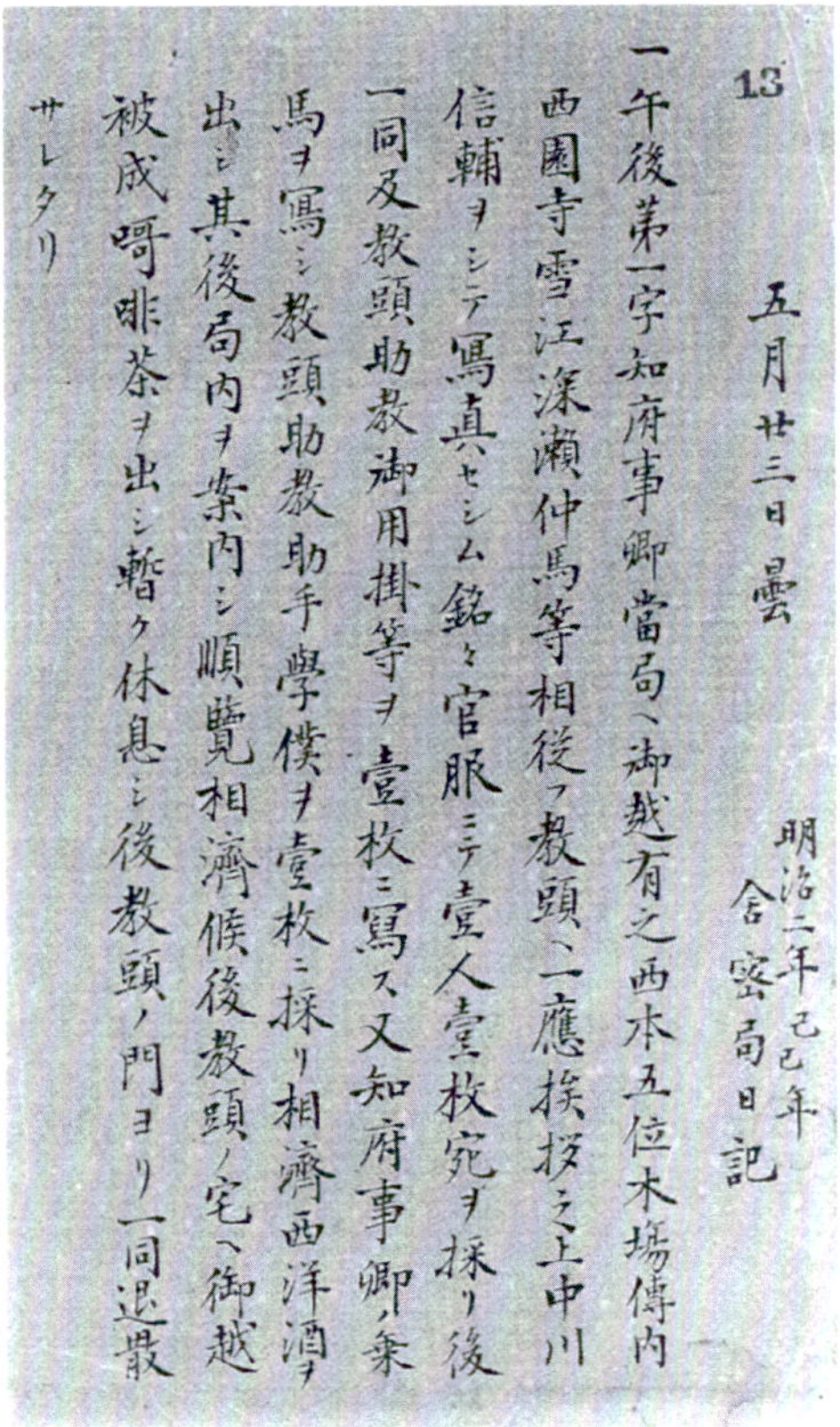
明治二年己巳年
舎密局日記

13

五月廿三日　曇

一午後第一字知府事卿當局ヘ御越有之西本五位木場傳内
西園寺雪江深瀬仲馬等相從フ教頭ヘ一應挨拶之上中川
信輔ヲシテ寫真セシム銘々官服ニテ壹人壹枚宛ヲ採リ後
一同又教頭助教御用掛等ヲ壹枚ニ寫ス又知府事卿ノ乘
馬ヲ寫シ教頭助教助手學僕ヲ壹枚ニ採リ相濟西洋酒ヲ
出シ其後局内ヲ案内シ順覧相濟候後教頭ノ宅ヘ御越
被成珈琲茶ヲ出シ暫ク休息シ後教頭ノ門ヨリ一同退散
サレタリ

第12図　大阪舎密局写真

第13図　神戸病院の正面玄関

第14図　神戸病院付近の山手近景

第15図　東南方からの神戸病院

第16図　神戸病院の前庭からの神戸港

第17図　森信一の顕彰碑

第18図　ボードウィンを囲む学生たち

慶応２年（1866年）の夏、長崎（精得館の庭）にて撮影？
判明したものを以下に記す

c：木戸　孝允　　d：岸本　一郎　　e：伊藤　博文？　　f：森　信一
h：三崎　嘯輔？　　i：松本　鉎太郎　　j：長与　専斎？　　k：日下部　太郎
l：A. F. Bauduin　　o：緒方　惟準　　p：菊池　大麓　　q：高松　凌雲？
r：何　礼之助

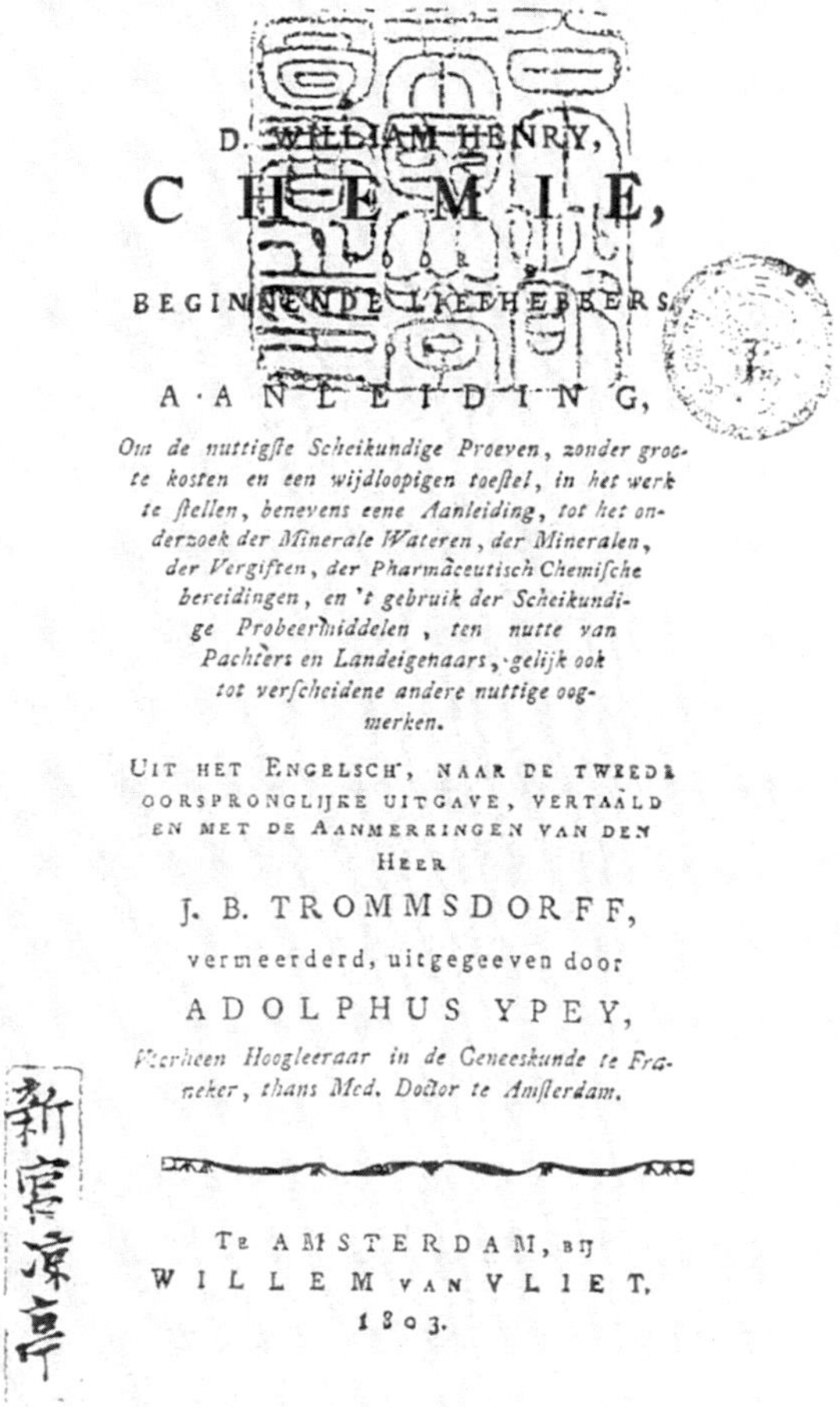

D. WILLIAM HENRY,

CHEMIE,

BEGINNENDE LIEFHEBBERS,

AANLEIDING,

*Om de nuttigſte Scheikundige Proeven, zonder groote kosten en een wijdloopigen toeſtel, in het werk te ſtellen, benevens eene Aanleiding, tot het onderzoek der Minerale Wateren, der Mineralen, der Vergiften, der Pharmaceutisch Chemiſche bereidingen, en 't gebruik der Scheikundige Probeermiddelen, ten nutte van Pachters en Landeigenaars, gelijk ook tot verſcheidene andere nuttige oogmerken.*

UIT HET ENGELSCH, NAAR DE TWEEDE OORSPRONGLIJKE UITGAVE, VERTAALD EN MET DE AANMERKINGEN VAN DEN HEER

J. B. TROMMSDORFF,

vermeerderd, uitgegeeven door

ADOLPHUS YPEY,

*Voorheen Hoogleeraar in de Geneeskunde te Franeker, thans Med. Doctor te Amſterdam.*

TE AMSTERDAM, BIJ WILLEM VAN VLIET, 1803.



第19図　Chemie, voor Deginnende Liefhebbers. (1803)

天保丁酉年梓

宇田川榕菴譯

舎密開宗

初篇

本店開在淺草城門外黄芽街朝東宇田
川先生三世著篇製本俱全凡四方君子
賜雲顧者須認每部印章方是正本如有
僞印者男盜女娼書肆青藜閣主人謹白

第20図　舎密開宗（天保8年、1837）

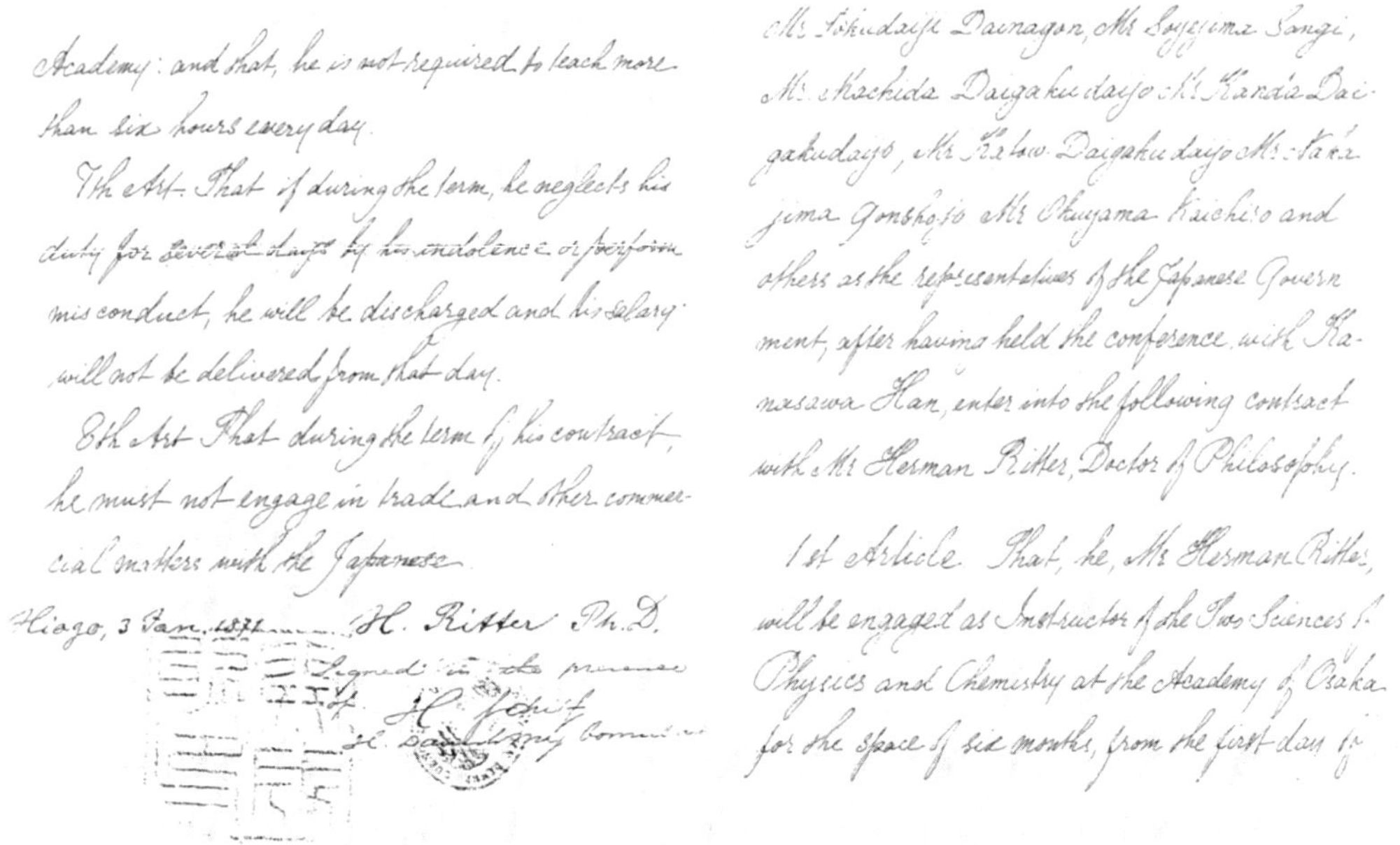

Academy: and that, he is not required to teach more than six hours every day.

7th Art. That if during the term, he neglects his duty for several days by his indolence or perform mis conduct, he will be discharged and his salary will not be delivered from that day.

8th Art. That during the term of his contract, he must not engage in trade and other commercial matters with the Japanese.

Hiogo, 3 Jan. 1871 H. Ritter Ph.D.

Signed in the presence

Mr Tokudaiji Dainagon, Mr Soyejima Sangi, Mr Machida Daigakudayo Mr Kanda Daigakudayo, Mr Katow Daigakudayo Mr Nakajima Gonshojo Mr Okuyama Kaichiro and others as the representatives of the Japanese Government, after having held the conference with Kanasawa Han, enter into the following contract with Mr Herman Ritter, Doctor of Philosophy.

1st Article. That, he, Mr Herman Ritter, will be engaged as Instructor of the Two Sciences of Physics and Chemistry at the Academy of Osaka for the space of six months, from the first day of

第21図　リッテルの契約原文

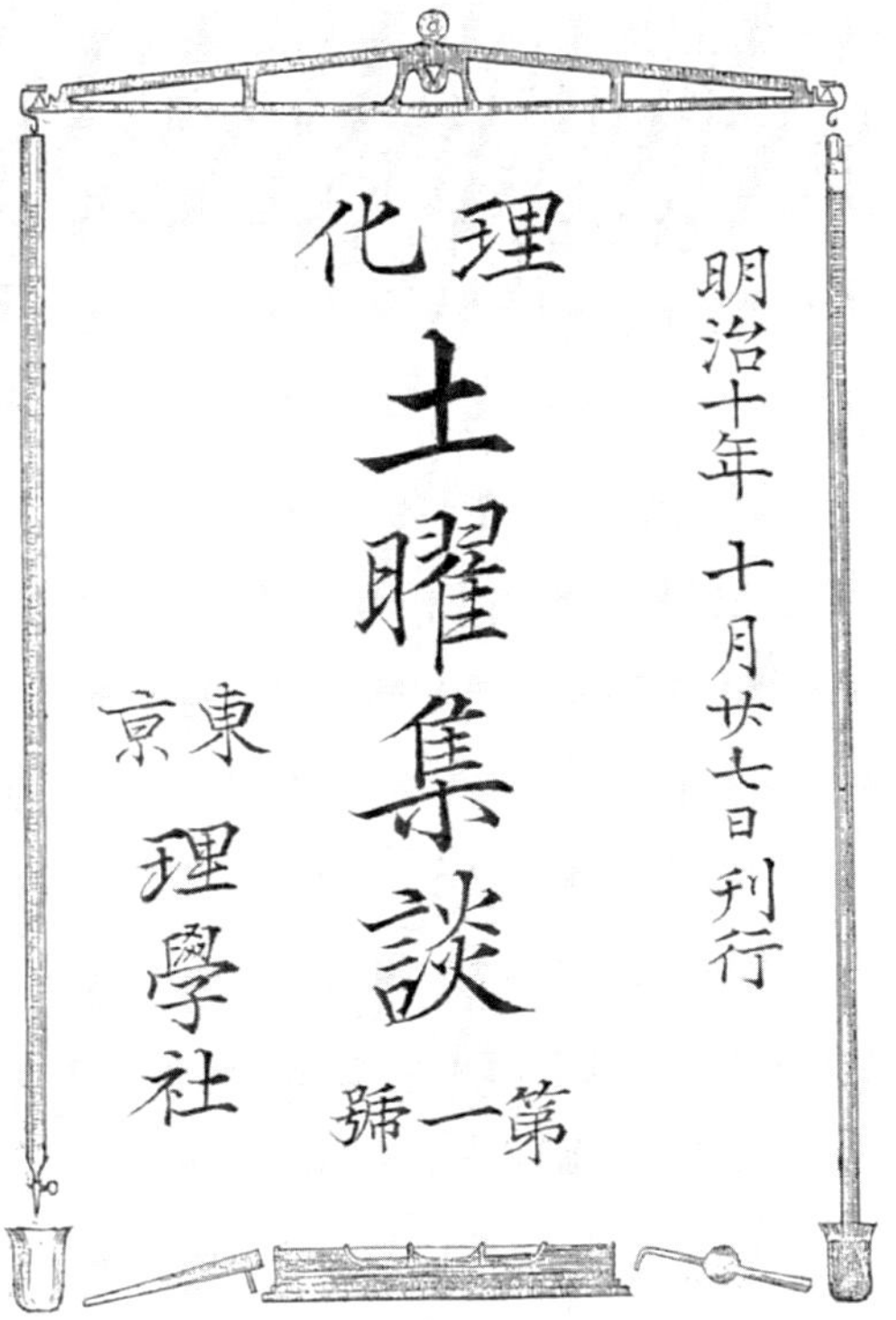


第22図　『理化土曜集談』

# 序文

世の中には不思議なことがある。京都大学はまもなく創立百周年を迎える。およそ大学の発祥には物語の一つや二つはあるものである。京都大学教養部は、機構改組を経て総合人間学部となっている。ご承知のように、第三高等学校のキャンパスを引き継いでいるわけである。しかも、京都大学の創立以前は、時計台のある本部キャンパスが第三高等学校の所在地であった。いまでも、「三高の白金坩堝《るつぼ》」と称するものが「化學實驗場」と表示した小箱に保管されている。著者がこの不思議にチャレンジしてみようと思うようになったのは、十七年ほど前のことである。大学紛争が終局し、新しい権威が芽生え、また教養部改組の数次にわたる構想が繰り返された時期でもあった。

京都大学の沿革史をみると、舎密（オランダ語系のChemie, セイミ）局から始まるが、京都舎密局ではなく、大阪舎密局を指していることが理解できる。舎密とは化学と同義語であり、明治期まではよく使われていた。調査のため図書館の舎密局・三高資料室へ出入りし、単なる物語ではなく、立派な歴史的事実であるとわかってきた。一方では『神陵史』の記述に不正確な箇所もあり、とくに化学史の視点から実証したり、補足説明の必要箇所が見つかり、数度にわたって研究発表を行ってきた。このような経緯で著者の化学史の散策が始まり、ときには周辺の調査も加えることになった。本書においては、十数篇の論述を標題に沿って編集替えして、あらたに一、二の論稿を添えた。この作業のみで、京都大学の前史を中心としながらも、化学史的にみれば、今日への展開が示唆されているとすれば、著者の願うところである。

平成七年二月二十七日

宇治の里にて　藤田英夫

# 大阪舎密局の史的展開――京都大学の源流――※目次


序文

第一部　京都大学への序章

第一章　関西における化学史 …… 3

第二章　幕末期の化学の状況 …… 10

第三章　化学史からの大阪舎密局 …… 22

第四章　明治中期の教育制度の進展 …… 60

第二部　近代化学事始めとその後

第一章　大阪舎密局と京都大学 …… 85

第二章　リッテルと東京理学社 …… 109

第三章　大阪舎密局の化学史的遺産 …… 122

第四章　思い出をめぐって …… 149

第一節　長崎分析窮理所の今昔……149
第二節　久原躬弦の化学への関心……153
第三節　京都舎密局の三表札……158
第五章　写真が取り持つ縁について……166
第一節　宇都宮三郎年譜とハラタマ居宅の一、二の問題点……166
第二節　明治初期の神戸病院……174
第三節　神戸病院総轄・森信一（龍玄）像を求めて……184
第四節　ボードウィンを囲む学生たち……202
第五節　ヴェダーのみた幕末・維新期の医学の実情……208
第六節　ガワー兄弟……222
第六章　雑誌『我等の化学』について……228
略年表
あとがき
挿図出典一覧
索　引（人名・事項）

# 大阪舎密局の史的展開

——京都大学の源流——

# 第一部　京都大学への序章

# 第一章　関西における化学史

## 一　東洋錬金術から近代化学事始めへ

およそ学問の発展は、たえず歴史的背景をもっていて、あるときは社会的要請と強く結びついていることがある。化学の発展も例外ではない。化学はついこの前までは、舎密《せいみ》学と呼ばれていた。この事実は『舎密開宗』の名著に由来している。さらにさかのぼれば、錬金術、仙術などをさすことにもなる。東洋では三世紀にすでに『抱朴子《ほうぼくし》』が存在するし、明代に『天工開物』などによって東洋錬金術が伝えられている。しかし、化学が現代的発展の端を切るためには、西欧の化学導入をまたねばならなかった。

江戸時代の化学は、本草学や蘭学と結びついて醸成された。とくに蘭学は、当時の鎖国社会にあって西欧の科学移入と結びつき、長崎を中心に盛んであった。そのような状況でもっとも画期的な人物はシーボルト（P.F.B.von Siebold, 一七九六～一八六六、オランダ）である。その後、ペリー（M.C.Perry, 一七九四～一八五八、アメリカ）の来航（嘉永六年、一八五三）により鎖国政策が破綻すると、諸藩・幕府は急速に西欧科学の受け入れ策をとるようになった。長崎においても、ポンペ（J.L.C.Pompe van Meerdervoort, 一八二九～一九〇八、オランダ）、ボードウィン（A.F.Bauduin, 一八二二～八五、オランダ）が来日し、医学とその基礎教育が行われた。やがて、理化学専任教授としてハラタマ（K.W.Gratama, 一八三一～八八、オランダ）を

第１図　緒方洪庵

招くようになり、化学教育が本格的にはじまる予定であった。

しかし、幕府が倒れ、明治政府の基礎が固まらない明治初期に、大阪に舎密局がつくられ、ハラタマを教頭に迎え、ようやく西欧式の実験化学教育が開始された。大阪には緒方洪庵の適塾（天保九年～文久二年、一八三八～六二）の伝統があり、近くには大阪医学校がつくられ、当時としては恵まれた環境であった。この大阪舎密局は、以後様々な影響を各方面におよぼした。とりわけ、関西における近代化学史はここに始まったというべきである。この学校は、その後十数回の校名変更と教育内容の変遷を経て生き続け、京都の地に移り、第三高等学校・京都大学へと発展していった。今、大阪舎密局を化学史の観点からふりかえり、明治期の関西での化学教育の実情を紹介し、昨今、ノーベル化学者が生まれた素地といったものが理解できれば望外の幸せである。

## 二　舎密と化学のふるさと

化学はもともと舎密と呼ばれていた。舎密の言葉が確立するのは、宇田川榕菴の著書『舎密開宗《かいそう》』（天保八年、一八三七）以後といってよい。ただ、榕菴はこれより十年ほど前からすでに舎密という言葉を考えていたと思われ、『植学啓原』（天保六年、一八三五）にもその記述がある。当時のオランダでの化学はシケィキュンデ（Scheikunde）であり、分析術学と訳されていた。Scheikundeはラテン語のChemicaに対応し、化学を指しているが、舎密はフランス語由来のオランダ語Chemieの音読みで「セイミ」と呼び、英語のChemistryに対比される。幕末期化学の第一人者である川本幸民は『気海観瀾《きかいかんらん》広義』で分合術といい、同じく『兵家須読舎密真源』（安政三年、一八五六）で「舎密はセミーと読むべし、離合の義あり、故に分合学と訳すも亦可なり。和蘭これをシケィキュンデという。分離術の義にして合の義を欠く。此書全篇みな舎密とするは近来の通称に従う者なり」と述べている。事実、舎密は大阪舎密局や京都舎密局の公称として用いられ、雑誌『舎密』がのちに発刊され昭和十年代まで続刊されたことをみると、かなり親しまれた用語であったことがわかる。

第２図　宇田川榕庵

では化学の名称はいつ、誰が使用し始めたのか。現在までに判明していることは、中国の上海で発刊された『六合叢談《りくごうそうだん》』（咸豊七年、一八五七）の小引（一月、創刊号）、物中有銀質説（八月号）、英格致大公会会議（十月号）の各項に化学の使用例があり、もっとも古いと考えられる。たとえば、十月号に「按化学之力、興重学之力不同、蓋万物之質、能自然変化者、謂化学之力、能強加力於他物者、謂重学之力、二者以是別之」と述べ化学と重学の定義をしている。この雑誌はワイリー（A. Wylie, 漢名 偉烈亜力、一八一五～八七、イギリス）がほとんど独力で執筆編集したもので、日本でも即刻出版されたが、宗教関係の部分は削除された。

第３図　宇都宮三郎

事実、『官版六合叢談』では、宗教の記事はない。興味があるのは、官版となっていることと、小引（創刊号）での化学に片仮名でセイミと呼び名が添付されていることである。おそらく、蕃書調所の川本幸民が刊行に関係していたのかも知れない。なお、幸民の『裕軒随筆』の中に「諸化学家肝油を分析せり」との記述があるが、嘉永四年（一八五一）頃の記事と推定すべきかの問題がある。

一方、万延元年（一八六〇）川本幸民が幕府の掌書局に『万有化学』という翻訳書の出版許可を求めて、却下された事実がある。また、文久元年五月二十七日（一八六一年七月四日）付けのシーボルトの外国奉行への返翰に「余医術並に化学を習ふ所の輩に余の為し得る丈けは好で其問に答ふべし」とあり、この訳出には高畠五郎、村上英俊が当たっている。

印刷刊行された日本人による書物で化学の言葉がはじめて登場するのは司馬凌海の『七新薬』（全三巻、文久二年、一八六二）である。また、宇都宮鉱之進（三郎）の進言にもとづいて元治元年（一八六四）には、開成所から幕府へ提出された伺書に「精煉方の文字を化学にし、勤務の者は化学教授、同手伝というように改称したい」との意味が書かれている。

このようにみてくると、化学は中国在住の西欧人による訳語として生まれ、日本にも安政四年（一八五七）頃に紹介されたといえる。事実、万延・文久年代になるといくつかの使用例が見い出された。いずれにしても幕末から明治初期にかけて、舎密と化学の二つの名称は同義用語として用いられたが、刊行物・著書では化学の使用例が多くなっていった。とくに明治五年（一八七二）の学制発布によって、小学校の学課名に化学が採用され、開成学校に化学科が設けられたことなどが、化学の名称を確立させ、しだいに普遍化していった。明治十一年に創立されたわが国最初の化学関係の学会も東京化学会と称した。

ここで、幕末期化学の第一人者である川本幸民（裕軒）について述べておこう。幸民は兵庫県三田市（三田藩九鬼侯の城下町）の藩医の子息として、文化七年（一八一〇）に生れた。藩校で漢字を学び、十七歳のとき播州木梨村（兵庫県）の村上良八から医術を学んだのち、文政十二年（一八二九）江戸遊学を命じられた。江戸では足立長雋《ちょうしゅん》の門に入り、一年後には推薦を受けて坪井信道のもとに入門した。ここで学ぶこと三年、質性英敏な天賦の才に加え努力修学によって大いに学力がすすんだという。同門の緒方洪庵は「幸民いよいよ酔えばいよいよ勤む、吾徒ついに及ばず」といっている。天保六年（一八三五）、二十五歳のとき江戸の芝露月町で医業をはじめ、青地林宗の三女を娶った。しかし翌年、ある事件に連座して蟄居の身となり、さらに受難の時代がつづいた。その後嘉永四年（一八五一）、林宗の『気海観瀾』を増補・充実させた『気海観瀾広義』（十五巻五冊、嘉永四年〜安政三年、一八五一〜六）の第一冊を刊行したのをはじめに、つぎつぎと重要な訳述や著書を多く残し、蘭学者として特に化学の大家として名をなすにいたった。幸民は書物で新知識を学ぶだけでなく、得

**第4図**　川本幸民

第５図　川本幸民の顕彰碑

た知識に基づいて実地にマッチ、写真、ビール製造、その他いろいろな試験をしている。それらによって、化学を理解しようとしていることは重要な点である。

幸民は蕃書調所開講の安政四年（一八五七）に教授職並となったが、二年後に教授職にすすみ、箕作阮甫とならんで蘭学界最高の地位にのぼった。さらに二年後には、阮甫とともに幕府直参に挙げられた。蕃書調所はその後洋書調所となり、さらに開成所となったが、幸民は引き続き教授職にあり、開成所の最後まで化学部門の最高指導者であった。

慶応四年（一八六八）幕府が倒れたとき、官を辞して三田に帰り、嗣子清一とともに蘭学と英学の塾を開き、藩の子弟の教育に尽くした。明治四年（一八七一）清一が新政府より大学少博士に任命されたとき、ともに上京したが、幸民はまもなく六十一歳の生涯を終えた。幸民は宇田川榕庵によって導入された近代化学をさらに発展させ、普及するうえに大きな功績があった。幸民の人柄については、坪井信良著『裕軒川本先生小伝』に「先生為人廉潔剛直、言必信、行必果たす。敢て妄りに人を容れず。故に門にいる者甚だ多からず、然れども一回、交を結ぶ者は接遇温厚以て能く久し」と記されている。つまり、幸民は直情径行、学者気質の人で、みずから持すこと謹厳、同時に他人にもそれを要求し、みだりに人を容れることがなかったらしい。清濁あわせ呑むといったタイプではなかったらしい。

兵庫県三田市の市民病院の前方には、今でもユニークな屋敷がある。明治初期のハイカラで有名な九鬼邸である。その前の坂道を兵庫県立有馬高等学校に向かってしばらく上り詰めれば、池の畔に第5図の川本幸民の顕彰碑があることに気付くであろう。御影石であるため、文面は多少読みにくいが、丹念に読み続けると、ドキッとするものである。この小盆地宇宙の古里からの偉大な人物の輩出に、首を垂れる想いが湧き出てくる。

# 第二章　幕末期の化学の状況

## 一　大阪舎密局とは

大阪舎密局は、明治二年五月一日（一八六九年六月十日）大阪城の西域、追手筋（大手通）に面した京橋口御定番屋敷跡（現在の大阪府庁本館の南西向い側、大阪府庁新別館第3期工事区域）に開設された理化学専門の高等教育機関であった。今日の言葉でいえば、理化学専門学校とでもいえる。校長は設けておらず、おそらく御用掛の田中芳男がその業務に奔走したのであろう。舎密局の教頭にはオランダ人のハラタマが迎えられ、化学・物理学を主とする講義と実験教育とが行われた。この舎密局が京都大学に発展するまでには、多くの苦難の道を歩むわけであるが、第三高等学校同窓会が建てた「舎密局址」の碑に「冀使過者不忘此地為関西近代学術濫觴之処」とあるように、明治維新直後の関西において、もっとも早く開かれた西欧自然科学の本格的教育をめざした学校であった。開設期間が短かったために、当時の科学教育・研究に与えた影響は直接的でなかったけれども、ハラタマによって導入された西欧の新しい理化学思想は、その後多くの青年たちをして、この分野に向かわせる動機となり、日本の自然科学の近代化に果した役割は大きいといえる。とくに、近代化学はここに始まったといえる。

　ではなぜ、舎密局が大阪に創設されたのであろうか。この背景には幕末期の国情と明治維新の動乱とが交じりあっており、また長崎の蘭学・医学伝習と深く結びついている。

## 二　長崎での近代医学教育

長崎は鎖国時代を通じて日本が外国に開いた唯一の門として、また異国文化が流れ込む唯一の窓として特異な地位を占めていた。文政三年（一八二〇）に来日したシーボルトが鳴滝塾を開いて日本人に西洋学術の考え方を教授して以来、来日オランダ医師たちによって、医学および自然科学の一端の伝習がつづけられていた。しかし、ペリーの来航によって幕府の対外政策は一大転換を余儀なくされた。幕府は鎖国以来の大船建造の禁を解き、みずから造船所をおこし、オランダに軍艦、鉄砲を発注し、海軍創設を意図した。この幕府の意向を察知したオランダは、蒸気船、機械類等を寄贈するとともに、船の操作法その他を伝授するため教育隊を送ってきた。これにより長崎での海軍伝習が始まりオランダ教育隊は航海術、砲術などの実用的技術ばかりでなく、基礎学課も教えた。たとえば、分離学（化学）や窮理（物理学）は医官のファン・デン・ブルク（J.K.Van den Broek, 一八一四～六五、オランダ）が教え、長崎の通詞たちがその講義を受けた。ファン・デン・ブルクは熱心かつ意欲的に初歩の教育を施したようであり、この成果の一端は河野禎造による『舎密便覧』（全十四冊、安政六年、一八五九）の訳書にみることができる。いずれにしても、長崎海軍伝習は近代科学技術を公式にかつ組織的に西欧人から学ぶことになった最初であり、画期的なできごとであった。

一方、安政二年（一八五五）には江戸に洋学所が設立され、翌年にはこれが蕃書調所となり、洋学研究は高まっていく。さらに安政四年には、かねて幕府が発注していた新造の軍艦ヤーパン号（咸臨丸）が回航されてくると共に、第二次教育隊が派遣されてきた。この教育隊の軍医として来日したのがポンペである。

ポンペは一八二九年五月五日、ベルギーのブリュジェ（Brugge）で生まれた。ポンペがその地で生まれたのは父が陸軍将校として赴任していたからである。一八四九年、二十歳でユトレヒト（Utrecht）の軍医学校を卒業して海軍に入り、軍医部三等士官として東インドに赴任、スマトラ（Sumatra）、モルッカ（Molucca）、ニューギニヤ（New Guinea）各地に勤務した。二等士官に進級後、長崎に着いたのは安政四年八月五日（一八五七年九月二十一日）であり、このときポンペは二十八歳であった。オランダの海軍教育隊の派遣は国王ウイルレム二世の開国勧告を拒絶したものの、阿片戦争以後の情勢変化を座視できなかった日本側の要望と、日本開国の先鞭をつけようとして、アメリカに先を越されたオランダ側の外交的布石とが一致して生まれた成果である。ポンペの来日もこのような幕末期の国際情勢下におけるオランダの立場から生れた所産であるといえる。ポンペは以下に述べる功績を残して文久二年九月十日（一八六二年十一月一日）、長崎を出発し帰国した。その後、ポンペは医学の教育研究から遠ざかり、むしろ実際家・実務家としての生涯を送った。すなわち、日本滞在期間および帰国直後にはいくつかの論著を残している。代表作は『日本における五年間――日本帝国とその国民の知識への一寄与』（一八六七および一八六八）である。第二次海軍伝習が行われるかたわら、ポンペは長崎奉行所を教室にして、医学教育を始めた。教わる方の中心は幕府の医官であった松本良順で、良順が医学上の質問をして、他の者はそれを傍聴するという形式をとったといわれる。このようにして十数名の医師たちがポンペから近代医学教育を受け始めたが、翌年（一八五八）には医学伝習所は長崎郊外の大村町に移された。やがて、第二次海軍伝習は二ケ年で打ち切りとなり、教育隊は帰国したが、ポンペは居残り医学教育は五年間続けられた。受講生たちは、すぐに役立つ内科なり、外科なりの術を教えてくれるよう希望したが、ポンペは基礎学科目の重要なことを強調してそれをしりぞけた。はじめから正統な医学を組織的に教えようとした。たとえば、安政五年（一八五八）十一月の講義時間表をみると次のようになっている。

| | 〔午　前〕 | 〔午　後〕 |
|---|---|---|
| 月 | 病理学総論 | 化　学 |
| 火 | 解　剖　学 | 生　理　学 |
| 水 | 病理学総論 | 化　学 |
| 木 | 解　剖　学 | 生　理　学 |
| 金 | 病理学総論 | 化　学 |
| 土 | 解　剖　学 | 採　鉱　学 |

基礎医学の時間が多いのはもとより、化学に多くの時間をさいているのが注目される。

つぎに、ポンペが「日本における自然科学の研究について」（Journal of the North China Branch of the Royal Asiatic Society, Vol.1,No.2,May 1859）において記述している化学教育の状況は次のようである。

化学志望の学生の数は、物理の学生と同様（約四十名）であった。理論的に教えたことを実験によって説明するのであるが、実験室、化学器具、試薬などの設備がまだ整わないために大いに不便を感じた。しかし、学生たちのなかにすでに化学の実験に必要な器具その他を集めることに力を注ぐ者すらいた。諸地方から分析を依頼するために鉱物や鉱泉水などを送り届けてきた。ポンペは学生の面前で、これを分析して見せた。学生たちは単に化学書を読むことばかりでなく、実験によってできる限りの力を示した。

ポンペに学んだ者に、松本良順のほか、前述の『七新薬』などで知られる司馬凌海、『舎密局必携』（全三冊、文久二年、一八六二）で著名な写真家として大成した上野彦馬（天保九年～明治三十七年、一八三八～一九〇四）、長与専斎、緒方惟準《これよし》、太田雄寧らの後に明治医学界の指導者となった人が多い。長与専斎はポンペの教育を次のように語っている。

> 従前とは学問の仕方に大きな差異があつた。やさしい言葉・文章で事実の正味を説明し、文字・章句の詮索の如きは問題にしなかつた。病症・薬物・器具その他種々の名称・記号の類は、従来、暗中摸索のうちに多くの時間を費やしてきたが、今、物について、あるいは図を示して教へられると、一目瞭然掌をさするごとく。疑義難題もたちまち氷解して……日々の講義をよく理解し、よく記憶すれば、日々新たなることを知り、新たなる理を解し云々

専斎は肥前大村藩（長崎県）の出身で、緒方洪庵の適塾に学び、その塾頭にもなったが、すすめられて長崎に赴き、ポンペから新しい時代の医学を学んだ。明治になって長崎医学校長、文部省医務局長、内務省衛生局長となり、わが国の医事・衛生・薬事の制度を築くのに大きな功績を残した。

## 三　ボードウィンの役割

ポンペの後任として、文久二年（一八六二）の秋に来日したのはボードウィンであった。ボードウィンは立派な医者で、十二年間陸軍医学校の教官を勤めてきた経歴が示すように、医学および医学教育の普及に熱心であった。とくに眼科に優れていた。

ボードウィンはおおむねポンペの教育方針を踏襲していたようである。化学の講義を筆記した『舎密伝習見聞日記』という覚え書きが現存しており、金銀の化合物について各論的に述べると共に金銀の分離法などが詳述されている。当時、知られていた六十一種の元素全部をあげているが、正しい原子量はまだ与えられてはいなかった。化学の講義はあったが、実験は行わなかった。

ボードウィンの功績の中でもっとも重要なのは、化学・物理の教育を医学教育から分離して、専門の科学者によって担当せしむべきことを幕府に建議したことである。この建議によって、慶応元年（一八六五）四月に養生所（下長崎小島郷に設立〈文久元年、一八六五〉された純西欧式〈ベッド式〉病院）は精得館と改称され、同年十月には精得館附設の分析窮理所が完成した。この分析窮理所は、化学・物理学研究所を意味し、のちに述べるハラタマが専任官として招聘されている。

やがてボードウィンは、幕府の委嘱により本格的な医学校の設立準備のため帰国するが、このとき松本銈《けい》太《た》郎《ろう》と緒方惟準を連れて帰りオランダに留学させた。しかし、両者は明治維新に際会して帰国し、前者は大阪舎密局で、後者は大阪医学校でそれぞれ活躍する。一方、再び日本に戻ってきたボードウィンは、維新情勢で役務は一変してしまうが、その後大阪医学校に迎えられた。いずれにしても、このボードウィンをもって百年来のオランダ医学は終焉するといってよいであろう。

## 四　ハラタマと分析窮理所

ボードウィンの建議によって設立された分析窮理所に理化学の専任教師として招かれて来日したのが、オランダの化学者ハラタマである。ハラタマは一八三一年四月二十五日にオランダのアッセンで生れ、ユトレヒト（Utrecht）大学で自然科学および医学の学位を得て、陸軍軍医となった。慶応二年（一八六六）四月に来日し、五月から分析窮理所で講義を始めた。ファン・デン・ブルグ、ポンペ、ボードウィンらもすでに述べたように化学を教えたが、これらの人々は化学の専門家ではなかった。医学の基礎科目として化学を教えたのである。当時の西欧社会において、近代自然科学がその社会の資本主義的発展にとって大きな利益をもたらしつつあったことを考えると、化学者としてのハラタマから直接西欧の新しい化学を学ぶことは、その後の日本の進歩・発展と深く結びつくことを示唆し、画期的なことである。ハラタマは化学および物理学を講義し、分析化学の授業にはフレセニウス（C.R.Fresenius, 一八一八〜九七）の定性および定量分析の教科書を用いた。芝哲夫が紹介したハラタマ書簡には次のような情景・記述がみられる。

ハラタマは日本の最初の夏の高温多雨には閉口したらしく、白ズボン、チョッキなしの白上着にノーネクタイ、白の麻靴に麦わら帽、日本の白傘といういでたちで、毎日約一・五キロメートルの道のりを歩いて精得館のある小島の丘に登る。精得館の建物は三棟よりなり、最も大きな建物が病院の養生所で、次に四十人の学生が住む学生寄宿舎、最も小さい新築の建物がハラタマの主宰する分析窮理所であった。この建物は長方形、平屋で周囲にベランダがめぐらされた立派な外観であった。

ハラタマの分析窮理所での講義ならびに実験開始に際して調べられた『分析道具品立帳』という化学実験器具の図入り目録がある。これには五十九種二百五十点以上の器具が示されている。この中にはボードウィン時代のものも含まれている可能性もある。薬瓶、漏斗、坩堝《るつぼ》、メスシリンダー（measuring cylinder）、ピペット（pipet）等のガラス器具、各種ガラス管など一応の化学実験器具がそろっている。

分析窮理所でハラタマに学んだ者に、のちに述べる三崎嘯輔《しょうすけ》がいるほか、適塾を出た池田謙斎らがいる。

池田はのちに東京大学医学部の初代総理になった人であるが、次のように回想している。

ハラタマは実験教育に徹底してゐて、化学志望の者にはまず瓶に傷をつけて線香の火で割り、その切り口を砥石で磨くことを命じた。薬瓶には必ず内容物の名を記入したラベルをつけることをやかましくいひ、それが一～二分遅れても厳しく注意した。今水を入れて持つてきた瓶だと弁解しても聞き入れず、ラベルを貼つてゐないと直ちにそれを捨てさせるといふ厳格さであつた。のちに東京大学鉱山学校教授となつた今井巌といふ当時、十五～六歳の生徒がゐた。体格も小柄であつたので、小学生がすぐに専門学をやるようなものだとハラタマも驚いて、この小さい今井をからかつて「グレートラホイジュル」と仇名をつけた。

「グレートラホイジュル」とは大化学者ラボジェ（A.L.Lavoisier，一七四三～九四、フランス）のことである。これは今井に限らず、当時の学生が理化学の基礎知識なしに直ちに高等な化学専門教育を受けることを比喩したもので、それが当時の実情であった。

つぎに、当時の長崎と江戸の状況をみるにあたり、のちに日本の薬学界の父と呼ばれる長井長義（弘化二年～昭和四年、一八四五～一九二九）の動きをみてみよう。長井が徳島藩より選抜されて長崎に着いたのは、慶応二年十二月十八日（一八六七年一月二十三日）であった。すぐ精得館に入門手続きをとったが、到着後十日目に次の知らせがあった。このことを長井は『瓊浦《けいほ》日抄』に記録している。

然る処五人の内舎密専門之御方も在らせられ候へはと存候。左之通趣を御通じ申上候。ハルトマン（ハラタマ）儀は来春江戸表へ移申候に付御修業も御出来不被成かと奉存。此趣已に武田氏より御国本へ通じ下され勤学の事故先少時遊学の上江戸表へ罷出候様用達より病院へ之案内云々ハラタマはすでに来春江戸へ移ることが決まっていたので化学志望の者があれば、しばらく長崎で勉学ののち江戸へ出るようにとの連絡をした。当時幕府は、江戸の開成所内に物理・化学専門の学校の設立を決定していた。ハラタマに江戸招聘を知らせたのは、慶応元年（一八六五）十一月六日であった。長井がハラタマの江戸移住を詳しく日記に留めていることは、この頃すでに化学に強い関心をもっていたと考えられる。長井自身、のちに『写真発明百年記念講演集』において、次のように述べている。

この時和蘭のハラタマといふ舎密学者が長崎の医学校（精得館）におりました。それ以前私は宇田川榕庵先生の『舎密開宗』といふ本を一生懸命読んで、舎密学に大変興味を感じておりました。……長崎へ十五日かかつて漸く参つた処がハラタマ先生は既に大阪の方へ転任したといふことで（ハラタマの江戸招聘が決まっていたことをさし、面会の機会がなかったことを示す）、大いに落胆もしたが、長崎ぐらゐの場所にはオランダの先生はゐないでも日本の先生がありそうなものだと方々を聞き合せました処中島に上野彦馬といふ人がゐる。あの上野彦馬といふ人はオランダ通詞をやる、写真もやる、それであるからして矢張り舎密学もやるであらう。……そこにいつて頼んでごらんといふ事で私は直ちに参りました。

事実、まもなく長井は写真術の開祖である上野彦馬の家に寄寓して化学を学んだ。この間、精得館は長期欠席となったので、藩役人より欠席の理由を問われたとき、「舎密の方にて不参罷在候」といっている。したがって長井は、表向きの医学修業とは別に化学の勉学に意欲的であったといえる。長井は一年間長崎滞留後、いったん徳島に帰り、明治元年（一八六八）に東京に出て大学東校に入学した。明治三年（一八七一）には第一回海外留学生として、ドイツに派遣され、ベルリンのホフマン（A.W.von Hofman, 一八一八〜九

二、ドイツ）研究室に入り、化学者としての道を歩み出した。

慶応三年（一八六七）一月二十四日、ハラタマは新設予定の開成所内理化学校に赴くべく、三崎嘯輔、佐藤道碩、戸塚静伯と同船して江戸へ出発した。つまり、ハラタマの長崎滞在は一年にも満たなかったわけである。

## 五　開成所の化学

安政三年（一八五六）蕃書調所は、江戸九段下に設けられ、外国情報の入手や翻訳等の活動をしたが、文久二年（一八六二）に洋書調所と改名され、さらに文久三年（一八六三）に学則を整備して開成所と改めた。この機関に万延元年（一八六〇）にのちに化学所と呼ばれた精煉方という化学専門教育部門が併設された。その教授陣は川本幸民、市川斎宮、宇都宮三郎、肥後七左衛門、桂川甫策、辻新次らであり、慶応二年（一八六六）には教授以下の職員数が十一名であるのに対して、生徒はわずか四名であった。講義は、時々川本幸民が「泰西化学の沿革大意」について口授する程度で、とくに実験教育は不備であった。後年、辻新次が追憶談で、次のように述べている。

> 化学所には特に講義室とてなく、新入の生徒にはまづ桂川甫策の「元素通表」を与へて元素名と比重を暗記させ、つぎにオランダ原書または訳書で化学の大意をしらしめた後は生徒の希望に従つて無機分析を行はせた。しかしそれも定性分析にとどまり、定量分析には及ばなかつた。実験を行ふにも硫酸、硝酸、塩酸の酸類からつくらねばならず、そのためにまづかまどを製し、貧乏徳利を蒸留フラスコとして冷却器には水を入れた兜鉢を用た。天秤には厘ダメ、漏斗には底に穴をあけた茶碗、濾紙には美濃紙を

用るといふ有様で舶来の器具薬品はほとんど望めなかつた。

このような貧弱な江戸の開成所の化学所を、長崎の分析窮理所の設備とハラタマを移住させて再建しようとの施策が実行されようとしていた。しかし、外交官以外の学者を江戸に定住させて幕府直属の学校の教授にしようとしたことは、全く異例の措置であり、他分野でも例がない。このことは、幕府がいかに理化学の充実を望んでいたかを物語っている。

開成所の新理化学校の建築工事は、開始直前に計画変更となり、ハラタマが新しい計画案を提出し、これをもとに工事は慶応三年（一八六七）九月にようやく開始された。そして、慶応四年（一八六八）のはじめには完成して開校式を挙げる予定であった。しかし、ハラタマは江戸に来てからの一年間は、「ただの一時間も講義することなく」、無為に過ごす結果になり、新しく始まる講義の準備のための読書や患者の診察の毎日を送るだけであった。開成所時代の ハラタマの活動を示すものとして、ガラタマ先生口述『英蘭会話訳語』（渡部氏蔵梓、明治元年、一八六八初秋）がある。その序文には以下の記述がある。

　余曽て蘭人アンデルペールの著せる英吉利会話篇を刷行す。然るに学兄川本、内田の二子之を開成学館の教師ガラタマ先生に従て読み、直に我邦俗間の通語に訳出し以て之を余に贈れり云々。

開成学館は開成所、川本は川本幸民のことである。つまり、幸民らは英語およびオランダ語の会話をハラタマから習ったことになる。このことは開成所教授等はハラタマから直接化学について教示を得るに至らなかったことを物語っている。

当時、日本全体が維新の騒乱の渦に巻き込まれており、慶応三年（一八六七）十月には大政奉還、慶応四年（一八六八）一月の鳥羽伏見の戦い、同年四月の新政府軍の江戸進攻、さらに同年五月には上野の戦いが始まって、ハラタマを招聘した幕府自体が崩壊してしまった。ハラタマの日本滞在はまだ二年を経過しただけであり、幕府が当然ハラタマとの契約を引き継がねばならなかった。上野の戦いが落ち着いた六月頃、新政府参与で外国副知事の小松帯刀が同じく参与で当時大阪府知事に任じられていた後藤象二郎と策謀し、「理化二学は富強の基を為す」ことを右大臣三条実美に建言し、設立準備中であった開成所内理化学校を大阪に移すことになった。これが大阪舎密局である。ハラタマは舎密局開設計画がでるとまもなく、三崎嘯輔、田中芳男および開成所の学生とともに大阪に入った。一行は船で来阪し、田中のみが信州へ廻って遅れて大阪に着いたのは明治元年（一八六八）八月二十五日であった。

# 第二章　化学史からの大阪舎密局

## 一　大阪舎密局の成立

大阪舎密局の設立は小松帯刀、後藤象二郎の建議に基づくが、これが認められた背景として、次のようなことがあげられよう。すでに鳥羽伏見の戦いが終り、幕府の崩壊が決定的になった頃、大久保利道が大阪遷都説を論じている。さらに慶応四年（一八六八）四月には明治天皇が大阪に行幸され、このとき大阪に病院取り建の御沙汰書を下された。この病院の御用掛には緒方洪庵の義弟になる緒方郁蔵が当たり、やがて校長として迎えられたのが洪庵の息子の惟準《これよし》であり、外国人教師として予定されたのが再来日のボードウィンであった。ボードウィンは、ハラタマを日本へ呼び寄せた人物である。したがって、大阪に開設が予定されていた病院、医学校と共存する形で、開成所内理化学校の大阪移設が決まり、前述の長崎の精得館と分析窮理所との関係を進展させた大学形態が考えられていたといえる。

現実には、舎密局の設立計画が病院建設よりも、小松、後藤らの協力のもとに御用掛田中芳男らの努力によって先行し、大阪城西側の大手通に面した地域に建設されることになった。この位置は現在の「舎密局址」の石碑が建っている本町通より北へ約三百メートル（大阪府庁別館の前方、大阪府庁新別館第3期工事区域）の場所である。舎密局の建物の設計はハラタマが行い、その周辺の立地計画は田中が立案している。実際に建設されたのは、舎密局本館とハラタマ居宅のみであり、その他は夢に終わった。しかし、この計画の壮大さは、のちに植物学者として名をなす田中の夢そのものでもあった。田中は前年パリで開催された万国博覧会に出品掛として出張し、パリのイメージを強く受けており、また博覧会では姻戚関係にある松本銈太郎、緒方惟準らの留学生と面談しており、舎密局、医学校の総合建設の夢がこのとき芽生えたともいわれている。なお、田中案の「学校」の区域には、のちの大阪中学校に発展する大阪開成所が建設された。

大阪舎密局の建築工事は、用地選定直後の明治元年（一八六八）十月四日に起工され、工事は順調に進み、十一月十八日に上棟式が終わり、翌年一月には完工予定であった。

**第６図**　田中芳男・ハラタマ・三崎嘯輔・平田助左衛門

しかし、七月には東京遷都の方針が決まり、十月には明治天皇は京都より東京に移られてしまった。維新政府は新首都建設等の政務多忙に尽き、学校建設は宙に浮き、十二月には舎密局の建築工事は中断され、寄宿寮新築は絶望となった。ハラタマ等の当事者は困惑し、御用掛の田中と平田助左衛門等は再三、上京し窮状を訴えた。ようやく明治二年（一八六九）二月二十五日に至って「改而、舎密局諸事、教頭其外諸職員総て阪府（大阪府）管轄の命」が下った。三月より毎月経費二百両ずつが下付された。これにより中断していた工事を再開し、三月末には完成した。ハラタマは上本町の大福寺に住んでボードウィンの来着まで、その代理として仮病院で患者の治療に当たっていた。その後、舎密局裏地に新築完成したハラタマ居宅へ移った。

開校当時の大阪舎密局の建物の姿は、口絵第１・３図の錦絵や墨絵によって類推されていたが、近年、口絵第４図の「大阪開成所全図」「大阪司薬場平面図」「田中芳男文書」などの傍証により、立体的にとらえることができるようになった。また、ハラタマが持ち帰っていた明治初年の大阪舎密局の写真が判明・公表された。口絵第12図がそれである。これは明治十三年（一八八〇）頃の写真とも符号している。

江戸に開設予定であった理化学校の大阪移設は、その後も異論が出された。また、大阪舎密局開校の直前においても、大蔵卿大隈重信から、舎密局には当分の間、算術や測量学の講義のみにとどめておくべきであるとの議論がでていた。このためハラタマは、理化学教育における実験の重要性を説いて、大隈説を退けたといわれる。また、ハラタマが本国オランダへ注文していた理化学実験器具、試薬の約四百余箱は、長崎より江戸、そして大阪へと開かれることなく回送されてきた。ハラタマは新しい居宅に移った翌日の三月五日から、三崎とともにこれを開梱した。開けてみると磁製器具、試薬品類の破損が甚だしく、鋼鉄器は腐食して、薬品もラベルがなくなっているものが多かった。両人はこれらの薬品を一つずつ検定して名称を確定していった。器具類は職人を呼んで修理した。これらの作業は毎日早朝から夜遅くにおよんで約二ケ月を要して整理を完了した。

いよいよ準備が整い明治二年五月一日（一八六九年六月十日）、大阪舎密局は開校の日を迎えた。午前十時、大阪府知事、弁事等の役人、各国領事などが出席した舎密局の講堂で、教頭ハラタマが約二百人の聴衆に対して、開校記念講演として懇切な講説を施した。これを三崎助教が通訳して聴衆に聞かせた。そのときの講演は、『舎密局開講之説』（明治二年、一八六九年六月）として発刊された。
つぎに、『舎密局開講之説』の概略を紹介しておこう。ハラタマは、冒頭所懐につづき東西の学術比較論を説示した後、東西交通の開発を唱導して、次のように展開している。

試みに東方の人、一たび西洋に行き、直に火輪船、火輪車、電報機の妙用、且ツ数千人力に代ふる所の技両《ぎりよう》及ひ海陸二途の難事を容易にする諸局等、概して之を謂へハ、万物の力を資投《しえき》し生計の道を増補する事件を目撃せバ、西洋各国の繁盛、全く万物自然の学を詳識するに在るを識るべし。中略。然と雖ども今此学校方《まさ》に成就し、支那北京も亦た已《すで》に此二学を建設す。是れ自ら其の及バざるを知り、人の長に随ひ、開化を致さんとする素志洞徹するを観るに足るべし。

さらに論説をつづけ、博物学と理学、化学に触れ、化学者は昔は分析を主としていたが、それはこの学問の一部であって、近時は合成の方法が進んできたとさとした。そして理化学の成果は決して思索のみの産物ではなく、すべて実験をもって証明しなければならないと力説した。

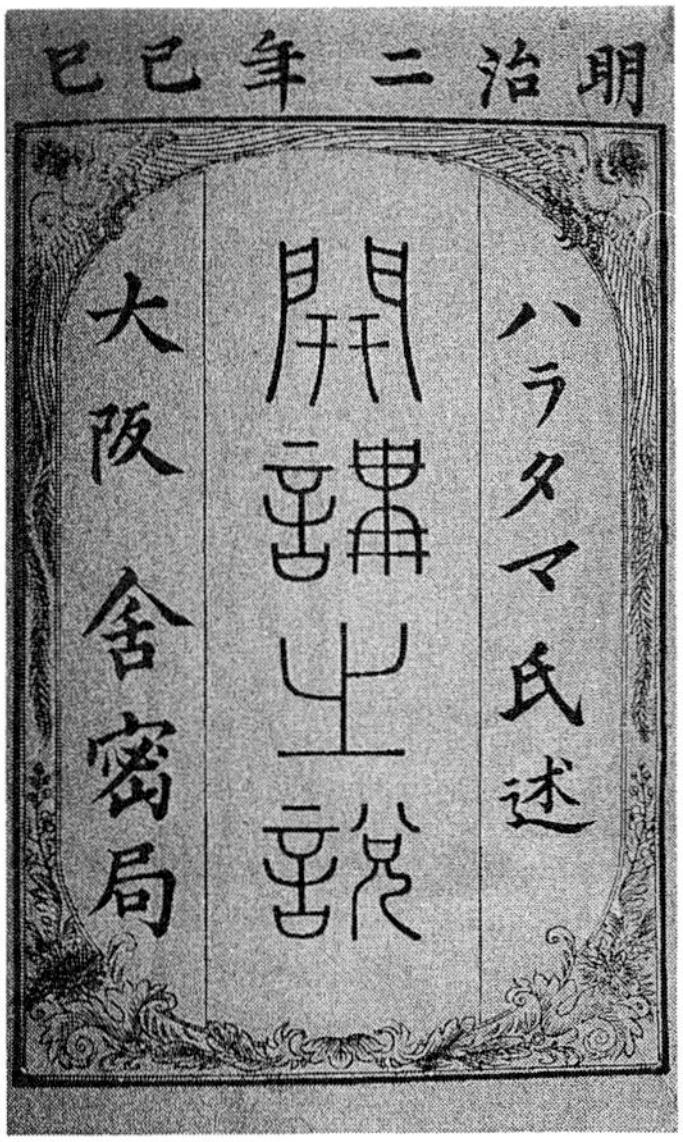

第7図　『大阪舎密局開講之説』

続いてガリレイ（Galilei）の振子、アルキメデス（Archimedes）の比重、ワット（Watt）の蒸気機関、ガルバニー（L.Galvani）の検電機、スネルレウス（van R.W.Snellius）の光学などの物理学の原理を説明したあと、ラボァジェ（A.L.Lavoisier）の大気成分の研究から説き起して、さらに化学についての重要性を列挙して強調している。そして最後に結語として、次のようにまとめている。

以上の講話に由り、諸君正に理化二学ハ古人に関せずして漸く文明開化に及ぶ人民に在りてハ不可欠の学術にして、是に由りて万民開闢《かいせん》に赴くことを知るべし。故に開化の人ハ大に此学を嗜好す。何となれバ、人民を開拓するは此学徳に在るを識れバなり。

今此学校を設け、既に大成す。冀《こひねがは》くハ此二学〔を〕洽《あまね》く日本中に布行し、僻境《へききやう》と雖ども其理拠を暁らんことを。是予が渇望する所なり。故に阪府総督より以下此莚に列する人、予微意を助け苦心焦思昔日に倍し、協力一心、此学を開かバ、実に天下の大幸なり。

ハラタマの講演が終って、その日の午後、舎密局開校を記念して撮影が行われた。そのときの写真が、口絵第9図であり、登場する人物の確定・調査の詳細は第二部の第三章で述べている。つづけて、外国領事等を交えて西洋料理の祝賀の宴が開かれた。ほかに類似の写真として、口絵第11図に示す礼装整った大阪府の役人を主体とした明治二年（一八六九）五月二十三日の写真がある。

ハラタマの開講之説は、従来の蘭学では理解しえない高い理想と新しい思想をもとにして化学の重要性を論破している。けれども当時、どれだけの人々の理解と興味を引きつけたであろうか。舎密局をうらづける資料としては、このほかに『舎密局創立之起源并爾来之記録』と『舎密学を興すの記』の古文書が残っている。これらは三崎嘯輔が起草し、田中芳男が校訂して成文をつくったと思われるもので、田中家と京都大学総合人間学部図書館内の舎密局・三高資料室に保管されている。

## 二　大阪舎密局の授業と化学教育

大阪舎密局は制度的な不安定要因を抱えたまま発足したが、明治二年（一八六九）九月には正式に大阪府所管と決まり、懸案の寄宿舎の建設が開始された。また、教育制度の整備をいそぐ新政府は、ヨーロッパ的学科構成にもとづく近代的学校制度確立への第一歩を踏みだしつつあったが、明治三年四月三日には舎密局は大阪府所管から大学管轄に変り、局内の諸職員は新たに大学より任命を受けることになった。そのときの舎密局人員は、次のとおりである。

大助教　三崎嘯輔、松本銈太郎
大学出仕　田中芳男
大学得業生　保田東潜
大写字生　臼井唯一
準中得業生　坂優吉、岸本一郎
準少得業生　飯沼春蔵、村橋次郎、辻岡精輔

教頭ハラタマが招聘外国人教師として含まれ、ほかに三等助手以下二十名近くの雇傭職員がいた。

舎密局の大学管轄との関連で、学制整備に関する交渉が舎密局と大学とのあいだであったことはむろんであるが、その際の伺出文書表によって、舎密局開校当初の教科目と職員名を知ることができるので、次に示しておく。

理科学体並職員

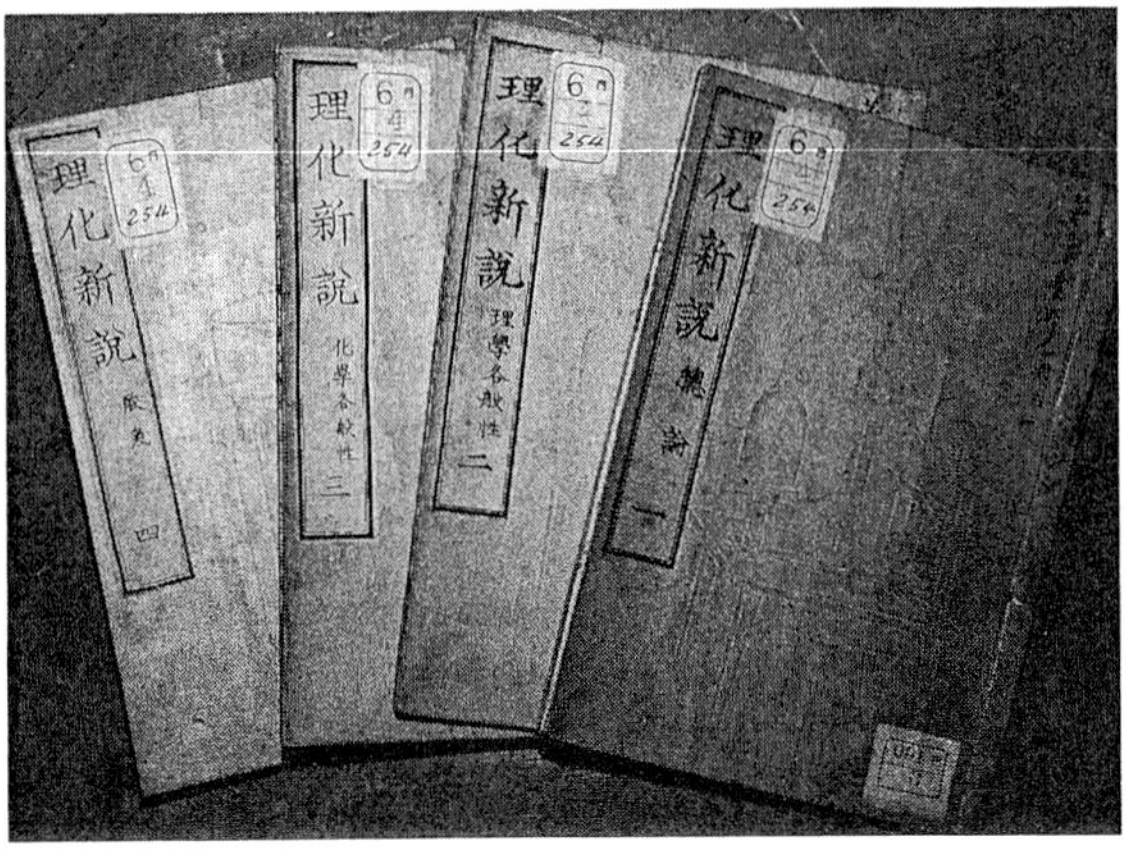


第８図　『理化新説』

格致学・化学・実用講述兼地質・金石学・試験伝習方　教頭　ハラタマ

格致学・化学・講述・訳述　三崎大助教

化学・地質・金石学・試験指示宣訳　松本大助教

度量学教授　何某

動・植二学教導　洋人

右二学教導　田中芳男

復講訓導兼舎長　何某

一科諸学翻訳校正兼築造学教授　何某

同補助兼土木掛　保田東潜

教場庶務　何某

ほかに教場補一、手伝四、俗事一、小使五または八、俗事役二、用達一、職人二名が採用された。開校当時の生徒は坂優吉ほか四名にすぎなかった。

舎密局の授業は、明治二年五月八日午前十時にはじまった。ハラタマが理化総論の講義をし、三崎が通訳として生徒に伝えた。生徒の学力を考慮して、この講義は筆録され、後日出版された。ハラタマ氏述『理化新説』がそれである（第８図）。しかし、出版されたのは第一巻の総論、第二巻の理学各般性論、第三巻の化学各般性論と第四巻の化学原質製煉学だけであり、残りの五巻は未刊のままである。ハラタマは大阪では多忙な日々を送ったようであるが、その講義を類推すると、基礎知識の伝授を急ぐ余り、その系統性にいくぶん難があった。たとえば、第三回目の講義で原子と分子を論じ、度量学におよんでいる。第四回目の講義では度量学を話したあと物体の気孔性、圧力について述べている。第五回目の講義は物質の三態（気体、液体、固体）と分子との関係を論述している。

　開校後二ケ月の明治二年七月からは、毎日午後にはハラタマによる化学試験（演示実験）が、また翌三年正月からは化学試験伝習稽古（化学学生実験）がそれぞれ開始された。

　舎密局は開校後一年の間に生徒数も増加し、その南側にあった鈴木町に開設された大阪医学校の生徒が舎密局のハラタマの講義を聴講するようになった。明治四年一月から五月の間に医学校から舎密局への聴講生の数は五十九名に達している。また、明治三年三月二十九日付けの医学校から舎密局および洋学校宛の伺書に「加州藩高峰譲吉十七歳、右者当校入寮生に候。英会話伝習被致度旨申立候間差出申上云々」とある。高峰はその後、明治六年に医学修業の志をかえて、東京大学工学部の前身である工部学校に入学し、化学の道を歩みだした。のちにアドレナリン（Adrenaline）およびタカジアスターゼ（Taka-diastase）の発見、そして理化学研究所創設の功労者として明治時代の代表的な化学者となった。

　ハラタマは舎密局の理化学実験教育のために、オランダから多くの器具、薬品を取り寄せていた。開校前にはじめて開かれた前述の四百余箱の梱包の中身については、そのとき目録を作成したとの記録がある。これに相当するものとして『明治六十二月調化学用器械目録』、『旧理学所器械目録並諸省貸附器械目録、校務局』および『明治五壬申六月改、理学所御備置試薬品目録、試薬掛』の三つの資料が京都大学総合人間学部図書館の舎密局・三高資料室に保管されている。前二者は明治六年末の調査にもとづくもので、後者は明治五年六月に調べたものであろう。この頃、明治政府は学制の整備を急ぎ、のちに述べるように舎密局以来の理化学教育を廃止し、所蔵する器具、試薬品類の東京開成所への移管を命じた。前述の目録はそのための調査資料と思われる。その内容は化学器具類五百五十七点、物理機械類三百七十六点、薬品類千五百余瓶を数え、書籍については蘭書三百七十冊、独書百四十冊、仏書百六十五冊である。化学器具類についてみると天秤十種類二十八基、三ッ口洗気瓶八十五点、試験管千七百八十本、陶器製坩堝約八百筒、白金坩堝十五筒、蓄電池約六十点、顕微鏡十基などである。試薬品については、まず量が少なくても種類の多いのに驚くのである。大部分が外国製品である。明治二年の開校以来、それらの器具、試薬品類の補充は、記録の上からみても、その当時の財政事情から考えてもほとんど行われなかったと思われる。したがって前述の大部分は、舎密局発足当時からのものであったと推測される。明治初年に一つの学校にこれだけ多くの実験器具、試薬が備わっていたことは、他に類例がなく、理化学実験教育を保証する実用的物品として高く評価できる。ちなみに最近、物理学史の立場から、三高前後の実験器具や書籍調査を行う向きがあるが、舎密局や大阪開成所時代の数多くの物理器具類や物理学教育の実態には目が向けられていない。

　舎密局の総経費は、明治二年三月より十二月に至る十ケ月間に対して、一万千五百五十両が計上されている。経常費は月二百両であり、しかも開校二ケ月前に準備金として五百両の前渡しを受けており、これを四月より八月の間に百両ずつ返済したという。この事情をみれば、舎密局の運営は財政的にも相当困難であったといえるし、当事者の苦悩が推察される。舎密局では開校以来、当時のわが国の習わしに従う休日（正月、五節句、盆歳暮など）以外に、毎週日曜日を休日とした。これは旧暦使用の明治初年においては、時代に先駆ける措置であった。

ハラタマは舎密局での講義とは別に、造幣寮（のちの造幣局）のために金銀貨幣の分析法の講義も行った。造幣寮の創業は明治四年であるが、すでに明治元年以来、内外の貨幣の分析を行っていた。造幣寮は現在地と同じ天満川崎の地にあり、舎密局からも近距離であった。ハラタマの講義録は和蘭ハラタマ口授『官版金銀精分』として大阪開成学校から明治五年春に発刊された。また常にハラタマの傍を離れず、講義の通訳を担当していた三崎嘯輔は、明治三年刊行の『試薬用法』全二巻をはじめ、明治四年刊行の『薬品雑物試験表』、明治五年刊行の『化学器械図説』、さらに明治七年（一八七四）刊行の『試験階梯』『定性試験桝屋』を訳出または編著している。いずれもハラタマの影響を強く受けて発刊されたものである。これらのほかに三崎には、明治六年刊行の『新式近世化学』がある。これは舎密局退官後、その経験をもとにした私塾での講義を辻岡精輔が集録したものであり、日本人としてはじめて分子仮説を採用した貴重な著作である。

つぎに、名称の問題であるが、舎密局が理学校と改称されたのは、明治三年五月二十六日である。舎密局の名称については、開校当初より議論があり、たとえば明治二年三月二日付の覚書が舎密局御用掛田中芳男および平田助左衛門の連名で提出されている。すなわち「舎密局と被称候へ共、此局共化学のみならず理学もともに講究致候処に御座候へば、甚以て宏博にして、単に舎密局と相唱候へば、偏固不適当に御座候哉と奉存候間、化学理学之両儀を包括《ママ》し、博物館と御唱替被仰付度、此段奉伺度候」。この案は成立しなかったがこのようなことがあって、舎密局は学制整備を契機として理学校と改称された。しかし、実質的内容はなんらの変動もなかった。ただ人事面では御用掛（田中芳男）に代って、奥山嘉一郎が管理担当し、理学校の管轄も大学から造幣寮へ一時的に移管されたこともあった。

ところで、舎密局は洋学校および医学校を含めて大阪の地における総合大学の観を呈していたが、その舎密局が本来の学問伝授のほかに広く校外一般にもその機能を公開していたことは注目できる。たとえば理学校時代の記録をたどると、石墨の鑑定、有馬温泉の成分分析、糖菓着色料中の有毒成分検査、一円銀貨などの各種貨幣の分析、滋賀県蒲生郡日野山産出石炭の分析および竹生島の鳥糞の分析などにも応じている。これらの鑑定分析による収益は、舎密局の財政を補う貴重な財源ともなっていたようである。またハラタマは生野銀山の調査なども行っている。

さて理学校と改称されて五ケ月後の明治三年十月二十四日には、洋学校と合併して大阪開成所分局理学所となった。この合併により創立以来の理化学校としての単一性は消滅することになってしまう。この頃、ハラタマの任期が満了し、帰国の運びとなった。明治三年十二月十日のことである。長崎精得館での理化学講述を機縁に、わが国初の理化学校の実現につとめてきたハラタマは、舎密局創立の恩人であり、舎密局から理学校までの期間を通じて、鋭意専心、理化学学生の指導育成に没頭してきた。舎密局は、ハラタマと共にあったといっても過言ではないが、ようやく理化学の基礎が根づき、新たな変容を告げようとしているときに当たり、ハラタマの心中はいかなるものであったろうか。ハラタマの精励を謝してその功に報いるため六百両が下賜された。まもなく大阪を離れて横浜にしばらく滞在したのち、明治四年五月には横浜より帰国の途についた。帰国後のハラタマは、一八七三年に結婚して衛生官になり、一八八六年ハーグ（Haag）の陸軍病院長になったが、翌年些細な事件が問題になり退役させられた。その後、風邪から肺炎を併発して一八八八一月十九日に永眠した。五十六歳。ハラタマの帰国後の晩年は不遇であったといえる。

ハラタマの辞任と相前後して、御用掛田中芳男は大阪を去り大学南校物産局へ移り、また松本大助教も辞職してドイツへの留学に旅立った。さらに三崎大助教も大阪を離れ、やがて大学東校の大助教となった。このように明治三年末には、舎密局発足当時の主要な人物はすべて大阪を去ってしまった。

## 三　リッテルの理化学教育

ハラタマの後任には、ドイツ人の化学者ヘルマン・リッテル(H.Ritter, 一八二八〜七四)が招かれた。リッテルはゲッチンゲン(Gottingen)大学での尿素合成で有名なウェーラー(F.Wohler, ドイツ)に学び、

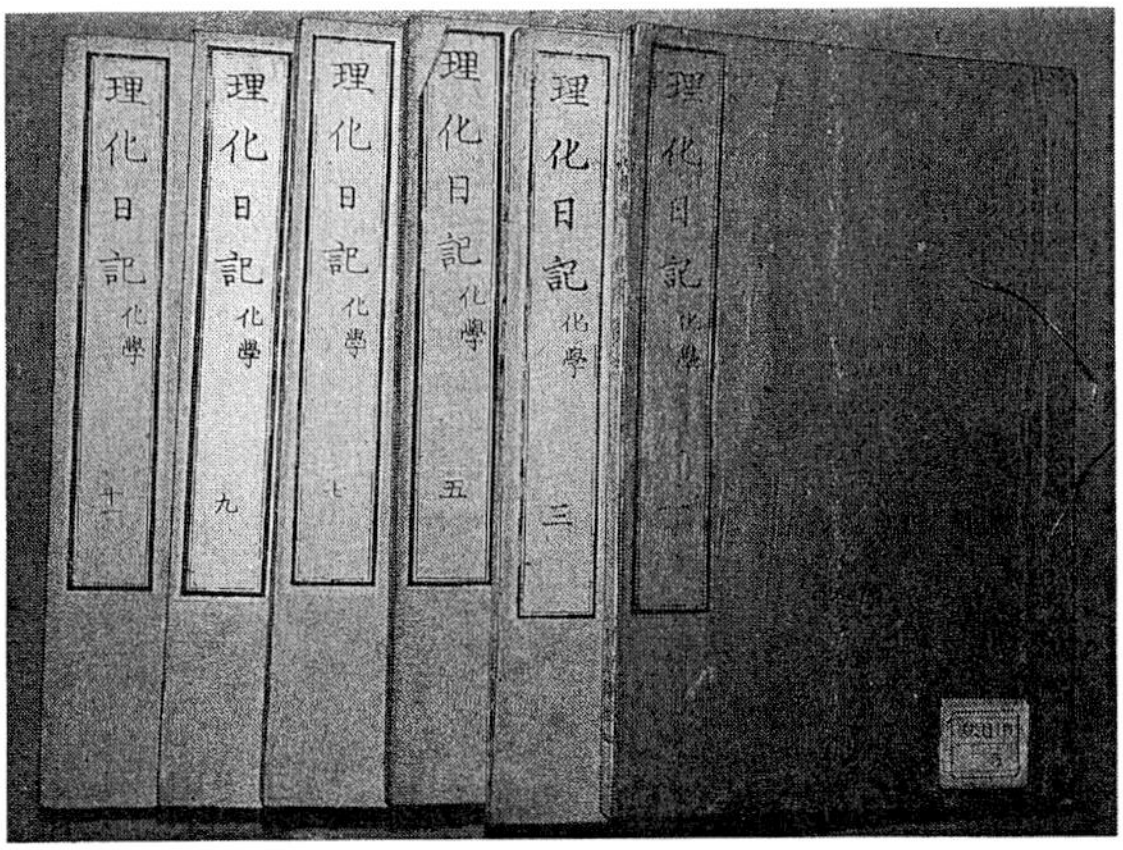


第9図『理化日記』

理学博士の学位を得ており、学識豊かで人望があった。卒業後、アメリカやモスクワ(Moskva)の化学工場で仕事をしていたが、明治三年(一八七〇)金沢藩に外国人教師として招かれ来日した。当時、先進的な藩では外国人教師を招いて新しい教育と産業の振興をはかる気運があり、リッテルの招聘もそうした施策の一つであった。

しかし、明治三年初頭、政府は藩の俸給の削減、藩札作製の禁止などを布告し、各藩の財政に大きな打撃を与えたが、金沢藩もその例外ではなかった。そのために、リッテルは金沢藩から「頗《すこぶ》る切なる者」と紹介され、大阪開成所分局の理学所に転任してきた。明治五年六月の記録によれば、当時の理化学教育は、リッテルのほかに舎密局時代の助手、岸本一郎、村橋次郎、さらに新入の市川盛三郎、藻寄隆次、中村譲四郎らが受け

持ち、理化学生としては本科生十七名、予習生十九名を数えていた。なお、市川と岸本はすでに慶応二年（一八六六）菊池大麓《たいろく》らと共にイギリスへ留学していた。

リッテルは、ロスコー（H.E.Roscoe, 一八三三〜一九一五）の化学書を教科書に用いて英語で講義を行った。その講義は、市川盛三郎訳『理化日記』八巻（全二十三冊）として明治五年（一八七二）に刊行され広く読まれた（第9図）。のちに改訂され『化学日記』全六冊と『物理日記』全六冊となって文部省から数次にわたって出版された。明治初期における優れた理化学の教科書の一つである。物理学については「当時の日本での唯一の高級物理書」と評価されていた。化学においてもアボガドロ（A.Avogadro, 一七七六〜一八五六、イタリア）の分子仮説の紹介は注目に値し、化学史上重要な意義をもつ。リッテルの来日は明治三年（一八七〇）であるが、その十年前の一八六〇年にドイツ南西部の町カールスルーェ（Karlsruhe）で化学史上、画期的な国際会議がもたれた。イタリアのカニッツアーロ（S.Cannizzaro, 一八二六〜一九一〇、イタリア）が発表した論文が中心話題となった。また、彼は「研究室では人は伸び伸びと自由でなければならない。自分の翼に乗ることである。自分の翼に乗った人だけが学問の世界に飛ぶことができる」との名言を残した。カニッツアーロは、一八一一年に発表されていたアボガドロの分子仮説の再評価を主張したのである。のちに原子量、分子量が確実な実験的根拠をもつことになり、それまでの混乱していた事態を一挙に解決することになった。化学の教科書もその点から、新しく書き換えつつあった。このような化学への新風がリッテルによってわが国にも導入されたといえよう。

理学所の記録によれば、午前八時から九時までが化学の講義、十一時から十二時までが理学の講義となっている。また、舎密局時代の建物および備付け器具、試薬をそのまま使用しており、理化学専門教育の方針は変っていなかった。リッテルの講義は、実験をまじえた当時としては立派なものであった。明治五年（一八七二）六月六日の天皇行幸の際、天覧に供した化学実験の内容を示すと、次のようである。

第一、水の分解及び合成

「ポッタシュム」を以て水を分解す。「ナチュム」（ナトリウム）を以て水を分解す。前試の如くして水を分解すれば、水素気を揚発し、これを聚め取りて燃せば、淡青色の炎を発す。水素気燃ゆれば亦水となるを徴す。水素酸素二気を混合し燃せば烈しき爆烈をなす。

春球の試験

第二、水素、塩素の化合

水塩二素化合して塩化水素となる。水塩二素の混合日光に抵して爆烈をなす。但し此の試験は、日光なければ為すこと能はざるが故に、当日曇天なればこれに代ふるに燐化水素試験を以てすべし。

第三、酸素気「アンモニア」気中に燃ゆ

酸素を「アンモニア」中に送り、白金線を熱して其の内に入れば、酸素燃て軽き爆発をなす。

この記録をみると当時の雰囲気が浮びあがる。その他に理学試験として、気体論、音響論、電気論などの実験もリッテルが行った。

ここで、当時のわが国の化学の実情を西洋人はどのようにみていたかを、イギリスの科学雑誌*Nature*の一八七二年九月十九日号の記事で知ることができる。

これを塚原徳道の訳で紹介すると、次の通りである。

現在、日本には四つの化学実験（所）場がある。そこでは科学が教えられていて、その三つ（実際は二つ）はドイツ人が、あとの一つ（実際は二つ）をアメリカ人が教えている。主なものは大阪にあり、百人あまりの学生が学んでいる。残りは加賀、静岡、福井にある。間もなく五番目のものが江戸にできる。

学生たちは充分知的であるが、贋物《にせもの》の哲学に毒されている。

最後のくだりを別とすれば、この記事は一応実情を伝えている。つまり、大阪の化学実験場は大阪理学所のことで、ドイツ人リッテルが化学を教えていた。「間もなく五番目のもの」というのは、明治六年（一八七三）に開設された工学寮（のちの工部大学校）をさしている。なお、*Nature*の一八七二年八月二十九日号には、「日本の科学」というグリフィスの論文が転載されている。すなわち前述の記事は、グリフィス報告の概要といえる。

つぎに、明治初年の文教政策の概略をみておこう。明治二年七月、東京に大学校（のちの大学）が設立されたが、大学本校は国漢学派で占められ、南校および東校は洋学派であったために、両者の勢力争いは目に余るものであった。結局、明治三年七月に大学本校が閉鎖となり、事実上、国漢学派の敗北となった。しかし、大学が本来の任務遂行のほかに、教育政策をはじめ関連施策にも関与することは大変なことであった。しかも、東京開成所（大学南校）の管区域が二十ケ国であったのに対して、大阪開成所は四十六ケ国と広い区域になっていた。その中味が前述のような理学所を中心とするものであった。明治四年七月八日には大阪開成所の新校舎が落成し、それまでの理学校と洋学校の形式的な合併から、まさに機能的な実質的な統合の段階に至っており、関西における総合大学の実態を備えかけていた。十日後の同年七月十八日には、閉鎖中の大学本校あとに文部省が創設され、廃藩置県と並行して、強力な中央集権的な教育政策がとられるようになる。大阪開成所は従来、大学南校の所管であったが、このとき文部省管轄となった。明治五年七月には学制公布となり、同年八月三日、大阪開成所は第四大学区第一番中学と改められた。まもなく十月には次の文部省達書がきた。

第四大学区一番中学

今般其校改称相成、正則中学之規則相立候に付、理学校幷に変則生教授之儀可致廃止候事

ここに大阪における舎密局以来の理化学専門教育は終焉を迎え、以後、普通の高等教育の学校となるべき変身を宣告されたわけである。このようなわけで用務のなくなった理学所の教員は、次々と大阪を離れて行くが、リッテルは明治六年（一八七三）三月に大阪を去り、東京開成学校の鉱山学の教授となった。東京でのリッテルの著作としては、「日本での重要使命」「蝦夷南西部への旅行」「日本の古い衣服」などの独文の報告がある。彼はまもなく天然痘にかかり、明治七年十二月に病没した。四十七歳。横浜の外人共同墓地に眠っている。彼についての詳しい紹介は、第二部第二章で行う。

第10図　三崎嘯輔の墓碑

## 四　大阪舎密局門人小伝

舎密局から理学所までの期間に理化学の普及・発展に寄与し、またみずからの知識を高めていった人々はかなりの数になる。すでにハラタマとリッテルについては述べているので、ここでは三崎嘯輔、松本銈太郎、田中芳男、岸本一郎、市川盛三郎、明石博高、辻岡精輔、村橋次郎について、それぞれの横顔を紹介しておきたい。

第11図　『新式近世化学』

（1）　三崎嘯輔（弘化四年〜明治六年、一八四七〜七三）

弘化四年五月十一日に福井藩医三崎宗庵の末子として生れた。幼名は虎三郎、のち宗玄または尚之とも言い、嘯とのみ記すこともあった。また日下部の姓を用いることもあった。文久元年（一八六一）九月、大鳥圭介塾に寄宿して蘭学を修め、元治元年（一八六四）十月、福井藩の済世館（文化二年〈一八〇五〉創設）の句読師を拝命していたが、慶応元年（一八六五）二月には医学修業の目的で長崎に赴いた。しかし、同年四月から舎密学をハラタマに師事して専修することになった。なお長崎時代には、同藩からアメリカへ留学した日下部太郎（八木八十八）とは親密な交流があり、英学についても学習を積み重ねていた。その後、ハラタマに従い江戸・大阪において通訳として活躍した。

慶応二年（一八六六）三崎七代宗仙の養子となり、のち家督を継ぎ、慶応三年には奥医師を拝命した。明治二年（一八六九）二月には嘯輔と改名し、同年四月十七日には正式に舎密局の助教を拝命し、さらに翌年三月には大助教となった。明治三年十月、理学校（舎密局）が洋学校と合併して大阪開成所となったのを機に、大阪を去り郷里の福井に帰り、明新館でドイツ語、理化学を教え、グリフィス（W.E. Griffis, 一八四三〜一九二八、アメリカ）にも習った。その後、東京に出て明治四年（一八七一）七月には文部大助教となった。同年十二月には文部少教授を宣下され、東校（医学部）で教育に従事した。この間の事情を辻岡精輔が次のように述べている。

既ニシテガラタマ（ハラタマ）氏任満チ西帰ス。先生モ亦東帰シテ医学校ニ入リ、（中略）余暇専ラ化学試験ノ書ヲ訳ス。夫レ方今文明四海ニ布キ、学術日ニ盛ナリ。然レドモ特リ、理化ノ学猶未ダ天下ニ遍カラズ。先生深ク之ヲ慨シ、一昨冬（明治四年（一八七一））為ニ私塾ヲ開キ、独逸理学ヲ教フ。生徒ノ此道ニ企踵スル者、日ニ増シ月ニ加ハル。昨夏（明治五年）更ニ化学ヲ講シ、新式ノ工夫ヲ口授シ、生徒ヲシテ其見聞スル所ヲ筆記セシム。

このようにして『新式近世化学』が明治六年の春に発刊された。本書の内容は『理化新説』の成果をベースにした特異な近代化学の教科書というべきものである。その後の三崎は同年五月十一日に帰省し、三崎家七代宗仙の娘（鈴）と結婚するが、直ちに離婚し、同月十五には二十六歳で他界してしまった。福井市足羽山麓の安養寺に葬られている。いずれにしても『舎密局開講之説』『理化新説』『金銀精分』『試薬用法』『試験階梯』『定性試験桝屋』『化学器械図説』『薬品雑物試験表』といった重要な専門書を訳述した三崎がかくも早く逝去したことは、まことに惜しむべきことである。本書の第二部第三章では、新しい知見を加えて詳しく述べている。

第12図　松本銈太郎

（2）松本銈太郎（嘉永三年〜明治十二年、一八五〇〜一八七九）

ポンペによる医学伝習時代の中心人物であった松本良順の長男として江戸に生れた。文久二年（一八六二）に長崎で蘭学を学び、またドイツ語を修めた。ボードウィンに医学を学び、ハラタマには化学の教えを受けた。ボードウィンが慶応三年（一八六七）に帰国するとき、伴われてオランダに留学し、ユトレヒト大学で修学した。なおこの例は、わが国から化学修学のために外国留学する最初の事例である。彼は明治維新に際会し帰国し、再びハラタマのもとで、三崎と共に助教、大助教を勤めた。ハラタマの帰国後の明治四年（一八七一）には、再度ヨーロッパの地を踏み、ベルリン（Berlin）大学のホフマン（A.W. von Hofmann, 一八一八〜九二、ドイツ）教授のもとで有機化学を専攻した。

ホフマン研究室は当時ドイツ化学の中心であり、松本は留学中（一八七五〜七八）に四篇の有機化合物に関する研究論文をドイツ化学会誌（*Berichte der Deutschen Chemischen Gesellschaft*）に発表している。これはわが国の化学者の論文がヨーロッパの権威ある専門誌に掲載された最初である。ケイ皮マンデル酸の合成にはじめて成功したものである。このように将来有望な松本であったが、明治十年（一八七七）ベルリンで下肢脱疽にかかり、手術を受けたが治らず、明治十一年病床のまま船中の人となって送還された。翌年、早稲田の自宅で前途有為の生涯を閉じた。

（3）　田中芳男（天保九年〜大正五年、一八三八〜一九一六）

天保九年八月、信州飯田（長野県）の地に生れ、幼名芳介といい、十八歳のとき名古屋に赴き修学した。文久二年（一八六二）幕府の蕃書調所物産学出役を命ぜられた。のちに幕府の命を受けて、フランス大博覧会に出席し、強烈な印象を感受していたことは、夢に終わった舎密局の田中構想図によっても裏付けられる。

明治維新後は大阪舎密局の御用掛として、平田助左衛門とともにその開設に当ったが、開校後まもなく平田が急死し、その後は唯一の御用掛として管理・運営につとめ、その発展に貢献した。明治三年（一八七〇）二月、舎密局の大学管轄が実現したとき、大学出仕を拝命したが、同年五月に理学校と校名が変り、更に十月に洋学校と合併して開成所の分局となったとき、職を辞して東京へ転じた。田中は舎密局創設に当り、ハラタマ教頭と共に動・植二学の教導にも当っており、永き将来の基礎を築いた功労者である。

その後は文部省設置によりその出仕を命ぜられ、博物学の普及、殖産興業の振興に力を入れた。のちに貴族院議員や帝国学士院会員に選ばれている。著書として『動物掛図』『植物掛図』『日本有用動物見本』『動物学』『動物訓学』『植物自然分科表』『有用植物図説』『新訂草木図説』などがある。これらはいずれも東京時代のものである。大正五年（一九一六）六月二十一日、七十七歳で逝去した。

（4）市川〔平岡〕盛三郎（嘉永五年～明治十五年、一八五二～八二）

幕府開成所の教授市川斎宮の次男として嘉永五年八月二十日に生れ、幼名は森三郎といった。文久二年（一八六二）洋書調所に入学して、英語とフランス語を修めた。慶応二年（一八六六）十月二十日幕府留学生として菊池大麓らと共にイギリスに渡り、物理学などを学んだ。幕府が倒れたので帰国したが、その後、大学中得業生、大学中助教と累進し、明治三年（一八七〇）十一月から、大阪理学所（旧舎密局）の教師リッテルを助けて大助教を勤めた。リッテルの理化学の講義を同時通訳したが、やがて『理化日記』（のち『物理日記』と『化学日記』に分けて版を重ねる）を編纂した。これは明治初期の特筆すべき代表的な科学書である。

明治六年五月、官命により大阪より東京に移る。この頃、ロスコー（H.E.Roscoe，一八三三～一九一五、イギリス）の有名な『小学化学書』を翻訳し、初等化学教育に大きな貢献をした。明治七年、開成学校教授となり、化学と物理を教えた。この頃をかえりみた杉浦重剛は「頗る丁寧懇切にして少しも倦まず、是を以て生徒皆心服せり、現今理化学上の事業を営するものの中に就て之を数ふるに君の薫陶を受けしもの甚多し」と追悼している。明治八年六月、平岡通義の養子となり、以後平岡を名乗った。その後、海外留学のため辞職していたが、明治十年五月、再びイギリスへ留学した。当時、評判の高かったオウェンス・カレッジ（Owens College）で物理学教授スチュワード（B. Stewart, 一八二八〜八七、イギリス）に学んだ。しかし、病を得て明治十二年八月に帰国し療養につとめた。翌年五月には結婚するが、まもなく離婚した。同年七月には東京大学理学部講師、明治十四年には東京大学教授として物理学の教授に専念していた。しかし、明治十五年（一八八二）十月二十六日、三十歳の若さで逝去した。東京都雑司ヶ谷霊園に墓がある。

（5） 岸本〔億川〕一郎（嘉永二年〜明治十一年、一八四九〜七八）

尼崎藩（兵庫県）の億川信哉の長男として嘉永二年六月十日に生れた。緒方洪庵の妻・八重は伯母に当り、祖父百記の母方の姓岸本を名乗った。幼少より藤沢東涯、池内陶所、後藤松陰の門にいって学んだ。その後、開成所で英語を修め、幕府派遣留学生として市川盛三郎等と共に約二年間イギリスに渡った。帰国後、藩の洋学者として召し抱えられていたが、明治二年（一八六九）大阪舎密局に入り、ハラタマの一等助手となった。さらに、リッテルに従い文部少助教となった。のち理学所の廃止により、明治七年には紙幣寮（のちの大蔵省）に転任し、その舎密局長、舎密学頭、試験部長などを歴任した。

紙幣寮舎密局では、アメリカ人トーマス・アンチセルを技術指導者として、印刷インクの研究を主とした。ソーダ、サラシ粉、硫酸などの製造研究にもたずさわった。アンチセルの帰国後は印肉製造の最高責任者として、研究開発につとめ、また若手技術者の養成にも尽力した。激務が重なり、肺を病み、明治十一年三月九日、二十九歳で永眠し駒込高林寺に葬られた。

（6）　明石博高（天保十年～明治四十三年、一八三九～一九一〇）

天保十年十月四日、京都四条堀川の唐津町に生れた。父は弥平高善であり、京都に居住し医薬業の家系であった。幼名弥三郎、中年の頃には博人とも称し、静瀾のペンネームをもっていた。五歳で父を失い、祖父弥輔善方に養育された。また、往来のあった外祖父の松本翁は宇田川榕庵と交友を広め、シーボルト等から書籍、器械、薬物などを得て所蔵していたので、これらの文物に接する機会が多く、幼少より西欧の文物研究の志向が生まれたといわれる。嘉永五年（一八五二）以来、桂文郁より漢方医学を、善方より西洋医学術および化学的製薬法を、宮本阮甫等に蘭学を、柏原学介に物理学を、新宮凉閣に解剖学、一般医学を、辻礼輔に化学、製薬術、測量法を学んだ。このほか漢方本草学、日本医道についても研鑽につとめた。慶応元年（一八六五）には京都医学研究会をつくり、のち会員仲間で有馬温泉等の成分分析を試みている。また、戦時救急隊を編成したり、病院の開設、外国人教師の招聘を建議した。結局、大阪にできた医学校にボードウィンが招かれ、明石は薬局主管兼看頭《かんとう》となった。一方、それより先に設立されていた大阪舎密局の伝習生・助手としてハラタマより理化学の教授を受けた。さらに京都では、フランス人デュリー、ドイツ人ヨンケル、オランダ人ヘールツ（A.J.C. Geerts, 一八三一～八二）等より、物理学、化学、薬物学などを学んだ。明治十一年（一八七八）からは、ワグネル（G. Wagner, 一八三一～九二、ドイツ）に師事して、工芸化学、一般化学を研究した。

第13図　明石博高

第14図　明石博高の墓碑

ところで、明石は慶応二年に煉真舎《れんしんしゃ》という研究会をつくり、自宅で会合をもち理化学、薬学を考究していた。京阪間を往来しつつも、この会合を時折開催していた。その後、三条室町で会合を行い、明治三年には六角通堀川東入に転じて、煉真舎の事業拡張・普及発展に努力した。これらの明石の学識と実行力が買われ、同年十月には京都府出仕となった。翌月には京都府舎密局仮局が河原町二条下の旧、山口藩邸敷地内（現在の京都ホテルの一角）に設置され、彼の全盛期を迎えることになった。その後の官吏としての略歴を示せば、明治四年十一月、寮病院掛兼務。明治六年一月、京都府大属に任じられ、勧業課・寮病院掛兼勤。明治九年一月、勧業課・舎密掛兼庶務課医務掛。明治十一年六月衛生事務担当兼務。明治十三年九月、衛生課兼務。明治十四年一月十四日、化学校長兼務。同年一月二十七日、化学校長兼務差免。同日依願免官。

京都舎密局およびその勧業事業については後で述べるが、明治十四年には槇村知事が転任し、後任の北垣知事によって舎密局が廃止されたわけである。これに接した明石の心中は察するに余りがあったといえよう。元来、博覧強記であったこともあり、官を辞し、自ら舎密局の払い下げを受け、極力経営に当たったのはいうまでもない。しかし、もともと事業欲に乏しく、名利欲なく恬淡な性格の上に、払い下げの金の一括払いのために、ついに人手に渡り、まもなく火災に遭い、舎密局の建物自体も消滅してしまった。それ以後、明石は事業から手を引き、むかし修めた医術で余生を暮らした。また、かれは筆がたち、『化学撮要』『ワグネル博士化学講義筆記』『分析学初歩』『需氏舎密原義』のほかにも広範囲な著述、遺稿が残されている。明治四十三年（一九一〇）六月二十日、七十一歳で清貧のうちに世を去った。洛東、清水山系の京都市営共同墓地の西端、明石家納骨塔の隣に葬る。六男明石国助（染人）の筆による石碑が南向きに建っている。

（7）辻岡精輔（嘉永六年〜明治三十七年、一八五三〜一九〇四）

越前福井藩医、辻岡東庵の次男として嘉永六年に生れた。明治二年（一八六九）に大阪舎密局に入り化学を学んだ。ハラタマの退任にともない、大阪を離れた。その後、三崎講述『新式近世化学』を集録・発刊した。明治六年に嘯輔が没すると、その養嗣子となり、三崎精輔と称していたが、明治十一年五月十五日には辻岡姓に復籍した。しばらく文部省医務局に勤めていたが、明治七年ドイツ人マルチンについて薬学を修め、司薬場の創立に加わる。マルチンと共に鉱泉の実地試験をしたり、池田潜蔵、村橋次郎等と内国勧業博覧会審査官を兼ねたりした。明治十二年に長崎司薬場長となり、明治十三年には東京司薬場長となった。また、内務省奏任御用掛として、日本薬局方の設立にかかわった。その後、衛生試験所関係の役務を歴任して、明治三十年（一九〇〇）から大阪衛生試験所長を勤めていたが、明治三十七年六月五日に胃ガンにかかり五十一歳の生涯を閉じた。

（8）村橋次郎（嘉永元年〜明治四十五年、一八四八〜一九一二）

村橋は嘉永元年に生れ、京都広瀬塾に学んだ後、長崎で修学をつづけた。のち大垣藩に出仕していたが、明治二年（一八六九）大阪舎密局三等助手になった。そこで、ハラタマから理化学を学んだ。つづけて理学所時代も勤務し、リッテルからも指導を受けたが、このとき「味の素」で有名になった池田菊苗に初めて化学を教えた。たとえば、銅の原子量の測定などを行った。村橋の勧めを受けた池田は、のちに東京大学に入学し化学の道を進んだといわれる。理学所の閉鎖に際して、大阪司薬場（創設当時は旧・舎密局の建物を使用）に移り、この方面の指導者となる。明治十二年三月には大阪司薬場長柴田承桂の後任として、同場の試験事務監督となった。さらに、明治十七年九月には衛生局大阪試験所（大阪司薬場の改名。のちに大阪衛生試験所となる）の所長となり、明治二十年二月に退職した。その後、明治四十五年に六十四歳で逝去した。
なお、この村橋家は代々化学者を輩出されており、ほほえましい限りである。

## 五　その後の変遷——「関西大学創立次第概見」まで——

明治政府の富国強兵策に基づく中央集権的性格は、学制の公布においても認められた。すなわち、大阪理学校は廃止され、明治五年（一八七二）八月三日には第四大学区第一番中学と改称し、表面的には舎密局以来の高等専門教育は姿を消し、洋学校の流れにつながる高等普通教育のみの学校となった。明治六年四月には学区改変により、第三大学区第一番中学と改称され、同月付けで外国語学校教則に従い、大阪開明学校と称した。この頃までに理学所所蔵の理化学器械および試薬品は、ごく一部を除き東京開成学校への強制移管が終わったとみられる。

当時の開成学校は新校舎落成を待って、明治七年八月、東京開成学校と改称した。化学・工学・鉱山学のほかに文科系諸学科があった。外国人教師はアトキンソン（R.W. Atkinson，一八五〇～一九二九、イギリス）はじめ二十余名を招いていた。この九月に三年制本科の化学科に進んだ学生は、松井直吉、長谷川芳之助、南部球吾、桜井錠二、杉浦重剛、宮崎道正、高須碌郎、久原躬弦《くはらみつる》、西村貞の九名であった。

さて大阪開明学校は、明治七年四月には大阪外国語学校と改称し、九ヶ月後の十二月には教育実態に沿って大阪英語学校となった。ところで、新教則制定との関連で、明治八年六月二十四日には理化学を学科目とする専修科設置の最初の上申がなされた。これは在学半ばで転学していくものが少なくなかったので（このような転学をなしたものの中に、のちに大阪大学初代総長をつとめた長岡半太郎らがいる）、社会的有用性への道を開く専修科の設置により、学校としての自主性を確保することと、舎密局以来の理化学の復活をも意味するものであった。「校憲」に基づく文部省への上申もなされたが、実際に専修科設置が認められたのは、明治十年四月である。新教則の主な箇所は次の通りである。

第一条　大阪英語学校ハ文部省ノ所管ニシテ、英語普通科及ビ専修科ヲ教授スル所ナリ。

第三条　当校ニハ数学・物理・化学ノ専修科ヲ設ケ、其ノ普通科ヲ卒ルノ後、大学校ニ転入セザル者ヲ教授ス。在学二年トス。

ところで、舎密局開設以来の卒業生を二名出したのは、明治十一年七月であったが、両名とも他校へ転学した。同年十二月の第二回卒業生三名のうち一名は進学を希望した。しかし、せっかく設置された専修科も明治十二年四月に大阪英語学校が大阪専門学校となるに従い消滅した。だが大阪専門学校には本科として、理学科と医学科の専門科目を設け、本科に入る準備として普通科、すなわち予科が設けられた。なお、専門科目は日本語で教授するとなっていたが、「但し現今姑く英語を専用す」と断ってある。明治十二年九月、政府は学制を廃止して教育令を公布したが、この新学期より実施された化学科仮教則は以下の如くである。

第一年　英吉利語（論文）、論理学、数学（円錐曲線法・代数幾何）、重学大意、化学（無機・実験）、地質学大意、画学

第二年　分析化学（検定分析）、有機化学（定量分析）、冶金学、物理学（講義実験）、金属学、英吉

利語、ゲルマン語

第三年　分析化学（定量分析）、製造化学、物理学、石質学、英吉利語、ゲルマン語

第四年　製造化学、分析化学（定量分析）

化学科目担当の助教には、新たに団琢磨が明治十二年五月一日に着任し、化学、金石学、地質学等の講義をした。団は安政五年（一八五八）八月一日に生まれ、明治十一年にマサチューセッツ・インスティチュート・テクノロジィ（Massachusetts Institute of Technology）を卒業し、七年の留学生活から帰国したばかりの二十一歳で、最新知識を身につけた鉱山技師、化学者であった。彼は長いアメリカ生活でろくに日本語がしゃべれなかったという話である。そのとき講義を受けた生徒の中には有賀長文、木村久寿弥太、添田寿一、長岡半太郎、林権助、日置益、松井慶四郎などの俊英が集まっていた。団は明治十四年（一八八一）十月に東京大学助教授となったが、後年、三井合名会社の理事長となり、血盟団によって暗殺された（昭和七年、一九三二）。七十五歳であった。

大阪専門学校は将来の充実を期して、外国人教師を招傭する計画を申請した。また、中之島の私有地を購入し、司薬場の土地家屋（これらはもともと舎密局の建物、敷地であった）と交換し、その拡張をはかった。その後においても、京都府伏見方面の校地偵察を行っている。

明治十三年四月には、のちの第三高等学校の名校長と親しまれる折田彦市が新校長として着任したが、まもなく理学科廃止の達示を受け、同年七月化学科三名の生徒は東京大学へ転学することになった。改正教育令が公布された明治十三年十二月には、大阪中学校と改称されるに至った。その後もいくつかの整備が行われた。例えば、明治十四年七月中学校教則大綱制定、明治十五年七月中学校規則確定及び学校一覧の刊行、

明治十六年六月教場の整備・拡張等である。明治十七年二月には中学校として初めて、五名の卒業生を出した。ここで、大阪中学校教則を具体化した化学に関する「授業の要旨」を紹介しておこう。

化学ハ物質ノ成分変化ヲ講究スル者ニシテ、他ノ理学ノ蘊奥ヲ闡クコト、多クハコレニ依リ、又百般ノ製造技術ヲ資ケ、其ノ用極メテ大ナレバ、先ヅ初等中学科ニ於テ通常ノ非金属及ビ金属元素、其ノ化合物ノ大略ヲ授ケ、高等中学科ニ至リ一層精密ニ無機化学全論ヲ授ケテ、有機化学ノ大意ニ及ボシ、以テ化学ノ全体ヲ知ラシムベシ。

以上掲グル所ノ化学・物理・動物・植物・金石・生理・地理ハ器械上ノ試験又ハ実物・標品・模型・絵図等ノ観察ニ依リテ明晰・着実ノ教授ヲ施シ、其ノ真理ヲ了解セシムルコト最モ緊要ナリトス。

大阪中学校時代の化学担当教員は高橋鉉太郎であり、ほかに英語も教えていた。高橋は万延元年（一八六〇）八月十五日に大阪府で生まれ、開成学校を経て東京大学理学部化学科を明治十五年七月に卒業した。同年十月には大阪中学校教員となり、一ケ月六十円が支給された。明治初年のハラタマやリッテルの月給が六百ドル、三百ドルであった事を思い起こせば、雲泥の差であるが、いかに当時の為政者が強い意気込みをもっていたかがわかる。高橋はその後、大学分校教諭、第三高等中学教諭と続けて勤務した。一時、高等学校令による移動で約三年間他校へ転勤していたが、明治三十年（一八九七）には新築なった二本松学舎の第三高等学校に復帰し、その後教頭を勤めた。彼は化学はもちろんであるが、英語力があり、東京大学理学部化学科三年生のとき、『学芸志林』にエミールの「開明論」の訳を紹介している。退官後は三高同窓会の有力者として寄与され、例えば、大阪城西の舎密局址碑の揮毫は高橋によるものである。

つぎに明治十八年（一八八五）、大阪中学校から「関西大学創立次第概見」との意見書が文部省に上申されたことに触れておこう。これは高等教育を受ける場所が東京のみでは不便であり、大阪は近畿の中心地であり、背後に中国、四国、九州を控えており、かつ大阪中学校は伝統に加えて、設備制度とも優れた学校であるから、今これを関西の大学にしようという案であった。この案は具体的に執行事項を箇条書きにして細説しており、文部省も個々について意見を出している。このようにして文部省との意見の疎通が得られた結果、明治十八年七月には大学分校と称すべし、との裁可が伝達された。

関西での隣接した主要都市、大阪と京都は従来から人物の往来が頻繁であり、近畿文化圏の中心的地位を占めてきた。したがって次の節では、明治初期における京都の新しい教育環境を概説し、併せて京都舎密局を紹介しておこう。

## 六　京都の教育と京都舎密局

京都は延暦十三年（七九四）以来、千有余年の久しい間わが国の首都、政治文化の中心としてその地位を誇り、ゆるぎない古都の伝統と山紫水明の自然環境とを背景に満足と悦び、ゆとりの生活が展開されてきた。ときあたかも明治維新、すなわち王政復古の結果、京都は改めてわが国の首都として政治経済の中心となるべきことが予想された。ところが明治三年（一九六九）三月の東京遷都は、奈良の例をとるまでもなく、京の街をたちまちむなしい廃苑に追いやろうとした。住民の失望落胆は極に達し人心消沈し、また西陣織をはじめとする商工業も衰退の途にあった。このときたまたま京都は槇村正直、山本覚馬、および前述の明石博高という力・智・腕の三材を得て、これらの先覚者の啓発鞭撻によって、萎縮消沈の極から一転して新しい道程に歩を進めることになった。当時、槇村は京都府知事長谷川信篤のもとで府政の実権を掌握し、文明開化の諸事業を次々と実現してきたのであった。これら事業の発案遂行に関しては、知謀としての府顧問山本の明晰・深遠な頭脳と、京都に生をうけ京都に徹した明石の精力的な行動が一体となってかかわっていた。

槇村正直は天保五年（一八三四）五月山口県に生れた。明治元年（一八六八）九月議政官史試補となり、まもなく京都府出仕となり、以後昇進して明治十一年一月京都府知事となった。彼は傲岸不遜、どこまでもその意見を貫くと共に一面よく人をいれる雅量があったが、旧弊打破、新文化建設の意欲に燃えるあまり、ときには常軌を逸す場合もあり、ことにわが国の古来の文化保護という面には遺憾の点も多かった。髪を切って散髪を強制したのも彼である。当時、人々の忌避した獣肉を率先して食べ、また住所、職業についての不当差別の三百年来の偏見を打破しようとする進歩的な行動もみられた。明治十四年元老院に入り行政裁判官となった。明治二十九年四月二十一日、東京で六十二歳をもって逝去した。

また、山本覚馬は文政十一年（一八二八）一月十一日会津若松に生れた。嘉永六年（一八五三）江戸に出て砲術を学び、二十九歳のとき会津に帰り、蘭学所を設けて藩の子弟の教育に当った。元治元年（一八六四）藩主松平容保に従って京都に来て、会津藩士のための英学、蘭学の塾を開いた。慶応の初め頃から眼疾にかかり、さらに脊髄を病み後年ついに失明した。廃疾者に近い身体をもちながら、京都府顧問として槇村らを助け新政構想に参画した。また、明治八年には新島と共に同志社をおこした。明治十二年には初代の府会議長となり、のち京都商業会議所会頭にもなった。晩年はキリスト教信者として、同志社の事業に尽くし、明治二十五年六十四歳で逝去した。

京都の府政方針は、府民の教養を高めて万国に併立し得る国力を養うことであり、そのために理科実業の学問技術を速やかに修得させて、これに役立たせることに努めた。さらに、明治天皇が京都復興のために特別に下賜された十万円を基金として、欧米文化を輸入して、新しい教育、文化の建設をはかり、近代的な殖産興業の道を開いた。これらは多くの点で全国に先駆けるものであった。

京都府では明治二年、全国に率先して数十にのぼる小学校を設立して、初等教育の普及をはかった。また、わが国最初の中学である京都府中学を後述の如く開校した。その中学の一文科として外国語学校の設立を計画し、洋学所とし、ルドルフ・レーマン（Rudolt Lehmann, 一八四二〜一九一四）を初任給二百円の高給で雇用し、ドイツ語等を講じさせた。のちに洋学所は欧文舎と改称した。明治四年四月にはアメリカ人チャーレス・ボールドウィン（Charles Baldwin）による英学校を、同年十月にはフランス人レオン・ジュリー（Leon Dury）夫妻による仏学校を設立した。英学校は入学希望者が多かったので、のちに土手町丸太町の九条邸内に移した。ここにはわが国最初の「女紅場《にょこうば》」（女学校）も開設されたが、その規則等は厳重であった。明治五年五月に福沢諭吉が京都府下の学校を一覧した後、その所見を『京都学校記』としてまとめた。これは初中等教育を、全国に普及したい旨を強調したものである。その一部をつぎに示す。

> 民間に学校を設けて人民を教育せんとするは余輩積年の宿志なりしに、今京都にきたり。はじめて其の実際を見るを得たるは、其の悦あたかも故郷にかへりて知己朋友に逢ふがごとし。大凡世間の人、この学校を見て感ぜざる者は報国の心なき人といふべきなり。

明治政府の基盤がようやく固まりかけ、富国強兵を目標として諸政策が実行されかけたとき、京都ではすでに殖産興業の旗をかかげ、明治四年二月十日に勧業場を開設させていた。この分野の中心的な人物は、大阪舎密局時代ハラタマのもとで学んできた明石博高である。明治三年十月に京都府出仕となり、翌年に勧業掛となって以来、専門の医薬・理化学以外にも産業興隆の道を講ずるため、範を欧米にもとめ、科学を基礎とした新事業の企画や監督、貿易の奨励、物産の陳列、資金の融通等一切の産業関係の事務を執り行った。このため当時の文化・興業の諸事業は、この勧業場を母体として、集産場、栽培所、織殿、舎密局などが設けられた。

この勧業場を中心とした諸事業のうち、化学史との関連で特記すべきものは「京都舎密局」である。この舎密局も明石の進言によって、勧業場開設に先だって、明治三年十二月に木屋町二条下る元長州藩邸内の一角、黄檗印房に仮設し発足した。まず、理化学の教授および実験を行い、煉真舎の生徒の多くが舎密局に入学した。次第に設備事業内容を拡充していったが、主なものは砂糖、クエン酸、レモン油を原料とするリモナーデ（Lemonade）、焼酎、橙汁を原料とするポンズ（Pons, オランダ語）等の製造販売であった。明治六年には、鴨川西岸の夷川土手町（現在の京都市立銅駝《どうだ》美術工芸高等学校）に本館が新築落成した。夷川の南二条に至る間の製造場、実験場においては化学百般の製造・実験を行った。

京都舎密局には誰でも志願すれば簡単に入学できたが、発足時は二十名程度であった。明治四年からの薬品の真贋良否の検査や毒劇薬の処置、舶来飲料の検定証明を行い、翌年にはわが国最初の石鹸や氷砂糖の製造、機械による製糸工場を設けた。明治六年三月から毒劇薬の製造、八月からラムネ、陶磁器、七宝、ガラス、漂白粉、石版術、写真術、さらにビール等の製造研究を行い、開局後の五年間にその受講生は三千人を越えるに至った。

当時のわが国では薬品の混同や贋造がはなばなしく、このため政府は司薬場《しゃくじょう》と称する試験所を三府五港に設けたい意向であった。この頃京都舎密局は設備が整い有効に機能していたので、政府はその一部を無償で借り受けた。これに当っては明石と親しい関係であった衛生局長の長与専斎の尽力もあって、明治八年二月に京都司薬場が併設された。この結果、明治二年以来長崎医学校で、理化学、製薬学を教授していたオランダのヘールツ（A.J.C. Geerts, 一八四三〜八三、横浜にて病死）博士が政府によって招聘された。京都府では舎密局の一部を提供し、代わりにヘールツによって薬舗開業者や療病院付属医学校生徒などに無給でオランダ語や化学の指導と講義をしてもらった。彼の指導のもとに池田潜蔵、喜多川義一、喜多川義比、小泉俊太郎らが協力して薬品の製造や検査等の業務にたずさわった。京都府ではこのとき、次の興味ある『京都府舎密局事業拡張告知文』を明治八年六月一日付で達示している。

> 夫レ舎密窮理ノ学タル万般ノ事業ニ関渉スル最大要件ニシテ、凡ソ稼穡砲術、医方薬剤、金石気水土塩鉱属ノ製煉ヨリ以テ百工技芸ニ至リ、此科ニ由ラザル莫シ方今欧米各国文化ト称スル所以ノ者他無シ。此科ノ開闡ヲ以テナリ。故ニ当府ニ於テハ夙ニ舎密局ヲ創立シ、以テ此業ヲ人民ニ教授スル。蓋シ茲ニ六年頃日又文部省ヨリ和蘭舎密窮理博士ヘールツヲ派出シ、以テ教師トシ、益々此業ヲ府下ニ拡充セシメント欲ス。人民ノ幸福焉ヨリ大ナルハ莫シ。夫レ人学ブベキ時ニ学バザレバ後ニ悔ヤムトモ及ブベカラズ。今ヤ文化ノ時至レリ、人々以テ学バズンバアルベカラズ、志学ノ輩其レ之ヲ勉励セヨ。

この頃の舎密局の教育内容・方法を知る資料としては、明治九年三月十三日付の『舎密局生徒仮教則』がある。この制定に当ってもヘールツの指導を受けているが、「少年生課業」として窮理学、鉱物学、植物学を講じている。「晩年生課業」は次の通りである。

| | | |
|---|---|---|
| 月曜日 | 九時より十時に至る | 自然薬物学 |
| 火曜日 | 十時より十二時に至る | 舎密学 |
| 水曜日 | 十二時より午後一時に至る | 処方学 |

木曜日　九時より十時に至る　自然薬物学
　　　　十時より十二時に至る　舎密学
金曜日　十時より十二時に至る　舎密学
土曜日　十時より十二時に至る　処方学

このほか「教授費出納は製煉薬発売の利益を以て受金とす。故教授上入用の書籍、器械及び学事に関する一切の諸費は右受金を以て之に当てる」としている。

ところで政府は、京都司薬場の本来の業務は大阪司薬場によって代行できるとして、明治九年八月にこれを廃止し、ヘールツを横浜司薬場に召還してしまった。困り果てた京都府及び舎密局は、その後明治十一年三月にドイツ人のワグネル（G. Wagner, 一八三一～九二）を月給四百円で招き、舎密局内（女紅場の南）に化学校を設置した。彼はここで生徒に理化学一般を教授すると共に七宝、ガラス、石鹸、ビール、清涼飲料水の製法等諸般の工業化学や薬品製造の実地指導を行った。在任期間は三ケ年であったが、偉大な足跡を残して京都を去った。

ワグネルは、一八三一年にドイツのハノーウェル（Hannover）州官吏の子として生れ、二十二歳にしてゲッチンゲン（Gottingen）大学で博士号を得た。明治元年に来日し、明治三年コバルトの彩釉料をわが国で初めて使用し、有田焼の改良を試みた。翌年東京に出て、大学南校および東校で理化学を講じ、わが国の七宝、銅器、陶器等に深く関心をもつに至った。明治六年にオーストリア（Austria）で開かれた万国博覧会に日本政府から派遣され、わが国の物産の紹介に尽力した。その後、京都舎密局で諸種の実地指導や研究教授にたずさわった。ここで彼の教えを受けた者に化学製薬の小泉俊太郎、理化学分析の上田勝彦、喜多川義比らがおり、また彼から旋盤の使用法を習得した理化学器械の初代島津源蔵がいる。明治十四年に東京に帰り、東京大学で製造化学を講じた。明治二十五年十一月、六十一歳で逝去した。京都ではワグネルの顕彰碑を岡崎公園の一角、京都府立図書館の北隅に建て、功績をたたえている。一方、東京工業大学での功績は、同大学百年史記念館で常設展示されているし、同大学キャンパス内に顕彰碑が設けられて久しい。

明治十三年八月には、京都舎密局での学術教授を独立させ完全なものにする意図から、京都府立化学校設立計画が立てられた。数学、有機化学、無機化学、定性・定量分析、製薬学、百工化学等を教授する予定で、同年十二月に明石博高を校長とし、その他の舎密局関係者を教員として開校準備を整えた。ところが、翌十四年一月に槇村知事に代わって、北垣国道が知事に就任し、府政方針に修正が加えられた。すなわち北垣知事は、化学開発の政策は一応その目的を達成したものとし、専ら治水の新経論の実行に移るべきであると考え、疏水工事をおこすために予算の関係から、京都舎密局はそのものが廃止されることになり、府立化学校の開設も不可能となった。このとき明石は条理を尽くして、その存続を熱望したが、新知事のいれるところとならず、このため自ら官を辞して舎密局等の払い下げを受け、私費を投じて経営に当ったが、種々の悪条件がかさなり経営不振となり、明治十七年頃には舎密局の建物は人手に渡り、その後明治二十八年一月二十六日には不慮の火災により消滅してしまった。化学校についても同様に払い下げを受け、やはり明石を校長として従来のスタッフが勤務し、とくに小泉俊太郎は明治十六年まで勤めたといわれるが、正式にいつまで存続していたかは明かでない。

なお明治初期の京都における理化学教育の機関としては、大阪医学校出身の池田潜蔵らによる育英学舎があり、英語、理化学、薬物学を教え、教科書はフレゼニュース（Fresenius）の分析学、リレーの薬物学が使われた。また中川重麗は万有家塾をつくり、毎偶数日の午後五時から十時までドイツ語、理化学、博物学等を教えた。

ここで少し、京都府中学に関連して、一つの節目を担った初代校長の今立吐酔《とうすい》に触れ、彼の回顧談（第三高等学校の京都移転の裏事情）などを紹介しておく。京都府中学は、その後曲折を経て、現在では京都府立洛北高等学校となっている。今立吐酔は安政二年（一八五五）一月二十六日に福井県鯖江市松成町の満願寺で生れ、福井藩校明新館で学んだ。明治四年には有名なアメリカ人教師グリフィス（W.E. Griffis, 一八四三〜一九二八）に理化学を学び、グリフィスが任期満了で帰米する明治七年にはすすめられて留学し、苦学してペンシルヴァニア（Pennsylvania）大学で化学を専攻した。

帰国後まもなく吐酔が京都府中学に関係したのは、明治十二年十月で、当時京都では本格的な後期普通教育をめざしていた。彼は「高等級の英語、万国史、物理、化学の教授を担当しました」といっている。明治十四年七月には「府中学出仕申付候事。但教授専務月俸百円支給」となり、北垣国道知事は明治十五年五月に吐酔を初代の校長に登用した。そして、吐酔による理想的な寺町丸太町の新校舎が明治十八年五月に完成した。当時の『日出新聞』は「今度京都中学校化学部で製した靴墨并に各色『インキ』は世に有ふれの品より一層宜しく価もまた廉なるよし。殊に靴墨はその使用法至て簡便にて、彼の婦人が用ふる鉄漿付筆様の物にて塗抹すれば、暫時にして乾き、而して皮の原質を損せざるのみか、却て之を鞏固にし、且つ充分の光沢を生じ、万事お為筋ものなりとの技書あり」と報じている。その後明治十九年七月の中学校令による制度改変にあい、さらに第三高等中学校の京都移転を契機に、吐酔は明治二十一年六月には京都を去り、外務省翻訳官に栄進した。この頃を回顧して吐酔は次のように述べている。

> 此冬（明治十九年）私が東京へ出張した際、森文部大臣を其官邸に訪問した時、木場秘書官も傍に居て大阪第三高等学校（第三高等中学校、以下同じ）の話が出て、大臣は大阪でも京都でも宜いが、敷地と建築費とに拾万円を出したら其方へ第三高等学校を建てやう。併し自分としては大阪より京都の方が教育地としては好ましいと云はれた。それで私は、京都府では今十三万円で師範学校を新築する予算が議決しました。依て大臣が此夏御覧になつた京都中学校をそつくり師範学校に譲れば、十三万円の予算は浮きものになる。そこで此十三万円を文部省へ出す事になつたら第三高等学校は京都府へ移して貰へましやうかと云つたら、夫れは妙だ、そうなれば第三高等学校を京都へ移すに訳はないと云はれた。恰度此時幸に北垣知事が東京に出張して居られたから、直に其旅館へ行つて此話をしたら、知事も早速同意で直に馬車を命じて森大臣の官邸に到りて、第三高等学校を京都へ移す議を定められたのです。

この回顧談は、第三高等中学校の京都移転のきっかけを物語る一つの歴史的証言といえよう。その後、今立吐酔は福岡県立尋常中学修猷館（現在の福岡県立修猷館高等学校）の代理館長、兵庫県立神戸商業学校長などを勤めた。晩年にも見識があり、グリフィスが再来日したときは、傍らに立ち通訳をつとめた。吐酔は誰にも親切であり、権勢、名利の欲はなかった。昭和六年（一九三一）五月十日に東京都板橋区の娘宅にて七十六歳で永眠した。著書（訳本）として『仏教問答』、"The Tannisho"（歎異抄の英訳）などがある。

この章を終わるに当たり、大阪舎密局ないしは大阪理学所と京都舎密局との相違点をまとめておきたい。まず、共通していえることはボードウィン、ハラタマの教えを背景として理化学教育の実践をめざすが、大阪舎密局は創設のときから政府主体またはその援助を求めて学理的基礎学術を重視する高等専門学校をめざしたのに対して、京都舎密局は府独自の殖産興業という指導理論に基づき発足し、工業化、製造発売あるいは伝統工芸の改良及びその製品化に主眼が置かれた。このことは発足時期がわずかにずれていることと、明治政府の安定化の道程とも密接に関連している。また、リッテル、あるいはワグネルといった外国人教師の東京帰還によって、以後著しくそれぞれの機能を低下させたが、教導理念、理化学教育の理想は教えを受けた人々に根づき、教育環境の土壌となり、のちのちまで生き続けて、関西における化学史は形成されていったといえるのではなかろうか。

次の章では大阪舎密局の流れをもつ大学分校が第三高等中学校となったのち、京都移転を果たすわけであるが、その前後の状況を化学実験場に焦点を合わせながら述べてみよう。

# 第四章　明治中期の教育制度の進展

## 一　京都移転と化学実験場

大学分校は関西大学構想を一歩前進させるものであったが、明治十八年（一八八五）の内閣制による初代文部大臣に森有礼が就任し、やがてわが国の教育行政の一大転換期を迎えることになった。また、時を同じく折田校長が転任となり、大学分校は所期の本科（理学科）設置を待たず、明治十九年四月に十九日に中学校令に付帯する高等中学校令の公布に基づき、第三高等中学校と改称された。この当時極端な欧化思想の浸透がみられたが、一方国粋主義的な思想も顕著にみられるような混沌の時代風潮であった。教育制度に関しても、明治初年の外国模倣主義を抜本的に改めようとする気運があり、学校令は自由主義的であった従来の教育政策を国家主義的な方向に転じ、帝国大学を頂点とする国家本位の教育を進めようとするものであった。以後六十年間のわが国の教育体系の基本骨格を形成するものであった。ところで、明治十九年に高等中学校になったのは、本科二年と予科三年をもつ第三高等中学校と第一高等中学校の二校のみであった。前者は舎密局と洋学校との二つの系譜のうちの普通教育志向が顕現したといえるが、後者は明治十年以来の東京予備門であり、東京大学への進学階梯としての実績に基づくものであった。なお、明治十九年十一月三十日の文部省告示第三号勅令第十五号中学校令第四条に基づいて、高等中学校の設置区域が定められ、「第三区は京都」とされた。同年十二月六日の文部大臣通達によって、第三高等中学校は京都に移転することに決まった。

大学分校当時より屋舎の狭さと教育環境の見地から新校地の見聞が進められてきたが、いくつかの有力候補地のうち、愛宕郡吉田村（現在の京都大学本部構内）と決定したのは明治十九年十二月二十七日のことである。森文部大臣は移転の提案時からその後の移転経過においてもひとかたならぬ肩入れをした。提案者の折田彦市は明治二十年四月二十三日に中島永元に代って校長再任を果たし、以後終身第三高等中学校に捧げることになった。この再任に当たって教頭として、のちに帝国大学総長を兼務する松井直吉を携えて帰任していることが注目できる。京都吉田の地に化学実験場と物理学実験場の雄姿が建立するのに松井直吉が少なからぬ補佐の任務を果たしたものと考えられる。また一方、北垣京都府知事を初めとする京都府議会の並々ならぬ熱意に感謝せざるを得ないであろう。北垣知事は疏水工事を行うため京都舎密局の廃止を行い、京都の教育方針についてもかなり大幅に政府の意向に順応する姿勢をとり、第三高等中学校の誘致に成功したあと、当時としては破格の十万円もの京都府献納金を納めた。京都新校創立費総額四十万円が計上されていたことをみれば、それがいかに巨額であったかがわかる。京都府がこれだけ熱心に第三高等中学校を誘致した背景としては、単に山紫水明の地としての自然風靡《ふうび》に依拠してのことではなかった。すでに紹介した福沢諭吉の『京都学校記』にもあるように、明治初年以来小学校、中学校、女紅場を全国に先駆けて開設し教育の普及に努めてきた。ところが殖産興業の中核的役割と教育研究の機能を果してきた京都舎密局及び化学校は払い下げられて廃局の運命をたどる。しかし理化学、工芸、薬学をはじめとする近代化学教育事業に対する府民の関心は強いものがあった。こうした府民の声をもとに、関西における大学構想を温存し続けている第

第15図　吉田山麓の化学実験場

三高等中学校を招き、国の費用で運営され、西日本の中心として京都が位置づけられることは、京都の民衆としても期待と希望の夢をつなぐものであった。その後、明治二十年九月から工事がはじまり、明治二十二年六月頃には校舎の落成も間近になり、移転準備も大詰めになった。京都移転に備えた『第三高等中学校器械模型標品并薬品目録』が明治十九年（一八八六）八月末調査として、京都大学総合人間学部図書館に保存されている。この目録によれば、物理器械は二百二十六種目九百二十点あり、化学器械は試験管、ピペット、レトルト等にはじまって、白金坩堝、白金皿、硫化水素器、ショリー氏比重試験器、結晶角試験器など百十三種目八千九百六点を保有している。薬品は塩酸、酢酸、硝酸、アルコール、樟脳等の三十種目千点にすぎない。理学所時代の目録とくらべるといかにも寂しい感じがする。なお、理化学器具、薬品については、第三高等中学校文庫掛による明治二十三年四月から三十年三月までの『学術用器械薬品雑品受渡控』が残存しているが、これによれば京都移転によっても、またのちの第三高等学校への改称によっても、大幅な急増はみられることはなく、除々に購入充足されていることを物語っている。しかし、八年間に化学実験場関係の器具類は二百七十六件以上の物品増となっており、京都移転時の約三倍の充実内容であると推定できる。

京都新校の規模は次の通りであるが、敷地面積は四万九千五百七十坪（一六三・五八一平方《メートル》）であった。本校舎は煉瓦石造二階建三百八十七坪余（一、二七七平方《メートル》）と煉瓦石造平屋建百四十四坪余（四七五平方《メートル》）であり、化学実験場は煉瓦石造平屋建二百五十五坪余（八四一平方《メートル》）であり、物理学実験場は煉瓦石造平屋建百八十二坪余（六〇〇平方《メートル》）であった。このほかに寄宿舎、雨天体操場、教師館などが延べ千九十四坪余（三、六二〇平方《メートル》）となっていた。第17図に竣工当時の化学実験場の写真を示している。明治二十二年九月十一日には京都新校の開校式を行ったが、新校開校後の日も浅いころの情景を『神陵小史』は次のように描写している。

> 学校から南、目を遮るものは、織物会社の建物と熊野神社の森（社の境内は南は今の疏水のあたり、北は病院、東は聖護院、西は丸太町橋詰に一つの鳥居があった）。隠亡坂（神楽坂）以南は一面茄子畑、春は万頃の黄、総て菜種であり、冬は校長官舎の池に鴨が下りたといふ。北西は百万辺紡績工場、あるかなきかの田中村の果には、北山が潤々と見晴るかされ、麦の一二寸のびる頃には雲雀の声が長閑の教室の生徒の眠りを誘つてゐた。

この頃の化学担当教員は教頭の松井直吉と前述の高橋鉉太郎であった。松井直吉は安政四年（一八五七）六月二十五日に美濃大垣で生れ、貢進生として南校に入学していたが、明治八年（一八七五）に文部省第一回留学生として、アメリカのコロンビア（Columbia）大学鉱山学校で化学を学んだ。帰国後東京大学理学部講師、教授と進んだが、帝国大学の設置時に工科大学教授となった。そのあと第三高等中学校の教頭として来阪し、京都移転業務にもたずさわった。来阪までの仕事としては「原子説沿革の概略」をはじめとした十五篇以上の欧米の研究紹介や抄訳を報告している。京阪時代は折田彦市のもとで学校行政の手腕を磨いたと思われるが、高安道成によれば、「教頭理学博士松井直吉の英語は一層愉快、英学の妙味を覚らしめた。今も其有難味は忘れることが出来ない」としており、英語も教えていた。明治二十三年に東京農林学校が帝国大学農科大学となるに当り、その教授として東京へ帰還し、学長を兼任した。以後、農芸化学者として後進の指導育成に当り、一時帝国大学総長を兼務したことがあるが、明治四十四年一月三日に五十四歳の生涯を終えた。このほか後に、松井元治郎が化学、鉱物学などを教えている。彼は第三高等学校の『壬辰雑誌』に「溶液之説」や「電気分解説」などを紹介している。

ところで、明治二十二年三月十七日の文部省令で、高等中学校医学部に薬学科付設のことが定められ、これに伴い翌二十三年四月八日には正式に第三高等中学校医学部付設薬学科が岡山に開設された。その修業年限は三年であり、最初の生徒は二十五名であった。私立岡山薬学校の生徒を試験施行のうえ入学させたものである。この年の七月には岡山においても医学部新校舎が落成しており、薬学科の運営はほとんど医学部によって行われた。学科目は英語、動物学、植物学、鉱物学、物理学、化学からはじまり、分析、生薬学、製薬学、調薬学、薬局方と進むことになっており、体操は三年間通じて配置されていた。化学は佐藤直が担当し、有機化学、定量分析薬局方は高橋増次郎が担当した。ただその後においても、生徒定員百名であったが、常はその半数にも満たず、維持経費の観点からその存廃が問題となっていた。明治二十七年十一月に九名の卒業生（卒業生延べ数三十三名）を出したところで、高等学校令による学制改変によって薬学科は自然消滅のかたちをとって終焉となった。

ここで、明治二十五年に第三高等中学校を卒業した吉川亀次郎について、少し紹介しておこう。吉川は奈良で生れ、その後、帝国大学に進学した。同期生（明治二十八年卒業）には、幣原喜重郎、溝淵進馬、浜口雄幸らがいる。卒業後、東京帝国大学工科大学助教授を勤めていたが、京都帝国大学の創設を契機として明治三十一年八月十八日に京都帝国大学理工科大学の製造化学分担助教授として転任してきた。教授吉田彦六郎の外遊中は、一時製造化学を教授し、研究指導に当った。その後、工学博士を取得し、留学先からの帰国と同時に、明治三十八年九月二日新設の「電気化学及びその応用並びに無機化学工業」講座の教授となった。当時、電気化学が隆盛を迎えようとしていたわけであるが、彼はこの分野の権威として、特に電気分解による水酸化ナトリウム製造の研究、水銀法による中間実験に力を注いだ。化学工業の育成にも力を入れ、大阪ソーダ株式会社の基礎を築き、また蓄電池製作工業にも貢献した。大正二年（一九一三）八月五日の依願免官で大学を去った。その後は化学工業界で長く活躍し、晩年は高山耕山化学陶器会社監査役を勤めた。

## 二　京都の化学系諸学校の歩み

同志社波理須《ハリス》理化学校は明治二十三年（一八九〇）に設立され、明治三十年に閉鎖された。わずか七年の歴史しか持たないが、のちの私立総合大学の原型をつくり、教育内容に関しては全人的理科教育をめざしたとの評価がされている。この学校はいうまでもなく新島襄によって計画され、十万ドルのハリス寄金に基づいて設立された。彼はキリスト教的自然観への傾斜を深める中で、当時の単なる富国強兵ではなく、科学をもって人間の精神的な解放をめざそうと考え、「官許同志社英学校」を明治八年十一月に設立させたが、一種の私塾というべきものであった。その後、理科系専門学校の併設を強く志すようになり、募金活動を行っていたが、新島は明治二十三年一月二十三日に四十八歳で逝去した。この事業は社友であり、義兄である山本覚馬によって引き継がれ、同年九月二十六日に波理須理化学校が開校された。第一回入学生は二十八名であり、中瀬古六郎（第48図参照）、沢辺四郎、村上春郎などの名がみられる。ここでは初の卒業生でもある中瀬古とその恩師の下村孝太郎の略伝を紹介しておこう。

　中瀬古は明治三年に生れ、同志社英学校を卒業し、波理須理化学校で化学を学び、続けて助手を勤めていたが、明治二十九年から三十四年（一八九六～一九〇一）までアメリカに留学した。ジョンスホプキンス（Johns Hopkins）大学でPh.Dを取得した。帰国後は同志社で教鞭を取っていたが、明治四十四年京都帝国大学理工科大学副手となり、大正五年（一九一六）から昭和三年（一九二八）まで同理科大学講師として、分析化学、化学史を分担した。昭和二年には金属元素の微量分析で理学博士となる。昭和三年から十一年までは、第三高等学校講師として自然科学を講じている。その後、同志社に帰り教授に当ったが、昭和二十年に七十五歳で逝去した。著書は多く、『英文定性分析指針』『英文定量分析指針』『微量分析化学』『現代化学大観』のほかに古典的な『世界化学史』『近代化学史』等の化学史・自然科学史の著書が有名である。また、編集にたずさわったものとしては、啓蒙科学雑誌『我等の化学』（昭和三～八年、一九二八～三三）があり、京都学派の活躍を窺うことができる。この雑誌については、第二部第六章で詳しく紹介する。

　下村孝太郎は、文久元年（一八六一）に熊本藩で生を受け、熊本洋学校で窮理学、舎密学を学んだ。明治九年（一八七六）に同志社に入り神学を学ぶが、科学に興味を持ち、明治十八年に渡米し、ウースター（Wooster）工科大学で化学を専攻し、その後、ジョンスホプキンス大学のレムセン（I. Remsen, 一八四六～一九二七、アメリカ）教授の下で有機化学を研究した。帰国後、波理須理化学校と共に歩んだが、のちに化学工業界に身をおき、ガス事業などに貢献した。また、材木防腐、染料、低温乾留の工業にも尽力した。昭和十二年（一九三七）に七十六歳の生涯を終えた。

波理須理化学校舎は今日でも保存されているが、当時としても特異な理化学研究施設であり、実験器具類は化学関係が五百十一項目、物理関係が四百十三項目となっており、当時の第三高等中学校の設備に類似するものであった。開校時の教授陣は理化学校委員長兼校長小崎弘道、化学教師兼教頭下村孝太郎、応用化学教師山寺容磨、化学顧問キニヨット等となっていた。学科規程によれば、純正理化学部門に化学兼生理学科と応用理化学部門に陶磁器、染工および薬学科の四専門科があった。注目できることは一般公開講座と称すべき、理化学校講演会が「学術上の真理と応用とを最も通俗に最も簡明に講演せんものなり」として、明治二十五年二月頃まで月一回ずつもたれている。特異な理化学校であったが、日清戦争前後の国権の増強が官尊民卑の傾向を助長するにしたがい、入学者が激減し、費用のかかる理化学教育であったために同志社全体の経営も著しく困難になってきた。ここにきてハリスの病役に接し、明治三十年には学課程度を引き下げて同志社高等部の一部とするに至った。

明治中期は全国各地で薬学校が開設されたが、明治十五年五月二十七日の文部省布達で「薬学校通則」が決められ、その内容が一層充実するに至ったといえる。京都においても、京都私立独逸学校が明治十五年に設立され、別科で薬学講習をし、やがて薬学科となった。さらに、明治二十五年に名実とも京都薬学校の創立へと発展した。しかし、この頃は前述の理化学校の例をとるまでもなく、私立薬学校の運営は苦しくなり、廃校あるいは官立大学等に併合される状況であった。この困難を乗り越えた京都薬学校は、京都薬学専門学校を経て、今日の京都薬科大学へと発展し、私学の伝統を守り抜いてきたことは賞賛に値する。

## 三　京都帝国大学創立前の諸事情

明治十九年（一八八六）十二月十四日に制定された第三高等中学校規則によれば、「予科は満十四歳、本科は満十七歳以上の男子にして天然痘又は種痘を了へ品行方正身体健康の者」となっており、「修業年限は本科二年、予科三年通算五ケ年」であった。例えば「本科の学科目は国語、漢文、英語、独語、羅甸語、地理、歴史、数学、動物、植物、地質、鉱物、物理、化学、天文、理財学、哲学、図画、力学、測量、体操」となっていた。ところで、明治十九年四月の勅令第十五号中学校令第三条に、「高等中学校は法科、医科、工科、文科、理科、農科、商業等の分科を設くる事を得」となっていた。その後、明治二十二年九月には京都新校開校となり、翌年九月には法学部が開設された。この法学部の設置は第三高等中学校に限られたことで、『神陵史』によれば「当時第一から第五までの高等中学校のなかで、いわば大学レベルの法学部開設に耐え得る内容実質を有していたのは本校だけであり、それだけにひとしく高等中学校の名を冠していても、ぬきんでて本校の存在が異彩あるものであったことを裏書きしている」と述べている。ここで、その経過を調べておこう。まず、明治二十年十二月の高等中学校校長会議の議決として、第三高等中学校に法科設置という特殊な地位が認められ、明治二十一年十二月一日には、再度「法科分科創設の件」が上申された。その概略を記しておこう。

京摂地方ニ至リテハ従来未ダ一ノ法律学校アルヲ見ズ。（中略）官立ノ学校ニ法科ヲ設ケ法学者養成ノ労ヲ取ルニ非ザレバ、完全ノ人材ヲ育成シテ世間ノ需要ニ応ズル事能ハザルベシ。勅令第十五号中学校令第三条ノ精神モ畢意此ニ外ナラザルベシ。是レ小官（折田校長）ガ当校ニ法科分科ノ創設ヲ熱望スル所以ナリ。蓋シ当第三高等中学校ハ其ノ位置（中略）ニ適シ、最モ時機ニ応ズルモノニシテ、経費ノ如キモ亦甚ダ多額ヲ要セズシテ実効ヲ奏スル事ヲ得ベク、実ニ一挙両得ノ策ト謂フベシ。尤モ工・文・理等ノ諸分科ノ創設モ必要ナラザルニ非ザレドモ、目今法科ノ必需緊要ナルニ比スレバ、聊カ緩急ナキニ非ズ。且ツ当校経費ノ許サザルトコロアレバ、此等ノ設立ハ姑他日ヲ期シ、先ヅ以テ法学ノ一科ヲ創設シ。

この上申を契機に明治二十二年七月二十九日には文部省第五号により、法学部学科課程が定められ、明治二十三年九月に開設となったわけである。

ところで明治二十三年頃から、高等中学校の経費節減が、わが国の財政上の問題となってきたことに加えて、この頃ようやく尋常中学から予科の上級クラスに直接進学する者が増加してきた。ここに予科全廃の気運が高まり、明治二十四年四月には予科補充が募集中止となり、つづいて明治二十六年七月には予科三級が廃止され、九月の新学期には予科は第一級、第二級のみとなった。もはや経費節減問題は単に予科のみならず、高等中学校そのものの存廃にまで関連波及するに至った。やがて、明治二十七年六月二十三日の勅令第七十五号高等学校令の公布につながり、同年九月十一日には第三高等学校（略称三高）と改称され、新たな段階を迎えた。

続いて文部省令により、第三高等学校に設置する法学部、工学部、医学部の修業年限は四ヶ年とされ、また学科目と講座数が決められた。例えば工学部の場合は次の如くである。

| | |
|---|---|
| 数学・力学 | 二講座 |
| 物理学 | 一講座 |
| 化学・地質鉱物学・冶金学 | 一講座 |

図画・測量　二講座
土木工学　三講座
機械工学　二講座

さらに「前に掲げたる学科目の外に、必修科として体操科を置き、随意科として外国語を置く」となっていた。

高等学校令による学制改革は、井上毅文部大臣によって進められたものであるが、従来の森有礼による学校教育体系が普通教育を中心としたものであったのに比べて、その教育体系に専門教育の導入を主眼としたものであった。しかも、改革の中心は、第三高等学校であった。当時、文部次官であった牧野伸顕は、次のように提言している。

文明競争ノ場裏ニ立チ、列国環視ノ中央ニ位スル邦国ハ、自衛ノ方法具ニ備ヘザルベカラズ。而シテ富国強兵ノ素養ハ、之ヲ教育ニ待タザルベカラズ。現今本邦ハ此ノ文明競争場裏ニ一歩ヲ進メ、百般ノ事業新ニ興スベク学術芸能ノ士方ニ多キヲ要スベキノ時ニ当リ、科学専門教育ノ情況ヲ見ルニ、国家ガ之ニ対スル経（計）画ハ頗ル遅緩ニシテ物質諸般ノ進歩ニ伴ハザル如シ。所謂素養ヲ忘レテ結果ヲ求ムルノ観アリ。中略。降リテ明治廿三年ニ至リ芳川文部大臣ハ二按ヲ立テ閣議ヲ経タリ。其ノ一ハ数箇若クハ一箇ノ大学ヲ地方ニ興スコト、其ノ二ハ既設ノ五高等中学校ヲ拡張シ、各種急要ナル専門部ヲ増設スルコトコレナリ、而シテ此ノ請議ハ経費節減ノ故ヲ以テ終ニ裁可ヲ得ズシテ止ミタリ。明治廿七年井上文部大臣ハ前議ヲ継続シ、「俄ニ幾多ノ大学ヲ全国ニ設クル能ハザルモ、一大学ヲ関西ニ興スハ既ニ緩クスベカラザルノ時機ナリ」トシ、全国ヲ分チテ二大学区トシ、京都ノ第三高等中学校ヲ改造シテ大学トナシ、経費設備ノ許ス限リ、漸次分科大学ヲ設ケ、東京帝国大学ト相呼応シテ国家ノ需要ニ応ジ、其ノ他ノ高等中学校ノ専門学科ヲ拡張シ、以テ地方ノ青年子弟ヲシテ容易ニ完全ナル専門学科ヲ修ムルノ便ヲ得シムルノ議ヲ建テタリ。

このような高等学校の専門学校化の意図は、日清戦争前夜のわが国の時代的要請で、教育年限の長い帝国大学の教育課程を側面から補うために、より短期的に速成的課程を新制高等学校に課そうとしたといえる。当時、高等学校令の目的に沿える学校的実質を有するものはひとり三高のみであり、三高には三専門学部が設置されたが、大学予科は設置されなかった。他の高等学校には医学部と大学予科だけが設けられた。このことは第三高等中学校の本科および予科の解散を意味し、学業なかばにして各地の高等学校に配転を強いられた。このときの分袂を記念した樟樹と記念碑とが今なお、京都大学時計台前広場の東辺に存在している。その碑文は次の通りである。

明治二十七年改称第三高等中学校曰第三高等学校。在校生徒散学於四方者数百人、教官転任者亦不尠矣。臨別植一樹於校門之東辺留焉、以為記念。相謡云無涯感慨付櫞樟豈将遺愛擬甘棠実七月十日也。

その後、三高は高等専門教育機関として順調に展開していくが、日清戦争の終結により国力の隆盛をめざす方向と、明治初年以来の関西における大学構想の願望とが止揚し得る時が近づきつつあった。このようなとき明治二十九年六月、高等学校校長会議が開かれ、専門学科の廃止が協議された。まもなく文部省通牒により、三高においては、明治二十九年度の法律学科、土木工学科、機械工学科の生徒募集が見あわされることになった。ここに法学部と工学部の廃絶方向の第一歩がはじまった。特異なことは、この年の六月には工学部に応用化学および採鉱冶金学の二学科が新設されたことである。このことは京都に新たにいま一つの帝国大学を設置するための移行手続でもあったといえる。明治三十年四月十七日には文部省令第三号をもって、三高に大学予科が復活することになり、同年九月より実施され、学部廃止路線と表裏一体となって再生することになった。すなわち、明治三十年六月十八日には京都帝国大学が創設され、最初に理工科大学が置かれた。明治三十二年七月には三高の法学部と工学部土木および機械工学科の最終卒業生を出し、関係学科は廃絶された。翌年には同校の応用化学科および採鉱冶金学科とも最終卒業生を出し、工学部は閉鎖された。さらに、明治三十四年四月に三高の医学部は分離独立して、岡山医学専門学校と改称された。

つぎに三高の学部時代の一、二のスタッフを紹介し、新たに設けられた京都帝国大学理工科大学とのつながりが理解できるようにしたい。まず、筆頭教授格の理学博士、村岡範為馳《はんいち》は明治二十七年に着任し、物理学の教授と研究に当った。『平民学校論略』『物理学教授法』『実験音響学』等の訳著書があり、明治二十四年の論文理学博士第一号の所有者でもあった。三高時代には、X線発明の翌年の明治二十九年に日本ではじめてX線装置をつくり、その撮影に成功している。この実験は、京都の島津製作所で島津源吉、糟谷宗資（のちの小浜中学校長）等を指導して行ったものである。明治三十一年七月には京都帝国大学理工科大学の教授となり、物理学第二講座を担当した。彼はわが国における音響学の創始者である。大正二年（一九一三）八月には大学を退いた。

化学担当教授としては、明治二十九年から三十一年（一八九六〜九八）まで勤務した吉田彦六郎について述べておこう。いうまでもなく吉田は「漆の化学的研究」の第一人者であり、ジュクロー（E.Duclaux）が著書"Traite de Microbiologie", II,571（一八九九年）において、東京の化学者吉田彦六郎が初めて漆汁中の酸化酵素を発見したと証明している。さらに、サムナー（J.B.Summner, 一八八七〜一九五五、アメリカ、

第16図　吉田彦六郎

一九四〇年度ノーベル化学賞）とソマーズ（Sommers）が著書"Chemistry and Methods of Enzymes"（一九四七年）において、吉田を酵素ラッカーゼ（Laccase）の発見者と認めたために、一躍国際的に高く評価された。吉田の「樟脳の母体に関する研究」も有名である。吉田は広島県福山市で、安政六年（一八五九）一月二十三日に生れ、大学南校、開成学校を経て、明治十三年（一八八〇）七月に東京大学理科大学化学科を卒業した。その後、研究に鋭意精励し、農商務省農務局地質課、大学御用掛などを勤めた。さらに、大蔵省印刷局での研究等をはじめ、種々の実地調査分析研究につとめた。明治二十四年に理学博士を授けられ、翌年には学習院教授、さらに東京美術学校理科応用化学教授を勤めたのち、明治二十九年に三高教授として着任した。明治三十一年七月号の『京都府教育雑誌』は「君、身体強健而博覧強記、加ふるに確固たる意力を有し、一旦企画したることは遂行せざることなく、又自信強くして自己の定見は敢して枉げず、眼中顕貴高官なし」との評伝をのせている。この年の六月に化学研究のため二年間ドイツ留学を命じられ、留学中の明治三十一年八月一日付で京都帝国大学理工科大学の化学第三講座（有機製造化学）担当教授に栄進した。吉田は「化学者はその本領が実験であつて、実験は胆大に心小なるべきこと」および「書物の上の学問は死せる骸で実際に触れてみなければならぬ」が信条であり、東奔西走の席温まる暇なく、各地の会社、工場を見舞い、指導をかね、また自らの知識欲と大学での研究資料の確保にもつとめた。

吉田は、分科大学の拡充を待たずに大正二年（一九一三）八月五日に依願退官した。彼は明治時代に業を始め、明治時代に名を挙げ、もっとも多くの仕事をし、家庭的にも恵まれたが、大正時代に至って夫人を亡くし、ついで失脚してすべての絆を失い、昭和四年（一九二九）三月東京において七十歳で寂しく逝去した。吉田は大学を止めたのちも専売局の研究室や鉄道省の実験室で余生を送りながらなお試験管と親しみ続け、後輩の研究や実験の進捗にも常に留意して、奨励の言葉を忘れなかった。理工科大学時代の教え子である生化学者の小松茂は、昭和五年六月発行の『京化学士会報』（十九号）の「化学者としての吉田彦六郎先生」の文中の最後で次のように述べている。

> 洋の東西を問はず、開路者は常に荊棘を踏んで後進を導く、その労のみ多くして功はこれを後進者に譲る。我国化学界の草分者を以て任じたる先生は逝かれて既に一年、竹のパイプで煙草を吹かし、手拭を肩に掛け試験管を振られてゐた先生の面影が今尚彷彿とする。先生の研究報告の草稿を見るにつけ墨痕淋漓、而して天才の閃を流暢なる英文の上に認む。明治文化史を繙かば明治十七年より二十八年迄我邦の朝野とも西欧文明の輸入に忙はしく、独創の研究などは思ひ至らぬ際であつた。然に先生は既にその緒に就き後昆にその範を示された。而して偉大なる研究者としての業績は、その論文に拠りてその一端を窺ひ得るのは後学の幸とする処である。

なお、吉田が発表した研究および調査の論文や報告書の主なものは三十篇を数え、著書は『新撰化学教科書』『中等化学教科書』『最新無機化学』『最新有機化学』などがある。

## 四　京都帝国大学創立とその化学史的意義

すでに述べたように明治三十年（一八九七）六月十八日の勅令二〇九号「京都に帝国大学を置き京都帝国

大学と称する」の公布によって、京都帝国大学（略称京大）が創立され、最初に理工科大学が設置された。この成立事情を『神陵史』は次のように述べている。

> 京都・大阪の地は東京と拮抗し、むしろ東京よりもはるかに古い文化的伝統を誇っている。明治維新以後は政治のみならず文教の中心も東京に置かれ、明治十年には東京大学が設立されたのをはじめ、諸事万般にわたり関西は関東の後塵を拝するの観があったが、そのような趨勢の中で、一方政府は、関西の地に設置すべき高等教育機関について、たえず模索をつづけてきたのである。そして、この模索のいわば実験台となったのが本校（三高）の前身諸学校であった。
>
> 舎密局にはじまり、洋学校、理学校、開成所、第四大学区（のち第三大学区）第一番中学校、開明学校、大坂（阪）外国語学校、大坂（阪）英語学校、大坂（阪）専門学校、大阪中学校、大学分校、第三高等中学校と本校（三高）の前史は度重なる校名改称の複雑さにおいて、他の諸学校に類例を見ないものであるが、これも京阪の地に設置すべき高等教育機関について、政府の方策が動揺しつづけてきたことの結果といえるのである。
>
> 本校（三高）の前身諸学校は終始そのときどきの関西における最高学府であり、全国的には東京の大学に次ぐ高い地位を占め、単に中学教育もしくは大学進学のための予備教育機関たるにとどまらず、専門学術の教育にも当ってきた。つまり、大学と高等学校の二つの機能を含有しながら推移してきたのである。

京都帝国大学の創立によって、二つの機能が分化する。三高は大学教育の予備機関として定着し、以後その特色を発揮していくことになるが、ここにいたるまでの経緯からいえば、三高と京都帝国大学とは幹を同じくした二本の分枝ともいえるであろう。

すでに大阪舎密局の設備・教育内容について詳しく述べ、その背景史についても論考を重ね、その質的レベルと役割を評価してきた。ところが、明治五年（一八七二）の学制公布の翌年には開明学校と改称され、東京の開成学校との学校の程度・内容差が顕著になり、東京に比べて大阪の文教事情は著しく見劣りがするものとなっていた。明治十年に東京大学が成立した後、関西に大学を設けようとする具体的な動きは、明治十八年に大阪中学校から文部省に提出された「関西大学創立次第概見」をまたねばならない。これがもとになって結局、大学分校への改称という成果をみたが、一年足らずで明治十九年の学制改革に遭遇し、第三高等中学校となり、設置場所を京都と定められ、のち明治二十二年に大阪から京都への移転が実現した。この頃から関西に大学を新設し、東西相競わせるべきだとする気運がようやく高まり、医学部を置くだけではなく、明治二十二年の法学部設置にも現われた。明治二十七年の高等学校令により三高となったが、三高のみが大学予科を置かず、医、法、工の専門学部を設置し、教授内容を高めていったのは大学昇格の意図に基づくものであった。しかし、大学昇格論議でみる限り、政府の対応は概して消極的であった。ところが、日清戦争の戦勝・和議成立を転機に政府の姿勢に変化がみられ、大学新設置案は文部大臣西園寺公望によって急速に具体化していった。西園寺は、明治初年に京都の地で「立命館」を開いたこともあり、いち早くフランス民権思想を吸収した先覚者の一人でもある。彼は大学創設委員として、次官牧野伸顕、専門学務局長木下広次、会計課長永田久一郎、第三高等学校長折田彦市の四名を任命した。その結果、京都に設ける大学の規模は東京大学の三分の二に制限し、分科大学は四とし、創設費二十余万円とすることが答申され、「京都帝国大学創立計画に関する諸案」が決定され、ほぼその通りに実行された。当時は工業技術者の需要がとみに多くなっており、かつ三高の理工学の施設が完備していたために、明治三十年六月二十二日にまず理工科大学が開設された。このことを林屋辰三郎は『京都』（岩波新書）において、「まったく大阪舎密局いらいの伝統を負う第三高等学校の施設を校舎もろとも引きついだ」からであると説明している。三高の敷地は京都府が寄付したことによって、以後の順調な歴史的発展をもたらすことなった。

創立当初の官制定員は総長（一）、書記官（一）、舎監（一）、書記（一）、教授（五十七）、助教授（十六）、助手（二十八名）であり、理工科大学の講座数は数学（二）、物理学（三）、化学（四）、土木工学（三）、機械工学（三）、電気工学（二）、採鉱学（二）、冶金学（二）の二十一講座と決められていた。総長には前出の木下広次が就任し、理工科大学の学長には無機製造化学教授の中沢岩太が兼務した。このほか化学関係では、有機化学教授の久原躬弦、有機製造化学教授の吉田彦六郎、理論及び無機化学教授の織田顕次郎らが逐次発令された。ここで中沢の略伝を述べておこう。

中沢岩太は、中沢七平の長男として安政五年（一八五八）三月二十九日に福井県で生れ、明治五年（一八七二）開成学校へ入学し、同十二年東京大学化学科を卒業した。その後四年間ドイツに在留し、製造化学を研究して帰朝すると明治二十年三月には帝国大学工科大学教授になった。明治二十三年に特許局審査官、王子硫酸製造所長をそれぞれ兼任し、翌八月には勅令第十三号学位令第三条によって工学博士を受けた。さらに、明治二十五年御料局佐渡支庁附属王子製造所長をも兼務した。明治三十年六月に京都帝国大学理工科大学教授となり、理工科大学初代学長に補せられた。理工科大学の創設期にあって、その育成と発展とに尽くした中沢の功績は大きなものがあった。明治三十三年五月にフランスへ派遣され、同三十五年四月には京都高等工芸学校（現在の京都工芸繊維大学）初代校長兼京都帝国大学理工科大学教授となり、翌年には校長専任となった。明治四十年には旭硝子株式会社の創立にも参与した。還暦に当り後進に道を譲ったが、その後も工芸育成につとめた。昭和十八年（一九四三）に京都の自宅で八十五歳で逝去した。

中沢の専門は、応用化学とくに無機工業化学であって、わが国における硫化鉄応用の硫酸製造工業の創始者であり、またわが国における赤煉瓦石焼成に紙の間切を使用する化学工業の発案者でもあった。さらに、ガラス瓶、板ガラス、セメントなどの製造、金銀の精錬、写真及び製版（電鋳）などに多くの業績を残した。

京都帝国大学の開学式に当る宣誓式は、明治三十年（一八九七）九月十三日に行われ、木下広次総長は次のような論旨の訓示を与えた。

> 京都帝国大学は東京帝国大学の分校ではなく、独立の大学である以上、教官、学生の力によって、京都帝国大学固有の特性を具備していかねばならない。京都帝国大学の通則は東京帝国大学のそれに比しても、学生の才能の長短に応じて通用すべき最良の制度である。大学生は自重自敬、自主独立を期すべきであり、それゆえに学生の指導に当っては、細大注入主義はこれを採らず、自発自得の誘導につとめたい。

ここに、京都帝国大学創立の理念を認めることができる。それは、三高およびその前身諸学校の伝統的な教育理念に通じるものでもあった。とりわけ、三高が京都帝国大学の土台をつくり、自身は身を引いて、新設予科の三高として、大学創設費の一部で建てた二本松学舎（現在の京都大学総合人間学部）で独自の道を歩んだわけである。しかし、時の流れは急激な現象を生み出すこともあるが、三高は新しい憲法のもとで昭和二十四年（一九四九）五月には、先に改称なった京都大学に包括され、同二十五年三月に廃校となり、名実とも新制京都大学として再出発したことは理にかなったことであった。

関西における化学史を京都帝国大学創立前史の観点から、大阪舎密局を重点としてその背景史から説明してきたが、関西の近代化学は大阪舎密局に起源し、その精神は長崎の医学・蘭学と結びつくと共に西欧科学の思想によって開花され、実験・実証を重んじる独創的思惟を許す自由な教育環境が形成されてきた。一方、京都学派は夢をいだき、夢を実現する悦びを町衆と共にわかちあってきた。関西における化学史にあって、大阪舎密局・理学所でのハラタマ、リッテルの功績は多大であり、また京都舎密局でのワグネルの活躍も見落とせない。関西における大学構想が具体化しかけた頃の明治中期の化学は、外国人による教授から日本人による教授への変換期に当り、ようやく自立した研究がはじまりかけた。このようなときに京都帝国大学が創立され、関西の伝統の地において、中沢、久原、吉田らの学究および彼らの教えを受けた人々によって、新しい化学が形成されていったのである。

**第一部 関連参考図書**


(1) 呉秀三『シーボルト先生』(吐鳳堂、一八九六年)
(2) 植田豊橘『ワグネル伝』(博覧会出版、一九二五年)
(3) 林森太郎『神陵小史』(三高同窓会、一九三五年)
(4) 内務省東京衛生試験所『衛生試験所沿革』(一九三七年)
(5) 京都府教育会『京都府教育史』上巻(一九四〇年)
(6) 富士川游『日本医学史』決定版(日新書院、一九四一年)
(7) 田中緑紅『明治文化と明石博高翁』(明石博高翁顕彰会、一九四二年)
(8) 緒方富雄『緒方洪庵』(岩波書店、一九四二年)
(9) 三高同窓会『稿本神陵史』(一九四二年)

(10) 寺尾宏二『明治前期京都経済史』（大雅堂、一九四三年）
(11) 京都帝国大学『京都帝国大学史』（一九四三年）
(12) 清水藤太郎『日本薬学史』（南山堂、一九四九年）
(13) 金尾清造『長井長義』（日本薬学会、一九六〇年）
(14) 長崎大学医学部『長崎医学百年史』（一九六一年）
(15) 日本学士院『明治前日本物理化学史』（日本学術振興会、一九六四年）
(16) 日本科学史学会『日本科学技術史大系』第二一巻「化学技術」（第一法規、一九六四年）
(17) 荒金喜義『京都史話』（創元社、一九六六年）
(18) 京都大学『京都大学七十年史』（一九六七年）
(19) 古賀十二郎『長崎洋学史』（長崎文献社、一九六八年）
(20) 上代晧三『近代の生化学』（化学同人、一九六八年）
(21) 沼田次郎・荒瀬進『ポンペ日本滞在見聞記（新異国叢書10）』（雄松堂、一九六八年）
(22) 日本科学史学会『日本科学技術史大系』第一三巻「物理科学」（第一法規、一九七〇年）
(23) 近畿化学工業会『五十年のあゆみ』（一九七〇年）
(24) 川本裕司・中谷一正『川本幸民伝』（共立出版、一九七一年）
(25) 有坂隆道『日本洋学史の研究』Ⅰ～Ⅷ巻（創元社、一九七二～一九八七年）
(26) 阪倉篤太郎・湯川秀樹『紅萌ゆる丘の花』（講談社、一九七三年）
(27) 島津製作所『科学とともに百年』（一九七五年）
(28) 青山霞村・田村敬男『改訂増補 山本覚馬』（京都ライトハウス、一九七六年）
(29) 伴忠康『適塾をめぐる人々』（創元社、一九七八年）
(30) 日本化学会『日本の化学百年史』（東京化学同人、一九七八年）
(31) 塚原徳道『明治化学の開拓者』（三省堂、一九七八年）

(32) 中野操『大坂蘭学史話』(思文閣出版、一九七九年)
(33) 阪倉篤義『神陵史』(三高同窓会、一九八〇年)
(34) 奥野久輝『江戸の化学』(玉川大学出版部、一九八〇年)
(35) 戸倉仁一郎『化学のあけぼの　化学者カンニッツアロの生涯』(共立出版、一九八二年)
(36) グリフィス・山下英一『明治日本体験記』(平凡社、一九八四年)
(37) 井上久雄『明治維新教育史』(吉川弘文館、一九八四年)
(38) 中山茂『幕末の洋学』(ミネルヴァ書房、一九八四年)
(39) ヒュー・コータッツィ／中須賀哲朗『ある英人医師の幕末維新』(中央公論社、一九八五年)
(40) 島尾永康『科学の現代史』(創元社、一九八六年)
(41) 湯本豪一『近代造幣事始め』(駿河台出版、一九八七年)
(42) 嶋田正他『ザ・ヤトイ――お雇い外国人の総合的研究』(思文閣出版、一九八七年)
(43) A・ボードウァン／フォス美弥子『オランダ領事の幕末維新』(新人物往来社、一九八七年)
(44) 広田鋼蔵『明治の化学者』(東京化学同人、一九八八年)
(45) 石田純郎『江戸のオランダ医』(三省堂、一九八八年)
(46) 石田純郎『蘭学の背景』(思文閣出版、一九八八年)
(47) 鎌田親善『日本近代化学工業の成立』(朝倉書店、一九八九年)
(48) 紫藤貞昭・矢部一郎『近代日本その科学と技術』(弘学出版、一九九〇年)
(49) 芝哲夫『オランダ人の見た幕末・明治の日本』(菜根出版、一九九三年)
(50) 阪倉篤義『史料神陵史　舎密局から三高まで』(神陵史資料研究会、一九九四年)

### 第一部　主な参考論文

(1) 菅原国香「明治初期の化学者たち(1)(2)」、『物理学史研究』第六巻一号(一九七〇年三月)

(2) 中村薫「同志社波理須理化学校」、『化学史研究』第四号（一九七五年十一月）

(3) 芝哲夫「大坂舎密局」、『大阪大学史紀要』第一号（一九八一年五月）

(4) 芝哲夫「ハラタマと日本の化学」、『化学史研究』一九八二年第一号

(5) 椎原庸「日本に初めて近代化学を伝えた男ハラタマ」ほか、『化学』（化学同人、一九八八年九〜十一月号）

(6) 道家達将「幕末・明治初期の化学技術者、宇都宮三郎のゆかりの地を訪ねて」、『化学と教育』第三九巻一号（一九九一年）

(7) 鎌谷親善「京都帝国大学附置化学研究所」、『化学史研究』第二一巻六六号（一九九四年）〔『日本の基礎化学の歴史的背景』（京大理・化学、一九八四年）所収、改稿〕

# 第二部　近代化学事始めとその後

# 第一章　大阪舎密局と京都大学

## 一　京都大学の源流と京都の風土

京都大学（京大）の源流は大阪舎密《せいみ》局である。近代化学の受容と自由な独創的研究へのプロセスは、関西の地域的文化的土壌と深く関連している。錦絵にもなった舎密局（口絵第1・3図）は先駆的な実験化学教育を実地に施していたからこそ、人々の心に残り、第三高等中学校の京都誘致につながった。大学構想は十年を超える継続的な願いでもあって、京大は明治三十年（一八九七）六月十八日に創立されたが、その昔に、延々と築かれ育まれた軌跡があった。たとえば、宇田川榕菴《ようあん》（一七九八〜一八四六）の『舎密開宗《かいそう》』の直接の印刷原本としての"Chemie, voor Beginnende Liefhebbers, 1803"（以下"Chemie"と略）が京大に所蔵されている（口絵第19図[1]）。また、第三高等中学校の解散記念碑が京大の時計台前広場の一角に現存しているわけである。

第一部で述べたように、化学の古里は舎密（学）であり、Chemieとされている。長崎の精得館《せいとくかん》に分析窮理所が設けられ、ハラタマ（K.W. Gratama, 一八三一〜八八）が専任教師として招聘されて、のちに大阪舎密局（舎密局）で開花することはよく知られている。一方、榕菴の『舎密開宗』であるが、日本の化学の古典としての地位は不動である。榕菴は単にイペイ（A.Ypey, 一七四九〜一八二〇）の本を翻訳したのではな

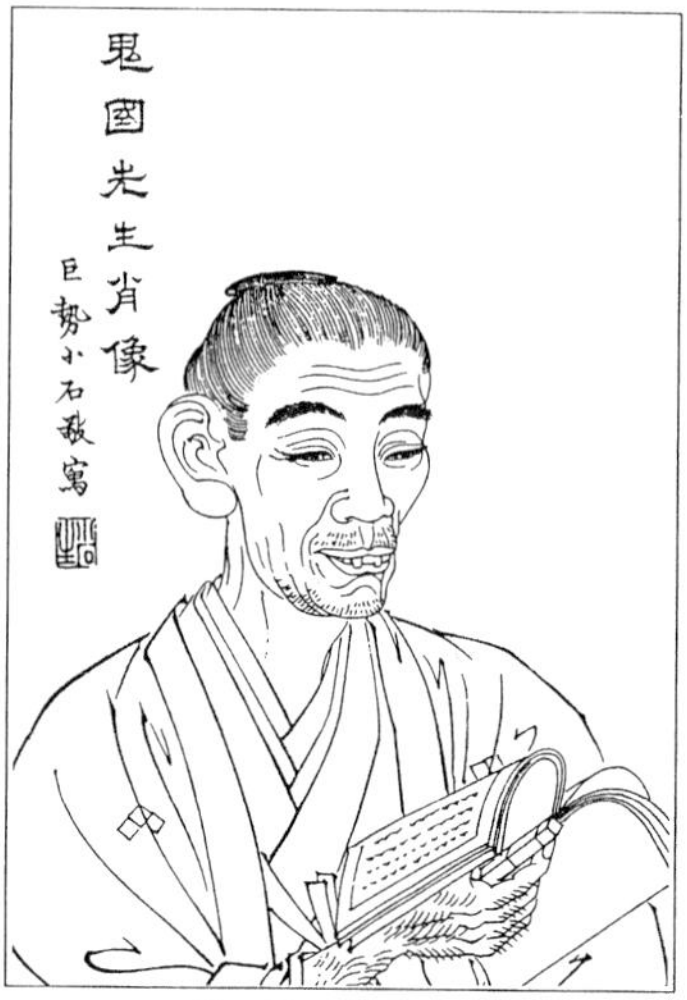

第17図　新宮凉庭

く、可能な限りの実験を試みて、訳語を造語しながら完成させている。『舎密開宗』については、九州大学名誉教授の坂口正男が詳細な研究を通じて、究極の原本は、ヘンリー（W.Henry，一七七五〜一八三六、イギリス）の“An Epitome of Chemistry, 1801”であることを実証されている。[2] つまり、イギリスのヘンリー（気体圧力のヘンリー則）の化学がオランダのイペイの“Chemie”を媒体として重訳された。もちろん、榕庵は他の著書も広く活用しているわけである。

　京都には、小石元俊（一七四三〜一八〇八）の「究理堂」がある。[3]「究理堂」は元瑞（一七八四〜一八五一）へとつづき、今日でも洛中で医業が営まれている。この章では、もう一方の双璧、新宮凉庭《りょうてい》（第17図、一七八七〜一八五四）の蘭学知識とりわけ化学知識について触れておきたい。凉庭は長崎で蘭学を学び、数多くの蘭書などを携えて、文政二年（一八一九）の春、京都市内で医業をはじめた。間もなく私塾「順正」を南禅寺門前に建て、その発展をはかった。[4] 今日では、系列外の料亭「順正」として、建物は残っている。

　京大附属図書館には、新宮凉亭の寄贈本がある。そのうち口絵第19図の“Chemie”に注目したい。この本は、前述の坂口が『舎密開宗』の直接の原本と認定したものに当たる。坂口はオランダへ行って原本を見い出して調査を完了されたが、[2] やはり当時の日本にも渡っていたことが明らかになった。なお、榕庵の蔵書印のある早稲田大学所蔵の『賢理《ヘンリー》氏化学書』は手択本（写本）であり、‘Minamoto Akila te Miako’という記録が枠外にが添えられている。[5] 都にて、ミナモトアキラが筆写したということである。アキラは榕庵ではなく経緯的にみて先代の宇田川玄真（一七六九〜一八三四）と推定できるが、詳しい論証は別の機会をまたねばならない。いずれにしても、前述の“Chemie”（口絵第19図）はヘンリー本のイペイによる蘭訳本であり、まぎれもなく鉛活版印刷本で初代の凉庭の蔵書である。文政元年（一八一八）に榕庵が入洛したとき、凉庭はまだ遊学中であった。翌年、昔の門下生の開院の祝と珍しい蘭書の開帳をかねて、玄真がかけつけて、“Chemie”の筆写をしたのではないだろうか。文政九年二月にシーボルト（P.F.B.von Siebold, 一七九六〜一八六六）は、「凉庭は欧羅巴《ヨーロッパー》学問の大崇拝者にして（中略）日本に於ける和蘭図書の最大所蔵家として、架蔵の図書は黄金三百枚に値する」としている。[6] また、凉庭は家訓のなかで「分離術は薬石の性質を知るのみならず、万物を会得するに便利なれば、ヰペイの分析書を読むべし。薬能の根源を知るなり」と強調している。[7]

凉庭には、『人身分離則』という生化学的な訳本がある。見返しには「人身諸液分析究理書」とあり、二代目の凉閣によって刊行された。[8] ちなみに、京大への寄贈者の凉亭は三代目に当たる。いずれにしても、“Chemie”の印刷本が現存していた事実は、『ハルマ和解』以上に深い感銘を覚える。

## 二　『舎密学を興すの記』について

舎密局を物語る基本的な文献として、『舎密局創立之起源并爾来之記録』と『舎密学を興すの記』がある。前者は大阪開成所の「擬年報《ぎねんぽう》」に収められているだけでなく、変遷を繰り返す後身校の年報・一覧に踏襲され、第三高等学校（三高）の『神陵史』の古典に位置するものである。のちに、大阪市立博物館の上田穣が舎密局御用掛を勤めた田中芳男（一八三八〜一九一六）文書として、両者の草稿を紹介している。[9] 後者の文

第18図　『官版明治月刊』

献は、『官版明治月刊』という雑誌の四号に所収されており[10]、のちに『明治文化全集』七巻に収録・復刻されている[11]。『官版明治月刊』は大阪府・開物新社の編として、一号は明治元年（一八六八）九月に発行され（第18図）、三号までは毎月発行され、明治二年五月の五号で終刊となっている。おそらく四号は、明治元年十二月に刊行されたと思われる[12]。ところで、『官版明治月刊』の開物新社とは何なのかを理解するために、秋田県湯沢市の伊藤正が東京大学図書館所蔵の田中芳男備忘録「緒言追加」（一九一五年）を発掘されているので[13]、次に紹介する。

緒言追加

明治月刊ハ明治元年大阪在勤ノ同友相謀リテ開物新社ナル集合ヲ以テ、各人ノ編述スルモノヲ集メテ出版シタルモノナリ。然ルニ余ノ蔵スル所ハ不備ナルヲ以テ毎々遺憾トセリ。頃日大阪書肆《しょし》鹿田静七発兌《はつだ》ノ古典目録ヲ見テ其合本ヲ得タリ。而シテ大阪在勤ノ人々ハ箕作《みつくり》貞一郎（麟祥《りんしょう》）、何礼之助（礼之、第19図）、辻竹造（士革）ト余ノ四人ニシテ辻氏ハ其主筆タリ。印刷ノ事ハ先代鹿田静七之ヲ担任セリ。当時ハ活版ナキノ頃ナレバ木版彫刻ニシテ、其不便ナルト進行ノ遅緩ナルト経費ノ多キコトニテ、遂ニ発行ヲ廃スルニ至ル。尚同友ノ中ニハ他ヘ赴任ノ人モ亦アリシ。而シテ余ノ編述スルモノ八件アリ。左ノ如シ。

巻二　条約三個国記、器械富国之説、生物之数
巻三　電気魚之説、牛ノ要用ナル説
巻四　ベンガルヤンビー之説
巻五　塩ノ説

備考　此筆稿ハ余ノ手ニ存スルモノアリシガ、今ハ如何ナリシヤ
本書編述ノ頃ハ他ニ雑誌稀少ノ頃ナルヲ以テ、世ニ珍キナルモ世人ハ左ノミ思ハサリシ。但シ今ヨリ之ヲ見レバ亦観ルベキモノアリ。

二年舎密局ヲ開クニ生徒甚少キノ事亦世ノ幼稚ニ帰シタリトイフベシ。
同友中生存スル人ハ何礼之助君ト余ノ二人アルノミ。
茲ニ余ノ記憶スル所ヲ録シテ他日ノ備忘トス。

大正四年九月十八日
摂津有馬町兵衛旅館寓中
七十八翁　田中芳男　識

第19図　何礼之助

田中は『官版明治月刊』に八件を編述したと記録しているが、四号の「舎密学を興すの記」を漏らしている。何分、有馬温泉での晩年の記憶なので仕方がないことである。一般に、ハラタマ述『舎密局開講之説』（一八六九）はよく知られているが、内容的に高尚であり、当時、どれだけの

人々が理解できたか疑問であった。この意味において、一足先に「舎密学を興すの記」が日本人独自の起案として、厳密には田中が草案を作り三崎嘯輔が修正・校正を施して、[9]大阪府官版として啓蒙雑誌で明治初年に出版されていた意義は、近代化学事始めの観点からみれば大きいといえる。格調のある文章なので、つぎに全文を載せておく。〔 〕と（ ）は著者による注。

竊《ひそか》に舎密分析の学を考ふるに、我皇国に於ては往古あることなく、天保年間に至り、宇田川氏なるもの此学の世に益あることを知り、始て其利趣を講すと雖も、惜らくは当時西洋の諸国、其学尚ほ未だ推闡《すいせん》せざるにより、今より之を顧る時は、特に其端緒を説に過ざるなり。爾来此学を唱ふるものありと雖も、皆其本旨を失ふて、唯弾薬医薬の精煉《せいれん》、又は撮影術等の如き小技に関るものとなし、或は其学大ひなることを知るものありと雖も、管見の徒は渺茫《ひょうぼう》無拠にして学ぶべき方を知らず。且学ぶと雖も、屠龍《とりゅう》の術に属するも〔の〕となせり。夫舎密分析の学は宇宙の間に於る万有の離析聚合《しゅうごう》を検査して、其変化の品質と来由の理拠とを明覈《めいかく》になし、其域の宏大なる他の学壌と界境を厳定すること難く、実に学中不可欠の要件なるにより、西洋に於て近世大ひに此学を講究し、漸く其精微に達して、古聖の既に純体となすもの、更に之を割析《かっせき》し、又之〔を〕分離して百薬を注ぎ千技を尽すと雖、離析すべからざるもの今日に於て六十三種を発明し、之を名けて元素といふ。蓋し此数十の元素互に親疎離合をなし、両間に出生する百物をして、無窮の変化を現せしむれば、此学に入らんと欲するもの、先づ元素の各性を詳識するにあり。今悉く其術を枚挙すること難しと雖も、試に其一、二を掲示せんに、金銀銅鉄鉛錫等の鉱属に就て之をいへば、先づ其純雑を精分して、雑より純に至るの際変化を受くること幾何にして、且其変質各種の検査、及び甲を合し乙を離して丙に変ずるの理を究め、大気に就て之をいへば、諸気採製の技倆と其各種の性質とを講じ、土壌壠圃《ろうほ》に就て之をいへば、土質の分析及び其肥饒《しょう》等を講じ、薬品に就て之をいへば、精煉の技倆《ぎりょう》及び真偽の検査、且体内に入り其離合に因て功績と危害とをなし、或ひは中毒となり消毒となるの理を究め、肉穀酒精等に就て之をいへば、其組成の各種、及び体内に入りてより外謝に至るまで、幾何の変化を受け、如何して滋養をなす等の如き諸拠を博く講究するにあり。故に鉱学炮《ほう》学土学薬学及び医学等の百芸皆源を此に取らざるを能はずして、其学境実に宏大なるものというべし。今や文運日に闢《ひら》けて西洋諸科の学を講するもの、其人に乏しからずといえども、独り此学に至ては猶未だ大ひに世に明ならざるにより、官命を以て舎密分析の局を坂府（大阪府）に建設し、荷蘭（オランダ）第二等の医官究理兼舎密学師ハラタマを聘して教頭となし、四方有志の輩をして、其学理を講究し、其技術を習伝せしむ。嗚呼《ああ》此挙や、実に一世の耳目を新にして、万古の暗夜を明にするの要務なれば、万有の奥を究めて造花の秘を抉《けっ》するに至るを目を刮《こすっ》て待つに足るべし。盛なる哉。

なお、西周の「知説」中のサイエンスすなわち科学の造語より先に、引用文の「西洋諸科の学」として科学用語の萌芽をくみ取ることができる。これは草稿にはなく、三崎の校訂によって生まれたものである。また、『官版明治月刊』の緒言では開物新社の実態も啓蒙雑誌としての主体性も不明であったのが、前述の「緒言追加」の発掘によって、当時の先駆的な気負いを感じることができた。

## 三　ハラタマとリッテルのお雇い契約書

舎密局の初代のお雇い教師、ハラタマには「日本政府から三月と四月分の給料と前の二月の給料の不足分

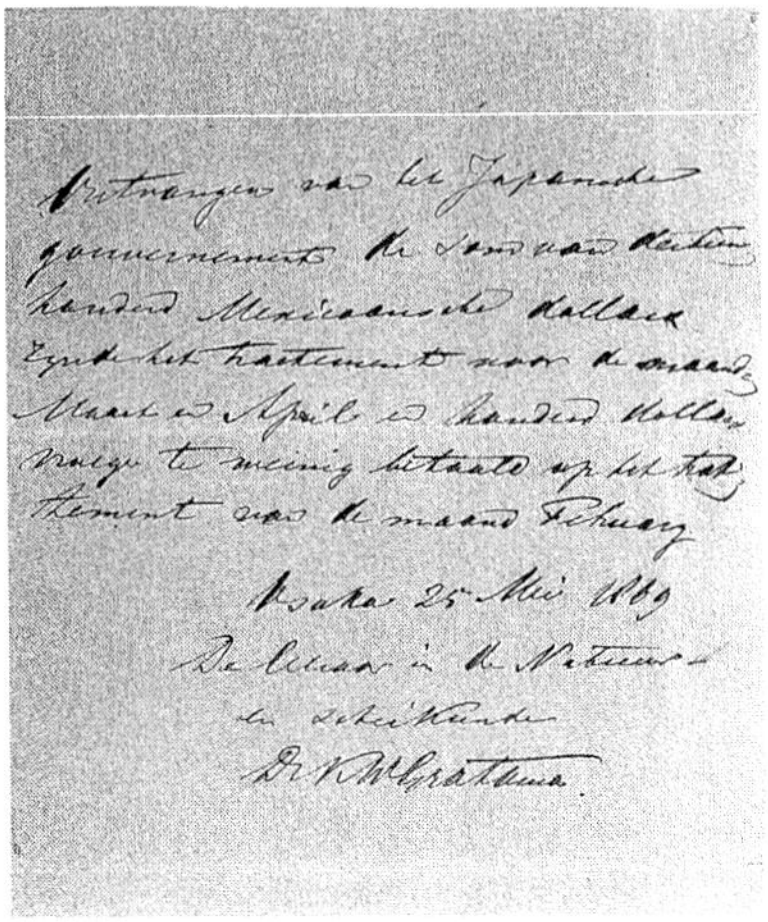
Ontvangen van het Japansche
gouvernement de som van dertien
honderd Mexicaansche dollars
zijnde het traktement voor de maanden
Maart en April en honderd dollars
wegens te weinig betaalde op het trak-
tement van de maand February

Osaka 25 Mei 1869
De Leeraar in de Natuur-
en Scheikunde
Dr K W Gratama.

第20図　ハラタマの俸給受取書

の百ドルの、総額千参百メキシコドルを受け取りました（一八六九年五月二十五日）」（第20図）との最初の受取書から、「日本政府から契約に従い帰路手当として、千弐百メキシコドルを受け取りました（一八七一年一月二十五日）」までの二十二枚の自筆の受取書（オランダ語）が保管されている。(14) どの受取書にも几帳面に「物理学と化学の教師」との肩書きを付している。第20図を見れば、当時の日本の財政事情がかなり苦しかったことが了解できる。最近、ハラタマ書簡集がオランダ(15)と日本で発刊され、(16) ハラタマの日本文化に対する捉え方も明らかになりつつあり興味がもたれている。ここでは、ハラタマの数次にわたる契約書を収録し、その経緯を眺めながら、後半ではリッテルのお雇い契約の紹介を試みる。まず、ハラタマの最初のお雇い契約は一八六六年二月一日、アムステルダムで交されたが、(17) その雛形は、前年乙丑十月二日付の「舎密分析術教師蘭人ガラタマ（ハラタマ）御雇ニ付而条約談判之議取扱御招可度致候事」でみると、次の通りである。(18)

日本政府と和蘭商社と取極を何某と何某とにて下条を取極む

第一　何某（ハラタマ、以下同）何月幾日飛脚船を以上海江向け出帆し、夫より初度の便宜を以日本長崎へ渡り、直ニ日本政府の用を勤むへし。右勤中は其病院ニ在る第一等之和蘭医師之差図に依て勤むへし。何某氏は右医師之支配を受へし。

第二　何某氏は日本到着之日より三ヶ年之間、第一病院ニ於て薬剤学、第二ニは学校〔に〕於て究理、分析、鉱石、本草等之学術を教授し、其他第一等之医師之差図に随ひ勤むへし。日本政府に何某氏之勤労ニ付而三ヶ年之中を第七条によつて取計ふへし。

第三　何某を日本政府ニ勤る処之三ヶ年之間左之給料を受用すへし。

壱ヶ年之間　壱ヶ月ニ付弐百トルラル　此内旅中を加ふ。

弐年目　同弐百弐拾五トルラル

三年目　弐百五拾トルラル

右給料之渡《ママ》方を毎月た《ママ》（渡さ）るへし。且出帆前三ヶ月分願ニよつて日本政府之為に和蘭国におゐて全権より前渡として渡さるへし。

第四　旅費を上海迄夫より長崎迄第一等之旅客として日本政府之為に和蘭商社より何某氏に前渡すへし。右前渡之過不足は長崎政府ニ申立へし。旅中無余儀滞為雑費而已勘定すへし。

第五　何某氏期年ニは直ニ和蘭国江帰るへし。其時ニ旅費としてメキシコトルラル六百枚を以て賞あるへし。自然病気等之為無余儀帰国するとも其旅費を渡さるへし。尤賞ニは及はす。

第六　何某氏日本滞留中不自由なき住居を渡さるへし。尤地所と気候は望に依るへし。

第七　勤方不宜又は日本政府之事におゐて病院第一等之医師何某ニ随ふへき筋ニ不都合之儀あらは、其勤方を放るゝ時は其旨を承諾し旅費并賞之儀を申立事あるへからす。尤召放るゝ其日より此取極書に記す処之廉々は残らす廃す。

第八　此取極書中ニ記す処之廉々意味違ひ等ある時は長崎ニある和蘭コンシュール之決談によるへし。

此取極書同文三通を認め、弐通を此名判之者共江、壱通ハ他相手方ニ所持する事。

アムストルタム〔に〕於て

和蘭商社

……手記

千八百　年　月　日

ハラタマは契約に従い、一八六六年四月十六日に上海経由で長崎に着き、日本での任務が始まった。その後幕末情勢の変化もあって、ハラタマは江戸へ出向くことになった。この機会にハラタマは、A・J・ボードウィン（Albertus Johannes Bauduin, 一八二九～九〇）[19]の給料面の改善斡旋を受け入れた第二次の三年雇用契約を、一八六七年二月一日に幕府に対して結んでいた[20]。その日本文約定書はつぎの通りである。

ハラタマ氏在留伝習之儀ニ付　約定書

日本政府の命を奉して事務を総括せる外国惣奉行並川勝近江守と、ドクトル、クンラーヅ・ウヲルトル・ハラタマ、並に右同人儀ニ付、諸事を引受たる日本在留和蘭コンシュルゼネラール兼ポリチーキ・アヘント、ハラーフ・ハワン・ポルスブルックと相談の上、左六ケ條を取極候事。

第一　ドクトル、ク・ウ・ハラタマ儀一千八百六十七年第二月一日より三ケ年の間（但し和蘭政府に於て差支之儀有之候ハヽ二ヶ年の間）江戸に在留し、窮理学分析学并に右に附属致し候学術を伝習し、尚分析学之細工場出来候ハヽ右業をも伝習致し候事。

第二　ハラタマ在留中手当之儀は右約定の月より左之通可相渡候。
初年は一ヶ月ニ付メキシコ洋銀四百枚ツヽ

第二年は一ヶ月ニ付　同　五百枚ツヽ
第三年は一ヶ月ニ付　同　六百枚ツヽ
但右手当銀渡方之儀は毎月一度ツヽ相渡可申事。

第三　ハラタマ儀長崎より江戸江引移候ニ付而は、荷物運搬之儀日本政府ニ而引受可申事。

第四　右期限相済候ハヽハラタマ和蘭帰路の手当として洋銀一千二百枚可相渡候。但此手当銀之儀は、三ヶ年期限の内ニ而も万一当人病気ニ而、無據帰国致し候節は、右同様可相渡候。但其節は病気容体等相認候慥成書面を以可申出候間、日本政府〔に〕於ても無相違取扱可有之事。

第五　ハラタマ儀日本在留年限中、何方ニ住居致し候とも不苦候。就而は場所〔を〕見計、気候宜敷地所ニ住居取建可申候。

第六　何事によらす雙方之間に意味行違ひ等出来候節取扱之儀は、雙方共ニ日本在留和蘭コンシュルゼ子ラール兼ポリチーキ・アヘントの裁判に随ひ可申事。

右ニ付此度約定之趣三通相認、双方ニ壱通ツヽ所持致し、今壱通は和蘭コンシュルゼ子ラール兼ポリチーキ・アヘント〔の〕手元に差置候者也。

川勝近江守　花押
Dr. K. W. Gratama

この第二次の契約では給料と帰路手当の大幅な改善がみられ、開成所内で本格的な窮理分析二学の伝習を開始すべく、「此程長崎表より相廻り候分離学諸器械百八十二箱、其外多分之御道具、（中略）万一近火之節焼失等仕候てハ、折角御取建之学業一時御廃絶にも相成候ニ付、教師カラタマ（ハラタマ）其辺深く心配いたし[21]」、土蔵二棟を建てる計画中に風雲急を告げる情勢となった。やがて明治維新となり、徳川家臣の白戸石介は「窮理分析所附属器械ハ、教師ノ道具ニ候間、御雇トナラハ器械トモ差上度、右付別紙条約書ヲ附シテ申上ルト」新政府の神奈川裁判所の判断を求めた。[22]その結果、第一部や前述の経緯を経て大阪舎密局の創設となった。

ハラタマは来日四年目（第二次契約の三年目）にして、ようやく当初の契約にあった物理学と化学の本格的な教育ができるようになった。この実績を踏まえてハラタマは、一八六九年十月付の第三次の和文契約を明治政府との間で締結していたので紹介する。[23]

日本政府の命を奉し、外国事務掛山口大蔵大丞とドクトル・クーンラード・ヲルトル・ハラタマとの條約之事ニ付大坂在留和蘭副岡士ピストリュス立会にて次の箇條を約す。

第一　クーンラード・ヲルトル・ハラタマ儀千八百七十年第二月一日〔より〕一年間、理化二学を教へ、且化学技倆場に於て化学の伝授致候事。

第二　ハラタマ給料一ヶ月、メキシコドルラル六百枚宛、毎月定日限に可相渡事。

第三　定約の日限相済候ハヽ、和蘭帰路の手当として、メキシコドルラル千弐百枚可相渡事。

第四　ハラタマ日本在留之間は、唯今迄之旅館ニ住居為致候事。

右之通、約定之趣三通相認め、雙方に壱通宛所持致し、今壱通は大坂在留和蘭副岡士ピストリュス方ニ差置候也。

山口大蔵大丞　花押

大坂ニて千八百六十九年第十月

Dr. K. W. Gratama　　P. E. Pistorius
Vice Consul der Nederlanden

ハラタマには先に示した帰路手当の受領のほかに、第一次契約第五条補則に相当する謝礼として六百ドルが下賜された。つぎに二代目のリッテル（H. Ritter, 一八二八～七四）は、もともと金沢藩の招聘で来日したが、わけあってハラタマ在職中に契約が成立した模様である。従来のお雇い契約では、前述のハラタマ契約より、グリフィス（W. E. Griffis, 一八四三～一九二三）の数次に渡るものがよく知られている。[24] しかし、リッテルのお雇い契約書（口絵第21図、英文[25]）は、一八七一年一月三日に結ばれた明治政府との基本契約であり、以後の他の契約の模範となったものである。前文や内容は啓発的で重要であるので、全文の和訳を試み、次のように紹介する。〔 〕は著者による注。

金沢藩と協議したのち、日本政府代理人・徳大寺〔実則《さねのり》〕大納言、副島《そえじま》〔種臣《たねおみ》〕参議、町田〔久成《ひさなり》〕大学大丞《だいじょう》、神田〔孝平〕大学大丞、加藤〔弘之〕大学大丞、中島〔永元《えいげん》、大阪洋学校長〕権少丞《ごんしょうじょう》、奥山嘉《か》一郎〔政敬《まさたか》、大阪理学校長事務取扱〕氏等は、Ph. D. ヘルマン　リッテル氏と以下の契約を結ぶ。

第一条　彼、Ph. D. ヘルマン　リッテル〔リッテルと略〕氏を、明治三年十二年一日から明治四年五月末までの六ケ月間、大阪アカデミー〔開成所〕での物理学と化学二学の教師として雇い入れる。

第二条　日本政府は、リッテルに住宅を供与する。調度品、食料品等に関しては、全く関与しない。

第三条　リッテルの俸給は、一ケ月につき参百ドル（$300）と定める。俸給は日本暦の月の末日に支給する。

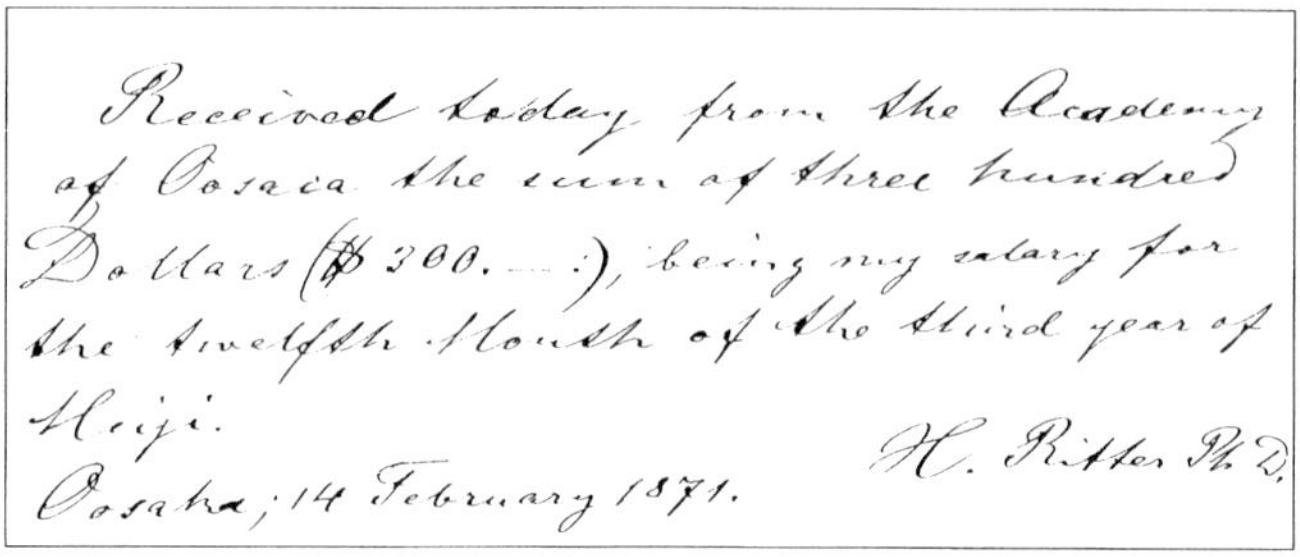
Received today from the Academy of Oosaca the sum of three hundred Dollars ($300.—:); being my salary for the twelfth Month of the third year of Meiji.
H. Ritter Ph. D.
Oosaka; 14 February 1871.

第21図　リッテルの俸給受取書

第四条　もし、紛争が生じたならば、リッテルを解雇する。ただし、その期の俸給は、支払期日前であっても遅滞なく支払う。しかし、契約期間中にリッテルが自ら雇用の中止を希望すれば、解約の日までの俸給が支払われる。契約はその日で終了する。

第五条　約定の期間後にも日本政府がリッテルの仕事を望む場合は、契約更新の通知をリッテルに対して、一ケ月前に行う。

第六条　教授規則や教授方法に関しては、大阪アカデミー〔開成所〕の委員会に関係する役員で構成される会議で決められる。ただし、リッテルはいかなる日でも、一日六時間以上を教える義務はない。

第七条　もし、約定の期間中にリッテル自身の無精で数日間職務を怠るとか、不正行為をすれば、彼を解雇し、俸給はその日から支給しない。

第八条　契約期間中、リッテルは、日本との通商・商業上の取り引きに従事してはならない。

一八七一年一月三日、　兵庫にて

Ph. D.　ヘルマン　リッテル

H. JohilfとH. D.某《ママ》の臨席のもとで記名調印した。

大阪アカデミーとは大阪開成所を指し、具体的には舎密局の施設そのもので理学校・理学所のことである。

リッテルの月給受取書（英文）は、九枚見つかっているが、「明治三年十二月分の私の俸給として、総額参百ドル（$300）を大阪アカデミーから、本日受取りました」（一八七一年二月十四日、第21図）が印象的である。[25] ちなみに、月給はハラタマの半額であるが、グリフィスも同じ額であった。前述の契約では、旅費や病気時の処理方法の規定もないが、大きなトラブルはなかった模様である。のちに述べる神戸病院教頭のヴェダーの病欠の事例や大阪造幣寮におけるキンドル排斥運動のような問題もなく、近代化学事始めの胎動を分かち合うにふさわしい情景ではなかっただろうか。

## 四　伝統と遺産――京都大学沿革史から――

ゆえあって京大の創立前史を、化学史の立場から眺めることに興味をもってきたが、今にしてみれば、玉手箱の役目を果たした「化學實驗場」と記した小箱と白金坩堝のなせる業であったかも知れない。[26] お陰で深い感慨をもって、福井謙一や利根川進のノーベル賞の悦びにも接した。

京大の沿革史は第22図にまとめてみた。詳細は前記の文献およびその引用文献をよんでいただくことにして、二、三の要点に限定して述べてみたい。明治四年（一八七一）に文部省が設置され、翌年には大開成所が廃止され、高等専門教育に関係する実験器具・試薬・書籍の多くは東京開成学校へ移送された。このときの目録が残っており、当時の実地化学教育の水準を理解することができる。[26] 以後、大阪洋学校の流れを持つ普通教育を主体とする後身諸学校となるが、舎密局の伝統は絶えず継承され、時々の専門教育指向となって現われた。たとえば、明治十八年大阪中学校から「関西大学創立次第概見」が文部省に上申され、細部の対応もあり、七月には大学分校となったいきさつもある。当時、大学は東京大学のみであった。

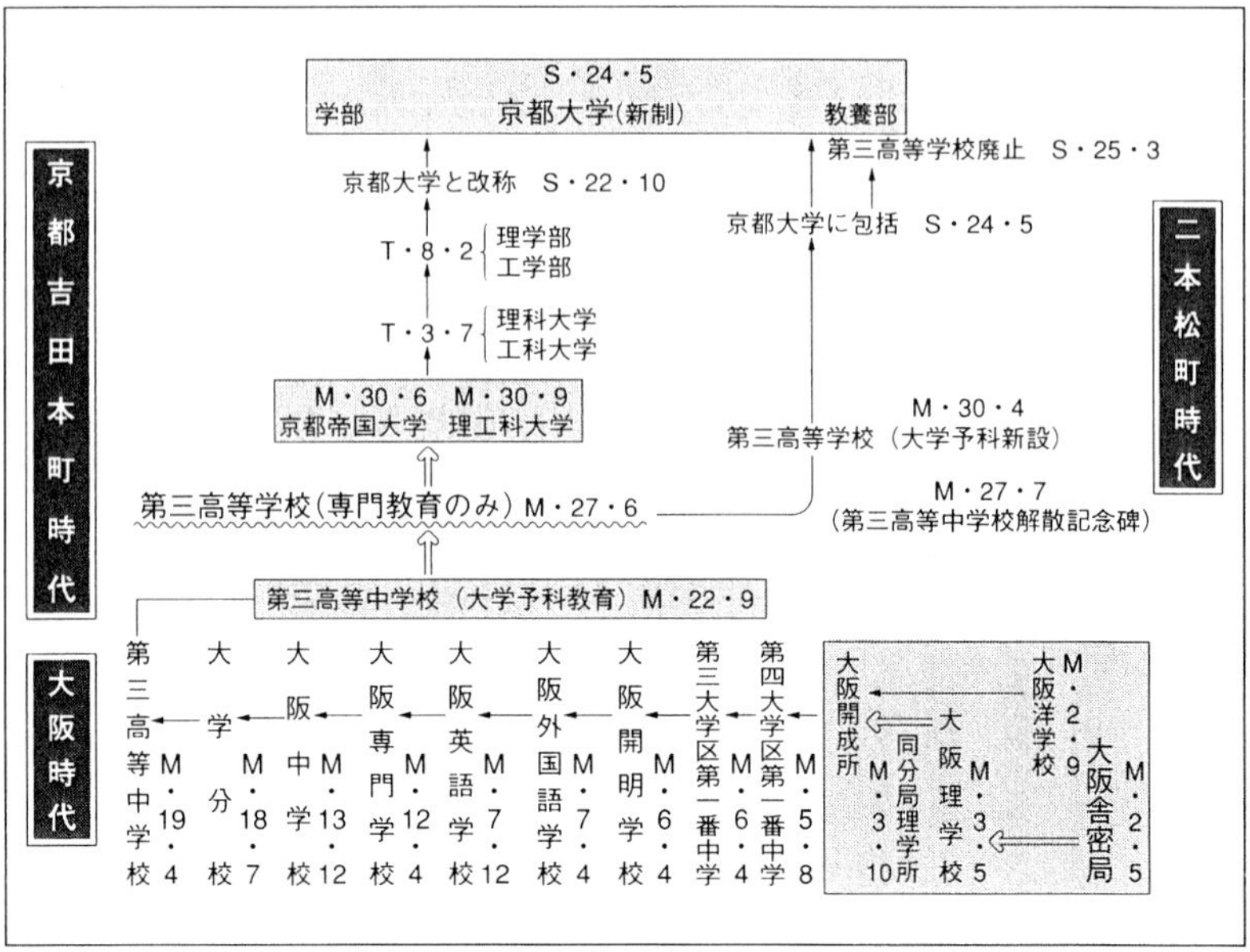

第22図　京都大学沿革史略図

つぎに、第三高等中学校の京都移転について述べておきたい。関西に大学を造ろうとの動きからみれば、大阪城西の区域は手狭で、早くから新しい候補地の調査が始まっていた。最終的に京都に決まるが、その背景には京都府の熱心な誘致があった。全国に先駆けての小学校や女紅場（女学校、現在の鴨沂《おうき》高等学校の源流）の創設はもとより、舎密局にも出仕していた明石博高《ひろあきら》（一八三九～一九一〇）による京都舎密局（一八七〇～八一）の胎動は、殖産興業をめざし、工業製造や伝統工芸の改良で先駆的な役割を果たしていた。しかし、北垣国道知事の時代になると、府政方針に修正が加えられ、疏水事業を第一とし、教育施策では政府の方針をうまく利用することによって、府民の教育要求を充足させた。この時期の教育担当官に今立吐酔《とうすい》（一八五五～一九三一）がいる。グリフィスに理化学を学び、ペンシルヴァニア（Pennsylvania）

大学で化学を専攻し、帰国後、京都府に勤めた。今立の役割については、第一部の第三章六節で詳しく紹介している。

もう一点は、京都帝国大学の創設の経緯および一八九四年の三高と一八九七年以降の三高の相違点について述べておこう。明治二十七年（一八九四）の高等学校令により、第三高等中学校は三高となった。このとき、いくつかのナンバ・スクールのうち三高のみが大学予科を置かず、医学、法学、工学の専門学部を設置し、やや低度の分科大学の形をとり、教授内容を高めていった。のちに、創設された京都帝国大学へ転出する村岡範為馳《はんいち》（一八五三〜一九二九）や吉田彦六郎（一八五九〜一九二九[27]、第16図）等がいた。ちなみに、岡村は日本で初めてX線の撮影に成功している（明治二九年、一八九六）。吉田はすでに、漆の研究で独創への道を歩んでいた[28]。ただ惜しまれるのは、両者は大正二年（一九一三）にいわゆる沢柳事件に巻き込まれて、他の五教授と共に依願退職されたことである。幸いなことに吉田には、戦後本人の死後ではあるが、サムナー（J. B. Sumner, 一八八七〜一九五五、一九四六年にノーベル化学賞受賞）等によって、酵素ラッカーゼ（Laccase）の発見者としての栄誉ある地位があたえられた。研究者冥利に尽きる。

ところで、三高が専門学部のみからなり、大学予科を設けなかったため、第三高等中学校の在学生は、他の高等学校へ配置替えを強いられた。このときの解散記念碑が京大正門を入った東辺（時計台前方）に現存している。このように三高は、京大創設の地ならしの任務を担っていた。まもなく、日清戦争後の気運上昇ムードが幸いして、林屋辰三郎が『京都』（岩波新書）で述べているように、「理工科大学が真っ先に開学したのは、まったく舎密局いらいの伝統を負う三高の施設を校舎もろとも引き継いだからで、このとき三高は南向うの現在の教養部（今では総合人間学部）の敷地に移ったのである」。すなわち、このときの明治三十年（一八九七）には、三高に予科が新設され、以後、大学予備部門の機能を分担することになった。明治三十三年には、三高の工学部応用化学科と採鉱冶金学科が廃止され、専門学部は事実上なくなった。勅令二〇九号で、京都帝国大学は明治三十年六月十八日に創設されたが、このとき以来、第二の国立大学として、自重自敬、自主独立、自発自得を柱とした高等専門教育と高度な研究を担うわけである。

## 五　京都学派と独創的研究

近代化学の受容は、お雇い教師の指導で急速に定着していった。まもなく、日本人のみによる教授陣を持つ大学がつくられ、自由な独創的研究が課題となってきた。吉田はもとより、久原躬弦《くはらみつる》[29]（一八五五～一九一九、第30図参照）、近重《ちかしげ》真澄（一八七〇～一九四一、第49図参照）および彼等の子弟たちによって、いわゆる京都学派が形成された。ここで、文理両面で、多彩な才能を示した近重を紹介しておきたい。近重は高知に生まれ、帝国大学理科大学を卒業後、京都に来て久原の助教授をつとめ、藍青の合成などを報告しているが、Divers教授に指導された「日本産テルリウムの原子量の研究（一八九六年）」で博士号を取得した（明治三十五年、一九〇二）。その後は無機化学を研究の中心とし、Bi-Tl合金の研究が多い。日本化学会会長などをつとめているが、宗教、科学論まで含めると著書だけでも二十冊を超えている。今に続く講座名である「金相《きんそう》学」は、著書『金相学』（一九一七）そのものである（平成六年度には、京大理学部化学教室の大学院への機構替えに伴い、その講座名はなくなった）。『東洋錬金術』（一九二九）は英語、中国語版等もあり、優れた作品である。また、近重は物庵《もったん》（Mottan, 晩年は物安）のペンネームを用いて、漢詩や絵筆（墨絵）のさわやかさを随所に残している。なお、近重の略年譜を注記に載せているので参照されたい[30]。つぎに、近重の性格の一面[31]を理解するために、大阪毎日新聞記者の一文を引用しておこう[32]。

> 「御用のお方は戸を叩かずにお這入り下さい。叩いても返辞をしません。近重」と貼りをした研究室に記者はスーッと這入り込む。先生は後藤新平を背丈け短くしたやうな方…イヤ新平子が近重博士に似てゐるんだといつた方がいいかも知れん。貼紙にある通り先生は実に融通無げな人らしい。来意を述べると「六ヶしい問題ですね、御質問になら何でもお答へします」と仰しやる。私は何だか大海に物をさがすやうな気になる。
>
> フト見ると先生と禿頭の一外人とが仲よく撮して居られる写真が掲つてゐる、「あれは先生の先生ですか」といへば、「友達ですよ、日本人はどうも西洋人だと先生と早合点するやうですね」と一本きめつけられる。記者は転じて、「金相学とはいつ誰がおつけになつたのですか」とやつてみると、そもそも金相学とは、明治四十二年（一九〇九）に先生が従来金属組織学とあつたのを、（中略）よだれを流しさうな名に換へられたのだといふ。先生は余技の著述はするが本職の著述はやらんさうで、その理由は「書き抜きなんかやるのはイヤだ」といふにある。名著『彌勒出生以前』について、伺ひたい事もあつたが割愛した。

ところで、人間味のある化学雑誌をめざした『我等の化学』（題字は近重、一九二八〜三三）は、科学史家の中瀬古六郎（一八七〇〜一九四五）を主幹とした幅広い啓蒙的な読み物誌であった。詳しい紹介は第六章で行うが、京都学派の面目躍如たるを感じる。このような哲学的な広場は、代が替っても文化的な素養となり、やがては大花を咲かせるのである。すなわち、戦後の複数のノーベル賞への道が開けたように思う。

また、福井謙一のフロンティア電子理論は、著者自身、電子スピン共鳴法（ESR）を用いた物理化学を主専攻している関係から、よく活用させていただき示唆に富むものと心得ているが、フロンティアの名付け親は新宮春男（一九一二〜八八）と知り、感慨を深くしている。凉庭の第四分家の流れを受ける方である。
最後に、科学はヒューマンでなければならず、「京都では、その歴史、文化に基づいて形成された風土は、どれをとっても人間の熱い血のかよった温かい息吹を感じさせるものばかりである。その京都が人間復興の中心として相応しい」との、本多健一（東京大学名誉教授）のネオルネッサンス－京都論（一九八九年二月）は、個性的独創の成熟期とみられる現代と国際化時代の中で、個々の研究者の真価を問うものといえよう。いずれにしても、学際的な分野を含めた基礎的な研究が嘱望されている。また、化学史的視点からみれば、舎密局以来の伝統と遺産は、きっちりと京大に受け継がれていることも確かである。

文献と注記

（1）京大附属図書館の貴重本扱となっている。医学史の分野では早くから知られていたが、著者が検出したのは一九八八年の春である。
（2）宮下三郎・多治比郁夫 編著『究理堂の資料と解説』（究理堂文庫、一九七八年）
（3）山本四郎『新宮凉庭伝』（ミネルヴァ書房、一九六八年）
（4）坂口正男「舎密開宗攷」、『舎密開宗研究』一〜六六頁（講談社、一九七五年）
（5）道家達将『日本の科学の夜明け』一五六頁（岩波書店、一九七九年）
（6）呉秀三訳『シーボルト先生』一五一頁（平凡社、一九六八年）、および文献（3）の六一頁
（7）文献（3）の二九三頁
（8）新宮凉庭訳『人身分離則』（寧寿堂、安政六年）
（9）上田穣「大阪舎密局についての二、三の問題点」、『日本洋学史研究Ⅳ』一八一〜二一八頁（創元社、一九七

七年）

(10)『官版明治月刊』一号では、通盟諸邦強弱一覧、政体略論、英政略記が収録されている。

(11)『明治文化全集』第七巻（外国文化）一四五頁（日本評論社、一九六八年）

(12)京大所蔵本は四号と五号の合本。結局、香川大学附属図書館の神原文庫で四号を検出し、「見返し左の如し、戊辰十二月、官版明治月刊、大阪府」と貼付けられていたメモ書きに頼ることになった。

(13)伊藤正『「明治月刊」の著者と思想』（非売品、一九七八年）

(14)本件は大沢掛長在職時に見い出された。京都大学総合人間学部図書館舎密局・三高資料室所蔵

(15)H. Beukers, L. Blusse, R. Eggink,“Leraar onder de Japanners, Brieven van Dr. K. W. Gratama betreffende zijn verblijf in Japan, 1866-1871”, 1987, De Bataafsche Leeuw, Amsterdam.

(16)芝哲夫『オランダ人の見た幕末・明治の日本』（菜根出版、一九九三年）

(17)文献(15)の一五九～一六〇頁。

(18)「舎密学教師蘭人ガラタマ徴雇一件」、『続通信全覧』（復刻）類輯之部二十四巻傭雇門、六〇九～一〇頁（雄松堂、一九八六年）および鎌谷親善『日本近代化学工業の成立』四五～九頁（朝倉書店、一九八九年）

(19)倉沢剛『幕末教育史の研究』二巻、一六七～八頁（吉川弘文館、一九八四年）、A・ボードウァン著／フォス美弥子訳『オランダ領事の幕末維新』（新人物往来社、一九八七年）

(20)たとえば、文献(16)の一四七～八頁

(21)たとえば、文献(18)の鎌谷本、四一九～二〇頁

(22)倉沢剛『幕末教育史の研究』一巻、二〇八頁（吉川弘文館、一九八三年）

(23)文献(16)の一五四頁

(24)山下英一『グリフィスと福井』（福井県郷土誌懇談会、一九七九年）

(25)京都大学総合人間学部図書館舎密局・三高資料室所蔵。一九八六年頃に見い出した。

(26)藤田英夫「大阪舎密局の化学史的遺産に関する一考察」、『化学史研究』一三四～四五頁（一九八四年、第三

章に収録）

(27) 木下圭三・後藤良造『化学史研究』八六頁（一九八五年）

(28) H. Yoshida, J. Chem. Soc., Vol43, p172, 1883.

(29) 藤田英夫「久原躬弦の化学への関心」、『化学教育』第三三巻第六号、五一八〜九頁（一九八五年、第四章第二節に収録）

(30) 近重真澄の略年譜は次の通りである。

明治　三年（一八七〇）九月三日　高知市中島町一九〇番地で誕生
明治二〇年（一八八七）　「科学論」を漢文で書き科学を志す
明治二四年（一八九一）七月　第一高等中学校卒業
明治二七年（一八九四）七月　帝国大学理科大学化学科卒業
明治二九年（一八九六）七月　帝国大学理科大学大学院研究科修了。九月五日　第五高等学校教授
Divers教授に師事して、日本産テルリウムの原子量の測定研究完成
明治三〇年（一八九七）三月　Fellow of Chem. Soc. of London.
明治三一年（一八九八）一二月一二日　京都帝国大学理工科大学　助教授
明治三三年（一九〇〇）　初めて漢詩を作る
明治三五年（一九〇二）一二月二七日　「日本産テルリウムの原子量の研究」で理学博士
明治三七年（一九〇四）　初めての著書『禅学論』
明治三八年（一九〇五）八月　ゲッチンゲン大学に留学し、Tammann教授のもとでBi-Ti合金研究
明治四一年（一九〇八）七月一四日　帰国。京都帝国大学理工科大学教授（無機化学講座）
明治四二年（一九〇九）　「金相学」を造語
明治四三年（一九一〇）　『参禅論』、『物庵禅話』（明治四十四年）、『禅学真髄』（大正四年）
大正　三年（一九一四）七月六日　京都帝国大学理科大学教授（工科大学との分離のため）

大正　五年（一九一六）　法隆寺壁画保存委員。中国、フィリピンへ出張。『禅心録』

大正　六年（一九一七）　自ら復元制作した漢鏡を大学で天覧に供す。『金相学』刊行

大正　六年（一九一七）七月一六日　京都帝国大学評議員

大正　七年（一九一八）四月一三日　京都帝国大学理科大学長。「東洋古銅器の化学的研究」（『史林』）

大正　八年（一九一九）五月　ロンドン化学会で中国古代化学の講演。『東洋古代文化之化学観』（漢文）

大正　九年（一九二〇）一月二四日　依願により京都帝国大学理学部長を免ず。新設の金相学講座兼担。『無機化学実験法詳解』、『観風稿』（欧米旅行の漢詩集）

大正一〇年（一九二一）　朝鮮、中国へ出張。銅錫合金の組成と色の研究

大正一一年（一九二二）　欧米へ出張（三～十月）

大正一二年（一九二三）　造幣局、金属に関する研究顧問。撰文碑が現存

大正一三年（一九二四）　『鴨涯草堂八景』、『彌勒出生以前』（大正十四年）

大正一五年（一九二六）　化学研究所事務取扱。『鴨涯草堂詩集』（上海で刊行）

昭和　二年（一九二七）一月一五日　無機化学講座は佐々木申二教授が担当し、金相学専任教授となる。化学研究所初代所長（三月四日）。日本化学会会長

昭和　四年（一九二九）　『東洋錬金術』、『野狐禅』

昭和　五年（一九三〇）九月二五日　依願により京都帝国大学教授を退官。退官までに、約四十報の論文発表がされている

昭和　六年（一九三一）　『太秦山房詩集』（上海で刊行）、『間居集』、『病床録』、『桃花仙卿詩稿』

昭和　八年（一九三三）　学士院より英書出版費を受ける。『茶味五十首』（昭和九年）

昭和一一年（一九三六）　“Oriental Alchemy” 刊行。『七律三十韻』（昭和十二年）

昭和一四年（一九三九）　『安井隠居集』全三巻

昭和一五年（一九四〇）　『和漢古今詩管』『化学より観たる東洋上代の文化』、『茶道百話』（昭和十

七年）
昭和一六年（一九四一）十一月十六日　七一歳で逝去。京都市妙心寺境内の大通寺に観音像を浮き彫りにしたお墓「郭然院殿博道物安大居士」がある

（31）近重真澄の友人でもあり、漢詩の先生でもあった京都帝国大学文科大学の谷本富教授は、次のような跋文を贈っている（近重真澄『物庵禅話』、文泉堂、一九一一年）。

物庵《もったん》とはいづれどこかの庵主位ならん。或は曰く。持前の本職は化学者なりと。さても好く化けたる哉。勿論所謂野狐禅の本は木阿弥以ての外。網にも箸にも掛らぬ代物とは笑止々々。斗擻行脚に欧羅巴三界迄とは。テモ。もつけの幸ひ。持つたが病はいよいよ高じて。いさゝか默《もだ》さず。至極勿体振つた著述の続出すること。不立文字の宗旨を奔べるものと謂つべき乎。読む人確と心を持ち玉ひて。ゆめ持たれぬ様し玉へかしと。餅搗バッタの如く頬にうなだれて曰す者は。同じ安本丹の

谷本　梨庵

（32）近重真澄『野狐禅』跋文「他人から見た著者」（人文書院、一九二九年）

〔『化学と教育』第三七巻第五号（一九八九年）所収、改稿〕

# 第二章　リッテルと東京理学社

## 一　ハラタマからリッテルへ

人は職場の歴史に学ぶことが多い。京都大学総合人間学部自然環境学科物質環境論講座（旧教養部化学教室）は、「三高の白金坩堝《るつぼ》」を保管している類稀なる教室である。思えば、若き日には新徳館で卓球を、木造の体育館ではバトミントンを楽しんだものである。その後、大学紛争に遭遇したが、根底の精神は変わらなかった。昨今の大学改革を眺めれば、ただ、時の流れだけが目立ち空虚さを感じる。そのような状況の中で、脳裡にさまよう旧三高校舎の三十二番階段教室などの異様な色彩は、その後をして「三高の白金坩堝」に引きつられて大阪舎密《せいみ》局まで歩を入れること、十年を越えるに至らしめた。今、改めて顧みるとき、京大・三高のルーツというばかりではなく、日本の近代科学の受容と自立の観点から重要なエポックであったと考えている。

大阪舎密局（舎密局）は、明治二年五月一日（一八六九年六月十日）に関西在住の各国領事を招き、政府と大阪府の役人、舎密局のスタッフ及び一般聴衆が居並ぶ中で、ハラタマ（Koenraad Wolter Gratama, 一八三一～八八）教頭が西洋科学文明を開陳した。その時の模様は『舎密局開講之説』として出版されている[1]。ところで、ハラタマは幕府の招きで来日したお雇い教師であり、初めは長崎分析窮理所で教鞭をとっていた。まもなく、その設備を江戸へ移して、本格的な理化学教育をする計画中に、幕府が倒れ明治維新を迎えた。政府はハラタマとの契約[2]を履行する必要もあって、後藤象二郎らの計らいで、急拠、大阪の地に学舎を建てた。この機会を待っていたハラタマは、オランダから取り寄せていた実験器具や試薬を初めて開梱し、自信に満ちた演示教育を開始したわけである。ハラタマには『理化新説』という講義録（教科書）が出版されており、当時の実験科学教育の実態を理解することができる。

その後、舎密局は大阪理学校と改称し、間もなく大阪洋学校を吸収・合併して大阪開成所となり、その分局の理学所として機能していた。ハラタマの任期満了を控え、後任の教師として、リッテル（Herman Ritter, 一八二八〜七四）が雇用されることになった。リッテルは、来日後、数多くの功績を残し、若人をして学問への好奇心をかり立たせたといえる。理化学ばかりではなく、ときには民俗学まで視野を求めていた。急逝後の一周忌には、大阪開成所分局の理学所の同窓生らが中心になって、当時のドイツ化学会を手本とした学会をつくり、東京理学社と称した（明治九年、一八七六）。のちに、毎月の議論・討論を『理化土曜集談』として刊行（明治十年十月から十二年十月まで全三三号、一八七七〜九）しているから、当時の情景と科学水準が推考できる。リッテルの人望がいかに大きかったかを窺い知ることができる。

## 二　リッテル来日の経緯と契約書

幕末・明治初期の諸藩は、海外に留学生を派遣するとともに、お雇い教師を招いて藩校で医学・理化学・鉱物学・機械学・語学等の教育事業にいそしんだ。金沢藩もごたぶんにもれずであった。ところが、諸藩に共通することでもあったように、財政事情が悪く、かつ仲介人の不手際などのため、せっかく手を尽くして来日させたお雇い教師をトレードしなければならなかった。金沢藩の医学通弁御用の伍堂卓爾が移譲交渉の当事者であった。「幸金沢藩ニテ雇入候独乙人レイト（リッテルのこと）ト申ス者今度同藩ニテ都合有之差遣候様相成、当時大阪ヘ滞在致シ居候由、右ハ頗ル切ナル者有之由ニ候」というわけで、ハラタマの満期にはあと二ヶ月余りあったが、明治三年（一八七〇）閏年十月五日には「大阪開成所理学局雇教師ハラタマ解傭ニ付独逸人レイト（リッテル）ヲ雇用ス」となり、移譲が成立した。すなわち、東京谷中霊園のリッテル顕彰碑の碑文のうちの「廃藩置県ノ命下ルニ会フ。乃転ジテ大阪府理学校……」は、史実に合わないことが実証されている。[3] 例えば、廃藩置県は明治四年八月である。

　正式なリッテルの雇用関係は、数年前に見い出されたリッテルと明治政府との雇用契約書によって裏打ちされた。[4] 口絵第21図は、京都大学総合人間学部図書館舎密局・三高資料室所蔵の契約書である。契約書の前文によれば、「金沢藩と協議したのち日本政府代理人・徳大寺（実則）大納言、……中島（永元、大阪洋学校長）権少丞、奥山嘉一郎（政敬、大阪理学校長事務取扱）」はリッテルと契約を結ぶと述べている。雇用期間は明治三年（一八七〇）十二月一日から六ヶ月間となっていたが、さらに一年間雇われた。「大阪アカデミーでの物理学と化学の二学の教師」となっている。大阪アカデミーとの表現はリッテルの月給受取書でも見られ、大阪開成所のことである。なお契約は、「一八七一年一月三日、兵庫にて」となっている。日付もさることながら、なぜ、兵庫（神戸）かと思うが、鉄道もない時代であり、神戸開港で関西の窓口の街になりつつあった。居留地はもとより、多くの外国領事館があった。

　ところで、リッテルの履歴は、はっきりした裏付けがされておらず、今後の調査が待たれる。いまのところ、前述のリッテル碑文などによれば、一八二八年にドイツのハノーバで生まれ、ゲッチンゲン大学で化学を学んでいる。卒業後、アメリカのセントルイスの化学工場長となり、五年後に帰国して、再びゲッチンゲン大学に戻り、尿素合成で著名なウェーラーの下で研究をして理学博士の称号を取得した。その後、モスクワの化学工場での任務を果たして帰国した頃に、金沢藩の招きに応じて、神戸につき、金沢には登藩せずして、大阪開成所（同分局理学所）への移譲契約が成立した模様である。

## 三　リッテルの功績

リッテルは契約を締結すると間もなく、ハラタマと同様に実験を交えた当時としては高度な化学、および物理学の教育を施した。イギリスの科学者・ロスコーの教科書を台本にして、英語で授業を行っており、その講義録はリッテル氏口授『理化日記』（市川〔平岡〕盛三郎訳、明治三〜五年、一八七〇〜二）として大阪開成学校（理学所）およびその後身学校の第四大学区第一番中学等から逐次出版された。初編十二冊、第二編十二冊からなっている。今、初編一巻の緒言を引用して、当時の状況を知ることにしよう。

庚午の冬（明治三年〔一八七〇〕十二月）日耳曼国理化学士「ヘルマン　リッテル」氏大阪理学所ニ来リ。朝ニ化学ヲ講シ、夕ニ理学ヲ習ハシ、且ツ説キ且ツ試ム。従学スルモノ相与ニ其聞見スル所ヲ筆記ス。是ニ於テ毎月類聚ノ篇ヲ成シ名ケテ理化日記ト曰フ。遂ニ梓ニ上セ世ニ公ス。然ト雖モ試験ノ事固ヨリ多端ニ属ス。是ヲ以テ言辞重複技術錯出ス。固ヨリ修飾刪正ヲ事セス。之ヲ要スルニ世人ノ講席ニ列スル能ハサルモノヲ又其知識ヲ博メシムルニ在ルノミ。

やがて、明治七年には「化学」と「物理」の部に整理されて『化学日記』と『物理日記』として文部省から出版された。明治前期の代表的な教科書である。化学の分野ではアボガドロの分子仮説を初めて導入した本であり、リッテルの講義は「新式化学」と呼ばれていた。物理学でも当時のレベルでは高級物理書に相当するといわれている。

明治五年（一八七二）六月六日の天皇行幸の際には、化学実験として、アルカリ金属を使った「水ノ分解及ビ合成」「水素、塩素ノ化合」「酸素気アンモニア気中ニ燃ユ」を天覧に供している。ほかに理学試験として、気体論、音響論、電気論などの実験もリッテルが行っている。

ところで、翌七月には学制公布となり、八月三日には大阪開成所は、第四大学区一番中学と改められた。まもなく十月には「今般其校改称相成、正則中学之規則相立候に付、理学校幷に変則生教授之儀可致廃止候事」の文部省達書が届けられた。この期にいたり、用務のなくなったスタッフは次々に大阪を離れていった。リッテルも明治六年（一八七三）三月に大阪を去り、東京開成学校の鉱山学の教授となった。

ここで、東京時代のリッテルの授業について、塚原徳道が『科学朝日』一九七八年二月号で紹介した薬学界の長老・高橋三郎（当時八十三歳）の思い出話を引用しておこう。

> リットルは化学の専門家で学者であり、英仏の語に通じ厳格であり親切であって、生徒の信望最も厚かった。授業の際には独逸語の発音にまで注意し、毎日講義の始まりには前日の部分を一と通り試問し、其れから当日の処を教える。銅の試問のとき、生徒が〝Das Kupper ist……〟というと、〝Kupper kenne ich nicht, sondern Kupfer!〟と〝pf〟に恐ろしく力を入れられたことは、今でも耳朶に残っている。

リッテルは明治六年（一八七三）の夏期休暇には「箱根、富士山近辺迄、帰途日光」に旅行し、短い報告文を書いている。翌七年には、「学科上実験の為箱（函）館より上陸、北海道迄旅行、帰途青森より上陸、奥州街道通行帰京」の願いが許可されている。このときの「蝦夷南西部旅行について」は、『ドイツ東アジ

第23図　リッテルの墓碑

ア科学・民族学協会報告』に納められている。この紀行文は、おそらくリッテル最後の報告であり、長文のドイツ語で書かれているが、アイヌ民族と当時の道南地区の民俗学的な西洋人の報告として、一読に値するものである。

## 四　墓碑と『理化土曜集談』

明治七年の暮れに、リッテルは天然痘にかかり、ドイツ人医師ホフマンが看取るうちに十二月二十五日に逝去した。谷中霊園にある顕彰碑の「利得耳君碑」は木戸孝允の書であり、碑文には「……痘ヲ病ミ没ス。翌日柩車ヲ横浜ニ送リ之ヲ葬ル。其国人及ヒ校官生徒等相謀テ為ニ招魂ノ碑ヲ建テ文ヲ修ニ属ス」と巌谷修（一六）が記した。実際、リッテルの墓は、横浜外人墓地十八区十五号にある。第23図はリッテルの墓碑であり、著者が一九九〇年の晩秋に初めてお詣りして撮影したものである。見尻坂を八分ばかり登れば、墓碑の背後を眺めることもできるが、常は長い歳月のために、手入れもされていない。

さて、『理化土曜集談』というユニークな科学雑誌（口絵第22図）は、東大法学部所管の「明治新聞雑誌文庫（宮武外骨収蔵品）」のなかにある。発行所は「仮本社、東京第四大区第一小区神田淡路町一丁目一番地、理学社」である。この東京理学社が日本の最初の学会に相当することは、前掲の塚原の『科学朝日』の論説で明らかにされた。さらに、三省堂選書『明治化学の開拓者』として、同氏の遺稿が納められている。

著者も改めて『理化土曜集談』の全号を入手して調査を行ったが、久しく感激を覚え、本章のための筆が進んだという経緯がある。次に少し長い引用となるが、明治十年十月二十七日刊行の一号の緒言の一部分を紹介しておこう。

明治七年（一八七四）十二月「リッテル」氏痘ニ罹リ簀ヲ易フ。其明年氏ノ期祭ニ方リ同盟ノ人現ニ東京ニ在ルモノ相与ニ氏ノ墓ニ横浜ニ詣シ祭事ヲ行ヒ畢テ因テ議シテ曰。理化ノ学広博ニシテ一人一書ノ能尽ス所ニ非ルコト固ヨリ論ヲ待タズ。且其術タルヤ後来者必ズ上ニ居ル。是ヲ以テ西洋名士ノ論撰スル所未タ数年ナラズ。忽チ陳腐ト成ル。然トモ百工ノ精巧物産ノ繁殖ニ人理ノ成章皆職トシテ此学ノ進歩ニ由ラサルナシ。故ニ各国学士相与ニ社ヲ結ヒ疑義ヲ討論シ之ヲ書ニ筆シ世ニ公シ以テ衆評ニ聴ク。「ベルリン」（地名）化学社ノ如キ是ナリ。……今ヨリ後時々相会シ（中略）、毎月初土曜日ヲ以テ会日トシ。社ヲ理学ト称スルハ其理学校ノ門ニ出ルヲ以テ敢テ本ヲ忘レサルヲ示スナリ。之ヲ行フコト一歳余又曰只其之ヲ社中ニ行ハンヨリ寧ロ世ニ公シ衆ト与ニスルニ若カズ。遂ニ其談論スル所ヲ編輯シ題シテ理化集談ト曰フ。集談トハ論説ノ際博ク古今諸家ノ説ヲ引証シ時アリテ其姓氏ヲ遺漏シ其言ノ剽窃ニ渉ルノ咎メアランコトヲ恐レ之ヲ古人集註ノ義ニ取ルナリ。抑社員浅識ニシテ説ク所誤謬多キニ居ル。冀クハ世上同志ノ諸君忌諱遐棄スル所ナク辱ク書ヲ投シテ正誤ヲ賜ヒ相与ニ此道ヲ拡弘シ漸ヲ以テ盛大ニ至ラハ、上ハ国家興起ノ盛意ニ副ヒ、中ハ「ハラタマ」「リッテル」二氏ノ勲労ヲ虚クセス、下亦社員結約ノ微意ヲ達スルヲ得テ実ニ人民ノ恒産ヲ求ルノ一大補助ト謂フヘキナリ。

『理化土曜集談』は、学会誌的な雑誌である。三一号の発行日がお盆であったため、一回分延期された以外は四週毎に刊行された。二八号からは、土曜の二字を削り『理化集談』となり、表紙のデザインも変わり

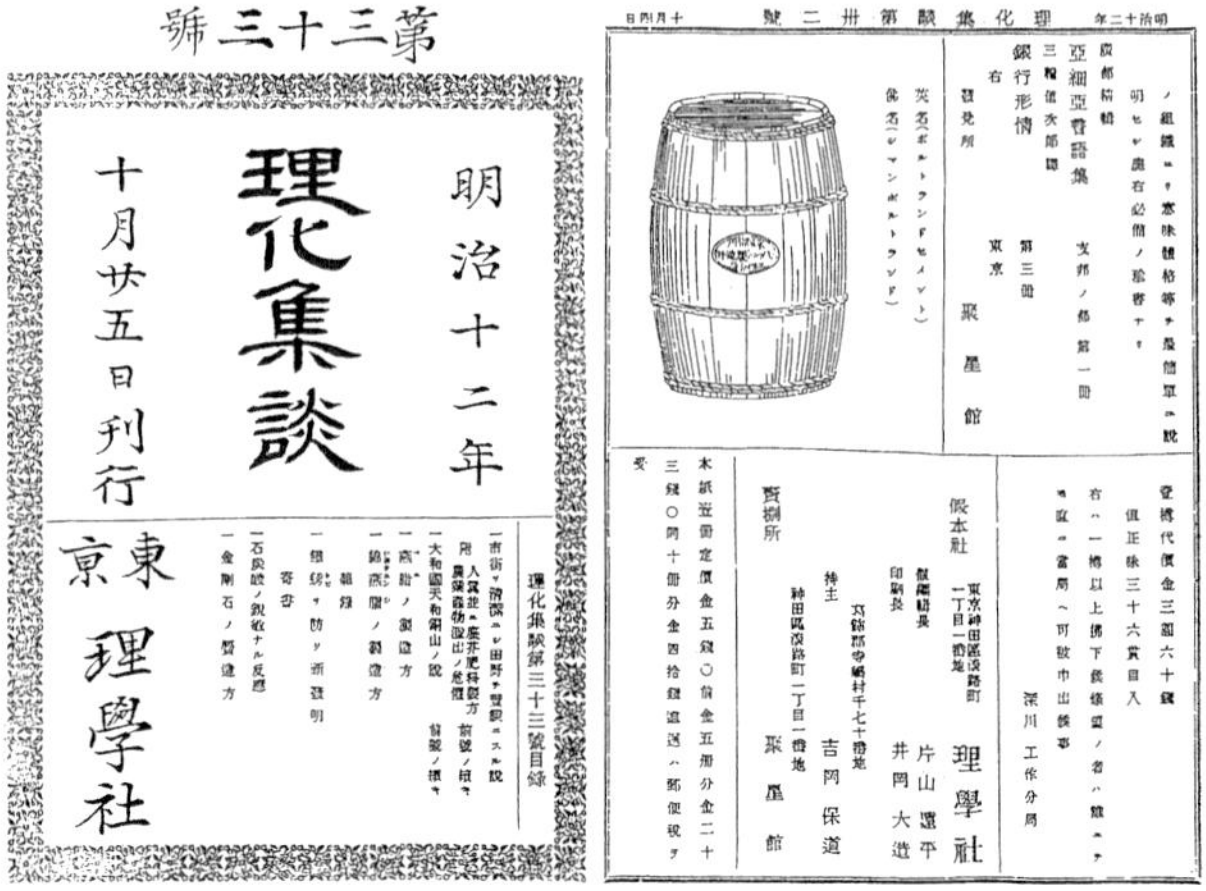
明治十二年　理化集談第卅二號

亞細亞言語集　支那ノ部第一冊

三輪信次郎譯

銀行形情　第三冊

右　東京

發兌所　聚星館

英名（ポルトランドセメント）

佛名（シマンポルトランド）

深川　工作分局

假本社　東京神田區淡路町一丁目一番地　理學社

編輯長　片山遠平

印刷長　井岡大造

持主　吉岡保道

賣捌所　神田區淡路町一丁目一番地　聚星館

第三十三號

明治十二年

理化集談

十月廿五日刊行

東京　理學社

理化集談第三十三號目録

一大和國天和銅山ノ説

寄書

一金剛石ノ製造方

第24図　『理化集談』

（第24図）、編集者は細川貫一から片山遠平に替った。しかし編集方針では大きな変更もなく、頁数も一号からの続きの頁数を保ち連続性が認められた。希少な雑誌であるので、利用の便宜のため化学関連（目次別）の索引を作成し文献注記に掲載しておいた。[4] ここでは、いくつかの化学関係の題目、「写真術及ヒ用薬製造法」「石油ノ説」「化学の綱領」「コールタールノ製品」を例示するが、いずれも無著名である。後半には、久原躬弦《くはらみつる》の「紫根色料成分ノ発明」（京大化学の元祖・元京大総長、イギリス化学会誌採用論文の翻訳）、アトキンソンの「日本白粉製造ノ話」（東大のお雇い教師、京都舎密局視察時の報告）などが収採されている。その他の分野では、「物理学ノ説」「伝話機及人語記蔵（蘇言機）ノ説」「電気冶金術」、宇都宮三郎の「市街ヲ清潔ニシ田野ヲ豊饒ニスル説」などがある。

ところで、三三号では「今般新ニ入社ヲ乞フノ紳士十余名ニ及ヘリ。因テ其許諾ノ可否及ヒ社則ノ改正ハ来十一月一日ニ臨時会ヲ開キ決定スルコトニ協議セリ」とある。この号の編集長を兼ねた印刷長の井岡大造が社告を出したわけである。ともかく、この社告をもって、明治十二年（一八七九）十月二十五日で、『理化土曜集談』（『理化集談』）は終刊となったようである。

興味深いのは、広告主とその内容の変遷である[5]。舎密局開講記念写真に登場している宇都宮三郎が東京深川セメント製造所工作分局の名目で、「ポルトランドセメント」の樽表示の広告を出しているし、大阪開成所の実験器具類の東京開成学校への搬送に関与した長田銀蔵は、図面入りで「諸器械製作御注文相願候也」と広告している。「造幣局御製造　硫酸」の広告もある。東京理学社は、聚星館の軒を借りていたようで、聚星館は『理化土曜集談』の最大のスポンサーであり、販売所（書店）でもある。その聚星館は、二六号までは「三崎嘯講述・辻岡精輔録『新式近世化学』、三崎嘯輔訳『化学器械図説』、『薬品雑物試験表』」などを継続的に広告していたが、後半には『教会法学略記説』『銀行形情』等のみの広告となり、経営傾向が変ったと了解できる。また、三崎の著作のうち、比較的知られていなかった前述の書籍が大々的に広告されていた事実に改めてびっくりしているが、宇都宮三郎や辻岡精輔と聚星館との連携・影響力が感じられ、今後の調査が望まれる。少なくとも、聚星館の三浦源助は名古屋・大垣区域では、当時名をなしていた人物であるらしい。

今までの調査研究で、ハラタマについての全貌はかなり明らかにされてきた。ところが、リッテルに関しては本章中でも触れたように、日本で骨を埋めているにもかかわらず、まだきっちりした事績の調査が行われていない。リッテルのもっとも大きな功績である『理化日記』、あるいは『化学日記』は広く愛読されて、やがて、日本人による本格的な教科書の誕生までの橋渡しの役目を十分果たしたものと思われる。

ところで、著者は次の二つのことをかねてから希望している。一つは、リッテルの顔写真にまだ遭遇しておらず、なにか不思議な感じでいる。二つ目は横浜のお墓のことである。近くのヘールツ墓碑を見たからいうのではないが、御影石に刻まれた文字は百十七年の風化も手伝って徐々に解読し難くなっているので、適当な記念碑板を設ける手配が望まれる。幸いなことに必要な敷地は保たれている。

文献と注記

（1）『舎密局開講之説』の概略は、第一部で紹介している。

（2）ハラタマのお雇い契約は散発的に知られていたが、リッテルのお雇い契約との比較研究としての立場から、第二部第一章でまとめて報告している。

（3）塚原徳道『明治化学の開拓者』一四四～一六〇頁（三省堂、一九七八年）。

（4）『理化土曜集談』の主な化学関連（目次別）索引は次の通りである。


あ行

★赤葡萄酒ノ色ヲ検スル法　三三頁

★阿片ノ説〔「モルヒン」ノ製方〕　四一、六五、九〇、一〇四、一二九頁

★アルカリ及酸ノ液量分析用薬　一三七頁

★「アルカリ」製造ノ進歩　一七六、二〇三頁

★アルケミストノ話　四九頁

★「アンモニヤ」ヲ以テ「ソウダ」ヲ製スル法〔「ソーダ」ノ製方〕　三七、五八頁

★黄蝋ノ説　六四、七六頁

★「インヂゴ、カーミン」製造法　下秋元次郎　三四四頁

★炎色分析方　五四頁

★塩化鉛ヲ防臭薬ニ用フル方　一八九頁

★鉛丹ノ製方　高松豊吉　三八二頁

か行

★化学の綱領　一九五、二〇五、二二九、二四一、二七五頁

★化学ノ元素ハ元素ニアラサルノ新説　二七八頁
★「クレセリイン」ノ功用　一九九頁
★擬造金銀ノ話　三五〇頁

さ行

★紫根色料成分ノ発明　久原躬弦　三六八、三八五頁
★脂肪及ヒ樹脂類ノ比重ヲ秤ル法　辻岡精輔　三八七頁
★歯科医用ノ混合鉱分析表　辻岡精輔　三八八頁
★籍光印刷法　一七三頁
★朱ノ製法　二八六、二九五頁
★写真術及ヒ用薬製造法〔塩化黄金ノ製方〕　二三、三五、四八、七〇、九九、一一八頁
★柔皮術「タンニング」　深堀祐之　一二七、一四七、二三七、二四五、二八五、三三二頁
★新金属「ガルリュウムノ説」〔二号「ダビューム」参照〕　八二頁

た～な行

★炭腻「コールタール」ノ製品　一二三、一三九頁
★炭腻「コールタール」ヨリ製出スベキ品料　二六八、二八二、二九三、三〇五、三四〇頁
★緒言〔刊行の主旨…大阪理学校…リッテルの功績を説く〕　一頁
★電気冶金術　八三、八七、一〇二、一三五、一六三、一八七頁
★東京府下井水分析説　理学部准助教、久原躬弦　三一六頁
★銅器着色及嵌挿方　七八頁
★銅ノ油及脂肪ニ腐蝕スル試験　八八、一一六頁
★内国勧業博覧会報告書化学製品之部抜粋〔北越石油ノ説〕　浅見忠雅　二五〇、二七三、二九九、三二一頁

★「ナプサリン」ヲ以テ無血虫ノ害ヲ防ク話　二五七頁
★日本白粉製造ノ話　アトキンソン　三二八、三四二頁
はしわ行
★発曰硫酸製造ノ新法　二頁
★肥料ノ約説　一八三、一九七、二一〇、二四三、三〇九頁
★「ポッタシュム」ノ容量分析法　二一九頁
★無形燐及赤燐ノ性質〔無形燐ノ説〕　一三六、一四七、一六一頁
★大和国天和銅山ノ記　中沢岩太　三七一、三八一、三九六頁
★湯本温泉の医治功用并ニ分析表　東京大学化学会員　久原躬弦　三三三頁
★硫化鉄ヲ製スル話　三三五頁

## （5）『理化土曜集談』の広告に関連する索引は次の通りである。

| 【広告依頼主】 | 【主な広告内容】 | 【所収号数】 |
|---|---|---|
| ◆貫通学校監事 | 学校設立広告 | 二八～二九号 |
| ◆咸熙舎 | 螺柱鏂 | 八～一三号 |
| ◆工作分局（宇都宮三郎）<br>東京深川セメント製造所 | ポルトランドセメント<br>一樽　金三円六十銭 | 一～七号 |
| ◆工作分局（宇都宮三郎）<br>東京深川セメント製造所 | セメント代価改正広告<br>一樽（四百斤入）ニ付キ金五円十銭 | 二六～二九号 |
| ◆工作分局（宇都宮三郎）<br>東京深川セメント製造所 | ポルトランドセメント　一樽（正味三十六貫目入）<br>代価金三円六十銭 | 三一～三三号 |
| ◆聚星館<br>（十二号まで | 三崎嘯講述・辻岡精輔録『新式近世化学』全三冊<br>三崎嘯訳『化学器械図説』全一冊 | |

美濃岐阜　三浦源助　併記）　三崎嘯訳『薬品雑物試験表』全一冊
飯沼長茂輯訳『試礦撰要』前篇三巻　二〜二六号
◆聚星館・桜水舎　牧山耕平訳『初学経済論』全三冊
桜水社『中外工業新報』毎隔土曜日発兌　八〜二六号
◆聚星館　書籍全般、教鑑講場記聞、日誦経文　二七号
◆聚星館　『正教定理略解』、『教会法学略記説』、『論事矩』、
『亜細亜言語集』、『銀行形情』　三一〜三二号
◆長田銀蔵（大阪開成所、　図面入り「諸器械製作御注文相願候也」
東京開成学校に出仕、のち自営）　一〜二三号
◆文芸堂　『製薬化学』全一冊　二八〜二九号
◆理学社（編者、一〜二七号細川貫一、二八〜三二号片山遠平、三三号井岡大造、売別所は聚星館）　【社告】「凡百ノ学皆新ノ術ニ非ルハナシ就中窮理ヲ最トス……江湖ノ諸彦物理ニ親切ニシテ……社中必ス協力討論シテ之ヲ世ニ公シ……此学皇張スルノ道ナリ」　一〜二五号
◆理学社　【社告】「土曜集談諸君幸ニ愛顧ヲ賜ハリ……何卒御宿泊所詳ニ
御教示被下ベシ」　一三〜二二号
◆理学社　【社告】「土曜ノ二字削リ、理化集談ト名ケテ少シク体裁ヲ改
メ」　二八〜二九号
◆理学社　【社告】「来八月十六日発兌ノ理化集談ハ　次ノ発兌日マテ延期
候事」　三〇号
◆離合社　造幣局御製造　硫酸
一トン以上代価　一ポントニ付　金五銭　二一〜二九号

（三高同窓会『会報』七四号（一九八七年）所収、改稿）

# 第三章　大阪舎密局の化学史的遺産

## 一　いくつかの遺産をめぐって

明治初年に開設された大阪舎密《せいみ》局（舎密局と略称する）は、理化学を中心とする西欧式近代自然科学教育を本格的に導入し、実地教育を主とする大学形態の高等専門教育機関であった。[1・2] この舎密局の記念碑は、現在でも大阪城西域（大坂市東区大手前之町、本町通りに面する）に残っているが、厳密にいえば実際の舎密局址跡は、その碑より約三百メートル北の位置（大阪府庁別館の前方、大阪府庁新別館第3期工事区域）である。[3・4] また谷町一丁目の追手前通りに、舎密局の後身校の一つである大阪英語学校の記念碑がある。この碑の南側には舎密局教頭のハラタマ（Koenraad Wolter Gratama）邸があり、その建物自体は長らく教師館として使用された。

舎密はオランダ語のScheikunde（シケイキュンデ）に相当するが、フランス語由来のオランダ語Chemie（セイミ）に起因し（口絵第19図）、宇田川榕庵の『舎密開宗《かいそう》』が先例となっている[6]（口絵第20図）。ハラタマとその化学についても詳しい報告がある。[7・8] また、学校史との関連から述べた成書もあり、[1・2・9・10] 当時の実像を思いおこすことができる。しかし、化学史的遺産に関する研究は十分ではない。

最近、菅原国香は三崎嘯輔《しょうすけ》の訳著書を原書と比較研究するという有益な試みを行い[11]、著者の興味に相通じるものを覚えた。この章では各所に分散している古文書、備品などを収集した結果をもとに、若干の考察を試みる。

## 二　舎密局の図面

すでに、舎密局の写真、絵、図面はかなり紹介されている。(1・3・7・8・9)

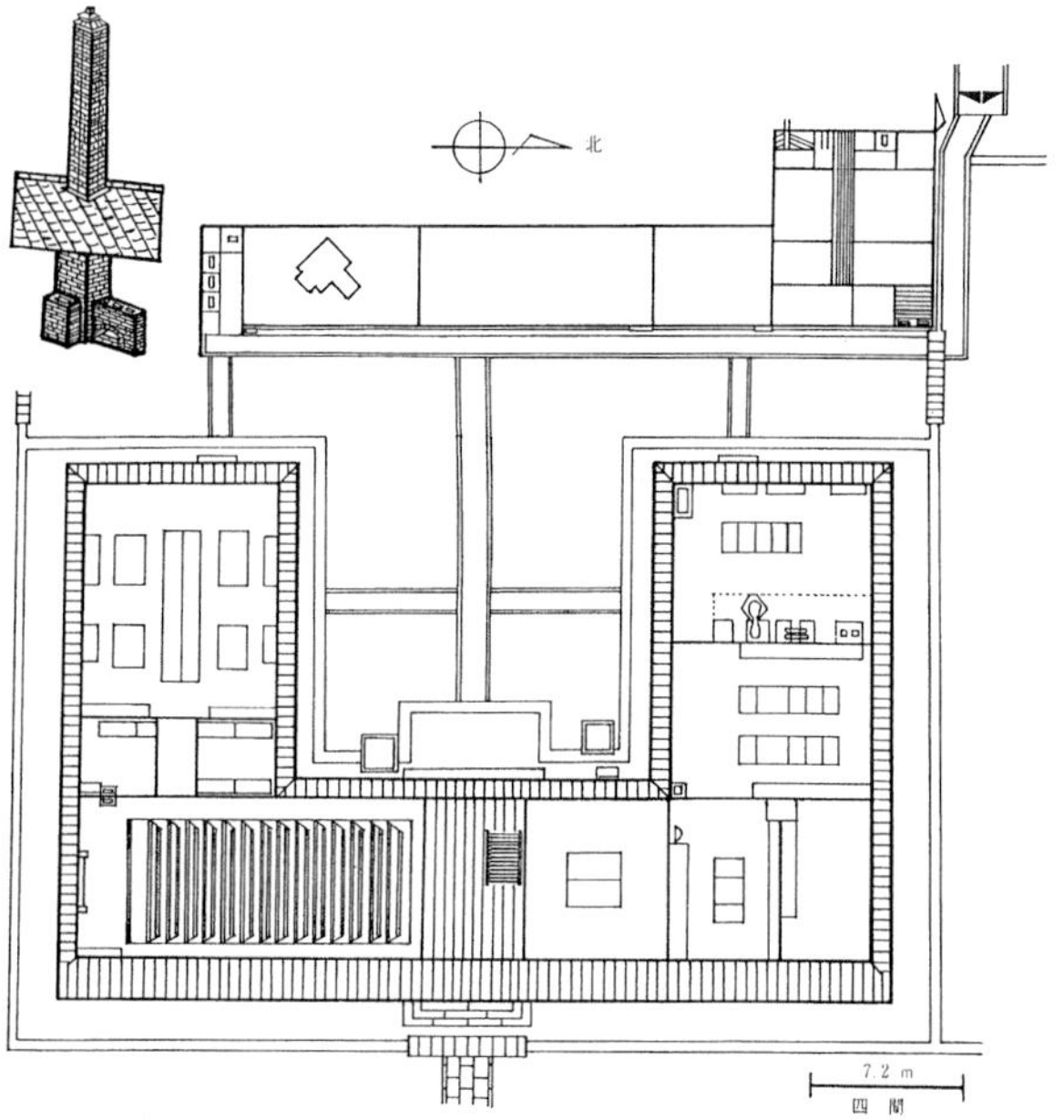


第25図　大阪開成所全図の舎密局部分（口絵第４図の拡大図）

ここでは「大阪開成所全図」（口絵第４図、全体の大きさは一二〇センチ×九六センチ(12)）にみられる舎密局の平面図をもとに「大阪司薬場平面図(13)」との比較をし、すでに知られている諸事実の補塡を行う。

舎密局の配置図は御用掛の田中芳男が保管していたものがよく知られている。(14)「大阪開成所全図」をみれば、舎密局、ハラタマ居宅はほぼ田中の構想どおりに建設されていることがわかる。第25図にその一部分を示す。舎密局本館の背後（西側）に平屋の実験場があり、煙突がある。この煙突はおそらく実験用の反応炉と推定できる。平屋の存在は、芝が紹介したハラタマ居宅の写真（第35図）によっても明白である。(7・8)

また第25図には開校式が行われた階段教室が存在している。この教室でハラタマが有名な講演を行ったわけである。当時の教室の模様を再現するために、『舎密局開講之説』の序説[15]を引用する。

教頭盛服して講堂に上り、東に向て立ツ、助教西に向て侍し、其講話を訳して、以て衆人に伝ふ。御用掛又教頭の後に陪し、椅子に寄り、学中を監督す。本府当路の諸大臣、位次を以て西に向ひ教頭と対す。各国領事官亦南に向て第一層弟子席に就く。第二層筆記助手の諸員次列し、第三層より第十三層に至るまで、衆人群集して講を聴くもの数百人、教頭乃ち開局の説を持し、朗声講説す。衆皆粛然たり。

第25図の階段教室は十五層あり、横七・二四×縦一五・九六《メートル》の広さであるが、『舎密局開講之説』では十三層まで述べている。またハラタマの府知事への申達書簡では、「学校講堂は其大さ百人を容る」としている。[9]この階段教室は明治期最古のものであったが、ここでハラタマの『理化新説』[16]に相当する講義や、リッテルの講義[17]が行われた。また第25図の本館の北西の部屋は製錬所と想定できる。建物の周囲には側溝や水溜がある。そのほか敷地の隅には薬品庫の土蔵が二室ある。

次に「大阪司薬場平面図」に触れる。この簡単な紹介はすでにある。[4・7]ここでは原図に基づき第26図のように正確な模写を試みた。これをよくみれば、舎密局本館の図であると理解できる。これは大阪理学所が閉校され、第四区（のちに第三区となる）一番中学、開明学校に縮小されたのち、大阪司薬場の創立に際して転用されたころの図面である。その後、中之島に新しく司薬場の建物ができたのを機に、大阪中学校に返却されたわけである。[18]その頃に使用目的変更を協議するために作られた簡略な図面も残っている。[19]結局、この建物は取り壊され、他の校舎建築用材の一部として使用された。第26図は司薬場当時の部屋割ができている点が注目できる。階段教室は改装され、薬品小分所と薬品置場になっている。新規に二階建ての教師館が

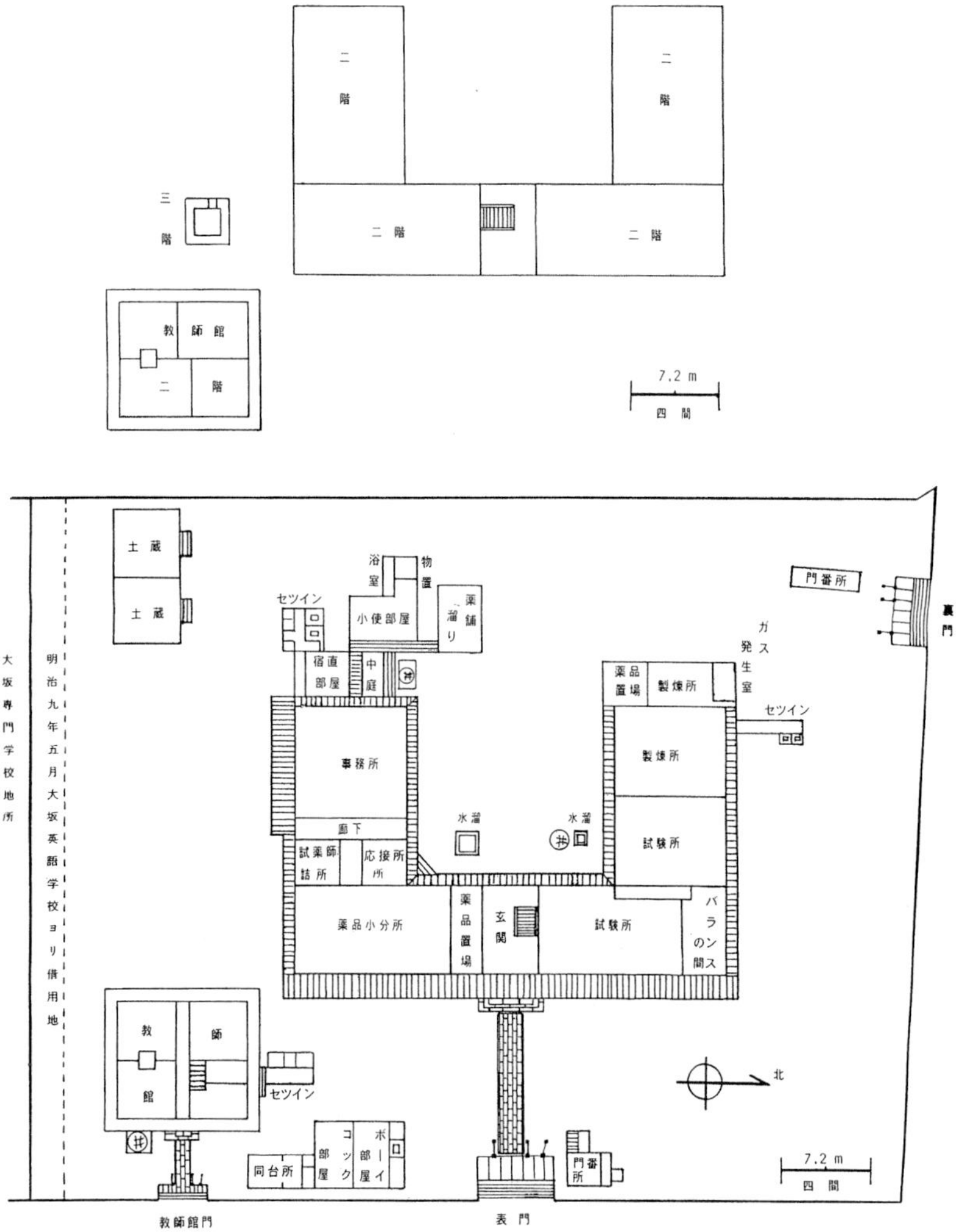


第26図　大阪司薬場平面図

たっており、これは文庫（図書掛）として長らく愛用された。第26図の利点は、二階と三階の図面がついていることである。とくに三階の風見櫓は「四方惣硝子戸」となっていて、芝が紹介した舎密局の写真（口絵第12図）と一致する。[7・8]

## 三　理学所御備試薬品目録

舎密局や理学所において、西欧式実験科学教育が実践されたことは、『理化新説』[16]『理化日記』[17]を見れば明白であるが、とくに化学の分野からの裏付けとして、器械、薬品の存在が指摘され紹介されてきた。[7・8・20]これに関連して、『神陵小史』の一節を引用する。[9]

> 外国に注文した器械薬品の類が四百余箱、是は未だ一回も封を開く事なく、三年間、東京大坂と持ち運びまはつたものである。順次之を開いて見れば、磁瓷、玻璃類は殆んど破砕し尽してゐる。銅鉄の器は錆蝕し、木具は腐敗し、装置の具は連続が錯乱して分明でない。薬品も亦簽紙剥落して名称を知り難い。人々はたゞ手を叉して呆然たる外はなかつた。特《ひとり》教頭ハラタマは手づから数百の薬品を試験して、一々其の名称を確定する。三崎嘯輔亦励まされて、其の試験を助ける。器械類は工匠を呼んで現図を示し、その修理を行はせた。日々早旦より夜を継いで孜々として倦まず、実に二ケ月の日子を経て、漸く総ての器械薬品の整備を終り、其の位列を詳記した目録を作る事が出来た。

また『舎密局創立之起源并爾来之記録』は京都大学総合人間学部図書館の舎密局・三高資料室（舎密局資料室と略称する）[21]と田中芳男文書[14]にあるが、後者は三崎嘯輔が起草し、田中が訂正を施したあとが見られる。さらに、末尾に「器具ト薬品ノ調済、目録出来ス」となっている。つまり器械、薬品の調査は明治三年（一八七〇）四月頃までに完了し、その目録はもう少しあとになって作成されたと理解できる。

ところで、舎密局資料室には『明治第六十二月調、化学用器械目録』[22]『旧理学所器械目録並諸省貸附器械目録、校務局』[23]、および『明治五壬申六月改、試薬掛、理学所御備試薬品目録』[24]の三つの資料がある。前二つの資料は周知の通りであり[8・9]、明治第六十二月の表現は東京開成学校文部省往復文書においてもよくみられ、明治六年（一八七三）十二月を意味する。[25]また同文書では、「旧理学所御備理化学器械及ヒ書籍試薬雑品トモ悉皆東京開成学校エ御差送リ相成候。目録之通正ニ請取候也」[23]の事実を裏付ける多くの往復書簡を見い出すことができた。[25]

後者の試薬品目録は試薬類の概数だけでなく、どのような試薬が使われたかを知る上で貴重な資料である。これらの資料を裏付けるものとして、東京開成学校年報の庶務概旨によれば、「明治七年大ニ学校ノ体裁ヲ一変ス。（中略）此月（二月）大阪旧理学校ニ蔵スル理化学器械薬品及静岡県学校ノ[26]化学器械薬品ヲ搬移ス。先是校中蔵スル所ノ理化学器械薬品甚ダ寡少ナリシニ於、是其数殆ト三倍ノ多キニ至レリ」[27]となった。

化学は物質の変態を取り扱う学問であるので、明治初年の舎密局において備え付けられていた器具のみならず、試薬品名を明らかにすることは、当時の実験化学教育の傍証として有益である。ところで『理学所御備試薬品目録』では、東京開成学校の制作学教場で明治七〜八年に製造または精製されたすべての品目が[28]すでに完備していた。全体で千七百六十余点の試薬品があり、量は少ないが種類の多さは他に類例がない。

この目録は、理学校名入りの二十行罫紙（和紙）八十三枚に綴られている。まず、無機性体之部はT符第一棚、酸素之部、ヲゾン之部からはじまり、X符第六棚、クロミウム之部までの四十七部（延べ七十七棚）に分かれている。次に二例を示す。

U符第二棚、砒素之部

| | |
|---|---|
| 鉱性砒素 | 小一 |
| 同　日本産 | 同二 |
| 白砒石　日本産 | 同一 |
| 亜砒酸　精 | 中一 |
| 同　極精 | 小一 |
| 亜砒酸　粗 | 小一 |
| 氷状亜砒酸 | 同一 |
| 亜砒酸　日本産 | 中一 |
| 同溶液 | 小一 |
| 同塩化水素酸溶液 | 同一 |
| 砒酸　精 | 中一 |
| 同 | 小一 |
| 同溶液 | 同一 |
| 三硫化砒 | 中一 |
| 五硫化砒 | 小一 |
| 硫化砒 | 小一 |
| 同 | 中一 |

| | |
|---|---|
| 同　日本産 | 小一 |
| X符第四棚 | |
| 銀 | 小一 |
| 同 | 同一 |
| 酸化銀 | 同一 |
| 硝化銀 | 中一 |
| 同溶液 | 同一 |
| 燐酸銀 | 小一 |
| 塩化銀 | 小一 |
| 沃化銀 | 小一 |
| 銀と黄金の合金 | 小一 |

有機性物品はY符第一棚からZ符第五棚までのほかに、AA第一棚から第六棚までの延べ十七棚に約二百品目が記録されている。次にY符第四棚の例を掲げる。

| | |
|---|---|
| 黄蝋 | 中一 |
| 同 | 同一 |
| 密封樹脂 | 同一 |
| 白蝋 | 小一 |
| 蜂蝋 | 中一 |

アリニン　中一
硫酸アリニン　小一
アリニン　ロースピヲレット　同一
フクシン　同一
青色アリニン　同一
新桔梗色アリニン　同一
青色アリニン　毒ナシ　同一
緑色アリニン　同一
橙黄色アリニン　同一
ロ〔ー〕スアリニン　結晶　同一

つまり、パーキン（W.H.Perkin）がアニリンを合成した六年後の一八六二年のロンドン万国博覧会では、いろいろなアリニン染料がコールタールと並べて展示され注目されたが、明治初年の日本でも早速取り寄せられていたわけである。有機試薬ではナフタリン、安息香酸、ベンゾル、アセトン、グリセリン、インジゴ、ピペリンなども備えられていた。

『理学所御備試薬品目録』は、前述のほかに「実験分析用薬品壜百二十五ヲ納タル箱」「理学所土蔵御備置薬品目録」「穴蔵御備置薬品目録」「試験場御備薬品目録」および「希レニ用ユル試薬」が追録されている。

次に「穴蔵御備置薬品目録」を例示する。

亜硫酸　小一

| | |
|---|---|
| 燐 | 大一 |
| 同 | 中二 |
| 三塩化燐 | 同一 |
| 五塩化燐 | 小一 |
| ポッタシュム | 小一 |
| 同 | 同一 |
| ソヂュム | 大一 |
| ソヂュム | 小一 |
| 発煙硝酸 | 中一 |

## 四　開校記念写真に登場する人物

舎密局開校を記念して撮影された写真はいくつか存在するが、大洲市立博物館所蔵の写真（明治二年〈一八六九〉五月一日撮影）を口絵第9図に示す。この写真はハラタマ所蔵品と同じものである。[1・8・29] 最近の論述によって登場する人物がほぼ確定したかにみえたが、[8] なお四名の人物が不確定であった。したがって、これらの人物の調査結果を述べる。口絵第9図には便宜上、ハラタマ所蔵品と同じ符号を付した。

芝はｃの人物が土肥慎一郎（土井通夫）であるという証拠を示したが、[30] ａ・ｂ・ｉの人物を論証するに至らなかった。[7・8] 上田はｉの人物は三瀬諸淵と見なしたが、[14] 他の数多くの三瀬の写真とは不整合である。[31] 従来、ｈは宇都宮靱負といわれていた。[8・14] 靱負は「ゆきえ」と読めるが、この場合官職名を指すと理解でき、宇都宮三郎（鉱之進）である可能性が高かった。彼は明治三年（一八七〇）には正式に大助教になり、舎密局に奉職している。[32]また彼の文献で舎密局に関するものは少ないが、奇特な一面があったようである。[33]

そこで、彼の正確な事蹟を洗う過程で、貴重な写真を見出した。[34]一つの写真は明治八年（一八七五）頃に撮影されたもので、hではなくiの人物にぴたりと一致することが判った。これについて道家達将に問い合わせたところ、iは宇都宮三郎だと思うとの伝言を拝受した。[35]つまり当時、宇都宮三郎は大阪府外国御用掛として開校式に出席し、ハラタマ教頭の真横に座っていたわけである。ちなみに、口絵第10図は最近みつかったものである。

ここに新たにhの人物を調べる必要が生じてきた。三瀬でもないし、西園寺公望でもない。[36]口絵第9図のhの人物を拡大したところ、左右の眼球の大きさに明白な差があり、『神陵史』の何礼之助の写真（第19図）と似ていると感じた。[1]また『神陵小史』の若き頃の写真とは輪郭が似ている。[9]何は長崎時代から三崎嘯輔と面識があったと思われ、すでに英語術に長けていた。[37]当日、何は一等訳官兼造幣局権判事として出席していたが、「何礼之輔聴講之後、他出致候に付、御料理不被下候事」と記録されている。[1・9・10]このことは、午後の祝賀の宴には欠席し、西洋料理を食べなかったことを示す。この事実によって、口絵第9図は開校式典の直後に撮影されたとみられる。

ところで、a・bの外国人はもっとも混乱していて、不詳に類するものであった。しかし、最近のジョセフ・彦の研究から、ヴェダー（A.M.Vedder）の写真が判明したことにより[38]（第36図）、bの人物は当時、神戸病院教頭であったヴェダーであることが確定できた。[39・40]ヴェダーは当時任期の短かったアメリカ領事の代理人として出席したのであろう。[41]

一方、「英国岡士、ゴウル」[1・9・10]が出席したと記録されていたが、当時のイギリスの兵庫・大阪領事はガワー（ガールとも呼ぶ、Abel Anthony James Gower）であると判明した[42・43]。彼の写真を入手して比較したところ[44]（第44図）、aはA・A・J・ガワーであると判った。彼は鉱山師のE・H・M・ガワーの実弟である点にも興味があるが[45]、本章では触れないことにする。

このように有能なイギリス人、アメリカ人が出席していたので、専門の通訳官として、何がhの人物として登場していた可能性は高い。何は大阪洋学校（のちに理学校と合併して、大阪開成所となる）の創立を建議し、その発展に尽力していることを考えると興味深いものがある。なお、既知の人物は次の通りである。

c：大阪府外国御用掛の土肥真一郎（土居通夫）、d：大阪府権弁事の西本清介、e：大阪医学校長の緒方惟準、f：オランダ副領事のピステリュース（Pistorius）、g：大阪医学校教頭のボードウィン（A. F. Bauduin）、k：舎密局御用掛の平田助左衛門、l：ハラタマ教頭、m：舎密局御用掛の田中芳男、n：三崎嘯輔助教。

ここで論述の都合上、口絵第11図について触れておこう。一部に、明治初年の京都府庁官吏との不用意な紹介もあるが、口絵第11図は登場人物を見てもわかるように、大阪舎密局正面玄関で明治二年（一八六九）五月二十三日に撮影されたことは明白である[7・8]。撮影者が中川信輔であることも「舎密局日記」などで早くから判明している[3]。いずれにしても、口絵第11図は重要な写真であるので、登場人物名を次に示しておく。

a：田中芳男（舎密局御用掛）b：深瀬仲馬（大阪府判事）、c：三崎嘯輔（舎密局助教）、d：木内伝内（大阪府判事）、e：ハラタマ（舎密局教頭）、f：西四辻公業（大阪府知事）、g：松本銈太郎（舎密局助教）、h：西本清介（大阪府権弁事）、i：平田助左衛門（舎密局御用掛）、j：西園寺雪江（大阪府権判事）。

## 五　「化学實驗場」の小箱

舎密局ともっとも関係の深い化学系教室は、京都大学総合人間学部自然環境学科物質環境論講座（旧教養部化学教室）である。このことは歴史的事実からしてごく当り前のことであるが、積極的認識に乏しかったのは著者だけではあるまい。ここでは代々受け継がれてきた白金器類と銀器類、およびそれらの保管箱の「化学實驗場」との毛筆による表記（口絵第5図）について考察を行う。口絵第5図に示す箱の大きさは、高さ九・三×縦二七・〇×横一八・五センチであり、「白金器入函」の表示も注目できる。

かねてから「三高の白金坩堝がある」との話は諸先輩から聞いていたが、舎密局に結びつく可能性を考えかけたのは昭和五十五年（一九八〇）頃のことである。[6・20] その後実物を拝見し、証文と備品台帳を照合させると、[46]「第三高等中学校器械模型標品薬品目録、明治十九年八月調査」の記録に結びつくことがわかった。[47] 白金坩堝四個と、白金皿二個がもっとも古いと確認できた。新しいものも含まれているが、これらのものは単純に受け継がれてきたのではない。あるときは戦争激化のあおりを受け、供出物品の対象となったが、古い時代のものは受難を免れた。[46] 銀器類でもっとも古いものは明治三十年（一八九七）三月のもので、「明治廿三年四月（以降明治三十年まで）、学術用器械薬品雑品受渡控、第三高等中学校文庫」に記載されている。[48]

つぎに「化学實驗場」の名称について言及する。舎密局の名称は化学にかたよった感を与えるので改称したいとの考えは、早くから御用掛によって提言されていた。[1・9] しかし、理学所になってからも舎密局、化学所、化学実験場などの呼称があった。また、舎密局の建物を「実地化学教場」とする文献もある[49]。

ところで、当時の外国人はこれらの施設をどのように見ていたかに触れておく。従来、日本の化学事情を伝えた記事として、*Nature*の一八七二年九月十九日号があげられていたが[50]、その投稿者は不明であった。一方、グリフィス（William Elliot Griffis）による'Laboratory News'は前述の*Nature*の記事より詳しく日本の化学事情を論述している[51]。しかも、*Nature*の一八七二年八月二十九日号は、その論文全文を転載している[52]。それを引用すると次の通りである。

> W・E・グリフィス教授は一年前に創設された福井の化学実験場において、実地教授を施している。化学実験場では、実験による証明を併用する化学と物理のグリフィスの講義に、毎日六十人の生徒が出席する。中略。日本で理科（Physical Science）を教えるとき、最も低い基礎から始め、すべてを証明し、占星術と呼ばれるつまらない中国の哲学観念を一掃する必要がある。ただ、生徒は十分に理知的であり、ある側面では日本の優れた教育熱、優れた教師たちをみると、あふれるばかりの希望に満ちており有望である。中略。ご存じの通り日本は現代文明の道に入ったばかりで、学校で理科を最優先するだけでなく、すでに若干の実験場が設置されており、生徒はドイツ人、アメリカ人教授から実際の指導を受けている。大阪にある主な実験場はドイツ人教授によって統轄されており、約百人の生徒がいる。もう一つの大きな実験場は、多分、江戸に創設されるであろう。加賀の実験場はドイツ人教授に替っている。駿河静岡の実験場はドイツ人が教えている。（以下略）

すなわち、以上でわかるように九月十九日号の記事は、引用文の概要にすぎないといえる。引用した*Nature*の論稿が公表された頃には、グリフィスはすでに東京へ移っており、マーガレット姉が来日した時期に当たる。つまり、グリフィスは明治四年（一八七一）七月二十五日に「駿河の勝安房氏から、外人教師をアメリカから求めたいという伝言を持って来た」と記録しているので、このときに静岡県学校の教師紹介を頼まれており、彼のすすめによりE・W・クラークが十一月上旬に来日し着任している。[53] 以前の教師はドイツ人だったと誤解したのであろう。すくなくとも親友、E・W・クラークのことを誤り伝えるはずがない。いずれにしても、日本の化学事情はグリフィスによって、はじめて国際科学誌に紹介されたことが判明した。

つぎに、化学実験場の変遷を三高、およびその前身校の年報または一覧によってまとめてみる。明治九年頃は理化学用の「試験室」は一室のみであった。[54] この試験室は大阪専門学校時代でも同じであったが、大阪中学校時代には教場の一部が改築され、「化学実験室」「化学教場」「理学教場」ができた。[55] 以後、第三高等中学校の在阪時代の最後まで、「化学実験室」という部屋があった。[5] その後、第三高等中学校は舎密局以来の大学構想をもって、明治二十二年八月に京都市左京区吉田本町の地に移ってきたが、このとき「物理学実験場」（現在でも学生部の建物の一角に保存されている）と対をなして、煉瓦造りの「化学実験場」がつくられた。[56] のちに三高は、京都帝国大学の創立に符合して二本松学舎時代を迎え、木造で新営された「化学実験場」は「化学実験室」との公称も併用された。[57] 今日流の「化学教室」との呼び方は、大正十年（一九二一）に、現行の四月開講三月終了制に変更されたときから改称され、[58] 以後同じ呼称となっている。

口絵第5図の「化学實驗場」は一般的には、吉田本町時代の化学実験場を指すといえるが、『学術用器械薬品雑品受渡控[48]』に記載がなく、『第三高等中学校器械模型標品并薬品目録』にある「四号ケミカルス、在来一函[47]」の記録が小箱のサイズに相当するともいえる。また、類似書体の資料が舎密局資料室で見い出せないこと、および明治七年から十八年（一八七四〜八五）頃までの備品試薬関係の散発的な資料からでは、白金器類がさらに古い時代のものであるか否かの確証は得られなかった。しかし、口絵第5図の「化学實驗場」の小箱については、理学所時代の印象と夢がまだ残っている。

## 六　三崎嘯輔とその周辺

最近、舎密局で活躍した人物の化学史的研究が高揚し[8・59]、ここで述べる三崎嘯輔についても紹介があり、とくにほとんど知られなかった『新式近世化学』[60]の内容調査が行われたことは、嘯輔の知性を察するに必要な価値ある研究である[11]。著者は嘯輔を調べるため、いくどか福井を訪れて三崎家等を訪問し、またグリフィス文書[61]との比較によって見い出し得たことを論述し、残された一面を明らかにしてみたい。

嘯輔は弘化四年（一八四七）五月十一日に三崎宗庵[62]の末子として生まれたが、のちに三崎宗仙の養子となり家督を相続した。この三崎家は三崎玉雲軒の第三代宗益の三男、宗玄を祖とする分家に当たり、ともに今日でも栄えている。嘯輔は舎密局の「職員符」では、日下部尚之ともなっている[32]。彼は明治六年（一八七三）五月十五日に二十六歳で逝去し、福井の安養寺に葬られた。その墓石は知られていたが、戒名は誤り伝えられていた[63]。彼の正しい戒名は「文昇院殿尚之少輔居士」であることが判明した[64]。三崎家には、現存しない家系図の巻物の写真や嘯輔の辞令等の写真が若干残っている[65]。

嘯輔は死の直前に七代宗仙の娘、鈴と結婚したが、すぐに離婚している。鈴は数年のちに再婚しており、末娘が調査当時（一九八三年）健在であったので面会できた[66]。しかし、母（鈴）は嘯輔が「外国へ留学したいと言われ、医家を継ぐ一人娘であったので離婚した」、「立派な方だったのでお墓を建てた」との伝承しか残しておらず、その他の資料が見い出せないのが現状である。

つぎに嘯輔の長崎修業時代のことと、舎密局退官後の動きについて論述する。嘯輔は医学修業の目的で長崎へ行くが、のち藩命により舎密学専修となり、ハラタマに師事したことはよく知られている。[10·63] ここで同僚であった山本匡尚（良哉）の話を引用する。[37]

> 当時、長崎には各藩より蘭学や英学修業のため来遊してゐた子弟が少なくなかつた。橋本並に半井等は松本良順先生の蘭学塾に入つて勉強した。英学の方は何礼之助の塾があつたので、そこに日下部（太郎、八木八十八）君が入塾してゐた。我等一行（半井元端、三崎尚之および山本）中の三崎宗玄は蘭学の外に英語の稽古にも熱心で、日下部君とはもつとも懇意に交はり、相互に往復を重ねてゐた。従つて、日下部君が毎度余等の塾に来て、三崎君と談じ合ふのを見た。

すなわち、嘯輔は英語の修得にも努めており、とくに日下部太郎と懇意であったことは、のちにグリフィスが福井に来て明新館で教えるわけであるが、グリフィスへの接点でもあったといえる。また、ハラタマが造幣寮（のちの造幣局）で行った講義録に類する『金銀精分』訳出に参画した一人である可能性は高い。[8·68] さらに、ハラタマが英語を解した証拠もある。[8·68]

嘯輔は明治四年（一八七一）一月十五日、舎密局御用済みとなり、東京に出て私塾を開き、ドイツ語を教えたというのが通説であるが、[11·63]「杉田定一」の研究、[69]「グリフィス」文書[61]によれば、詳しい調査が必要なことを示している。嘯輔はすでに医家としての三崎家を相続しており、随時、福井に帰っていたとみるべきである。

まず、グリフィスの日記をみれば、明治四年（一八七一）五月八日（月曜日）、「今日、三崎についてドイツ語を勉強する少年を小学から選抜した」としている。[53] これに関連して、グリフィスのマーガレット姉への手紙があり、「私のフランス語の十五名のクラスはうまくいっている。また、少年たちより七歳年上でドイツ語ができる学生であり、私のもっとも優れた弟子である三崎が教えているドイツ語の十五名の少年たちともうまくやっている」と述べている[61·70]。

この手紙は先に‘Misaki’を正木と読み取って紹介されたが[71·72]、グリフィスの書体を正確に理解すれば、三崎であることは明白である[70]。ただ、日付が研究者によって理解の仕方が異なっているのは、原文書の納め方に起因しているが、七月末までに書かれたことは確かである。いずれにしても、グリフィスが三崎を‘My best pupil’といっていることは特筆に値する。

さらに日記では、十二月九日（土曜日）から翌年（一八七二）一月十九日までに十回近く、ドイツ語、ドイツ化学、ドイツ有機化学を輪読したり、話し合ったりしている。たとえば、「宮永と三崎が遊びに来た。江戸へ行くことについて、九時半まで彼等と話しあった」、「三崎から非常に美しい模様紙を、本多から立派な火鉢をもらった」などと記録している[53]。つまり、嘯輔が文部少教授を拝任した頃[73]は福井にいたことになり、「一昨冬為ニ私塾ヲ開キ独逸理学ヲ教フ[59]」は福井でのことかも知れない。しかし、「昨年更ニ化学ヲ講シ新式ノ工夫ヲ口授シ[59·60]」は東京においてであった。

ところで、『新式近世化学』において、嘯輔はアボガドロの分子仮説および原子価の概念を述べている[11·60]。「ＨＨ ハ一分子ノ水気、ＯＯ ハ一分子ノ酸気[60]」といい、水は$H_2O$の式で表わしている。確かにアボガドロの分子仮説の日本への導入はリッテルによってなされたが[17]、嘯輔とリッテルとの接触の記録はない。

一方、嘯輔は福井にもどって、前述のようにグリフィスとの輪読を重ねながら教鞭をとっていた。幸いなことにグリフィスは日記はもとより、明新館での化学の講義録（化学概論、“An Outline of the Science of

Chemistry”）[61]を残している。化学概論の詳しい紹介は別途にゆずるが、[74]化学について、次のように述べている。

　化学は科学であり、芸術である。つまり、化学は原理と知識との総体である。また、日常生活にこれらの原理と知識とを実際に応用することである。

　グリフィスは講義に実験を取り入れながら、空気、酸素、水素、窒素、窒素と酸素の化合物、窒素と水素の化合物、炭素塩素等について、アボガドロの分子仮説を踏まえて論述している。また、グリフィスはRoscoe, Barker, Bowman等の化学書をテキストとして活用している。このようにみてくると、嘯輔の化学はハラタマに師事しながら骨格を形成したが、アボガドロの分子仮説の理解という肉付けは、グリフィスとの学習を通じて成就したといえる。

　さて、のちに政治家として大成した杉田定一が三崎塾で学んだことに触れる。「明治元年（一八六八）、十八歳になった彼（定一）は明治維新という時代の大転換に際して、新しい時代に適合すべく、新天地を求めて上京し、一応医学修業のため、東京下谷の三崎塾に入門することになった」[69]が、その場所は東京都台東区浅草橋一丁目、台東区立福井中学校の地に当たる。まもなく、嘯輔にしたがって大阪に移り、舎密局にいたことも確かである。[75]その後、「明治二年には大阪を去って一度は横浜へ出、外人について英語を学びそれより東京に出、三崎塾にいた」とされている。[69]この頃の記述には多少の混乱がみられるが、明治六年には学業をやめ一応福井に帰った。[76]いずれにしても定一は、嘯輔から理化学、ドイツ語を習ったことは確かである。

　もう一人、嘯輔に絶えず従い、行動を共にした人物として辻岡精輔がいる。次におおむね彼自身の履歴書に基づき、[77]略歴を述べておこう。

精輔は嘉永六年（一八五三）十月一日に福井藩医、辻岡東庵の次男として生まれた。明治二年（一八六九）九月二十九日、舎密局に入りハラタマ教頭の第二助手となり化学を学んだ。明治三年四月二十一日、舎密局准少得業生、同年六月二十二日、少得業生となる。ハラタマの帰国にともない同年十二月十八日、免本官となり、嘯輔と共に大阪を去り、三崎塾（観先塾、得英学舎）に入塾したと思われる。

嘯輔の急死により明治六年八月、養嗣子として「三崎家ヲ相続シテ三崎精輔ト改」めた。明治七年五月二十八日には東京司薬場勤務となった。翌年四月二十六日には横浜司薬場設立のため、地所見分を行った。明治十一年五月十五日には「復籍シテ辻岡精輔ト改」めた。翌年長崎司薬場勤務となり、同年四月一日には長崎司薬場長心得となった。明治十三年四月には東京司薬場にもどり、六月十四日には同場長に栄進した。さらに明治二十年六月八日に横浜衛生試験所長となり、明治三十年一月には大阪衛生試験所長となったが、同所長在任中に明治三十七年六月五日、五十一歳で逝去した。

精輔は嘯輔の得英学舎での講義を『新式近世化学』として編録したばかりではなく、[59] 嘯輔の死後においても三崎家に奉じたわけである。また、横浜衛生試験所時代にはいくつかの論文を発表している。[78] 彼は現在の国立衛生試験所の創立と発展に尽くしたわけであるが、[49,79] 彼がどこに葬られたか、墓石がどこにあるのかも不明であることは残念である。[80]

## 七　舎密局の化学史的遺産の意義

舎密局・理学所は、歴史的風土に包まれた関西の地に開設されたが、それ自体は短い期間であった。[1・2] しかし、そのとき説かれた理論と実験化学教育、およびそれらを包括する先取的気概は伝統となって、後身校でも受け継がれた。やがて京都の地に移って、第三高等学校・京都帝国大学へと発展し、戦後は両者が統合され、新制総合大学としての基盤を確固なものにしている。

つぎに、本章の論点を五点にまとめることにする。第一点の舎密局の建物の配置図は、「大阪開成所全図」（口絵第4図）[12]によって理解できるようになった。とくに開校式が行われ、明治期最古の教場として使用された階段教室を明らかにすることができた。

第二点は試薬品目録の存在を明らかにし、[24]その内容を明示し、実験化学教育の裏付けができた。しかも、この目録に記載された試薬の種類は豊富であり、他に類例がない。

第三点として、開校記念写真（口絵第9図）は化学史の分野のみならず、第三高等学校および京都大学にとってきわめて意義深いものであるが、登場する人物が最近まで混乱していたのを、本章で詳しく論証できた。この作業を通じて神戸病院の明治初期の写真が実証されたことも成果である（口絵第13・14・15・16図。詳しくは第五章第二節で述べている）。

第四点として、「化学實驗場」の小箱（口絵第図5）の存在は、一種の玉手箱の役目を果たし、舎密局の呼称から化学教室の呼称までの流れが理解できた。

第五点は舎密局の大助教であった三崎嘯輔のことであるが、本章においてまだ知られていない側面を中心に論述し、とくにグリフィスとの関係を触れることができた。また嘯輔が『新式近世化学』において、アボガドロの分子仮説を日本人として初めて導入できたのは、[11]福井でグリフィスと一緒に西欧化学を輪読した[53]ことによると推定できる。

## 文献と注記

（1）阪倉篤義編『神陵史』四〜五六〇頁（三高同窓会、一九八〇年）

（2）藤田英夫「幕末期の化学」「化学史からの大阪舎密局」ほか、後藤・大杉・丸山・速水編『日本の基礎化学の歴史的背景』一〜四九頁（京都大学理学部化学教室・日本の基礎化学研究、一九八四年、第一部に収録）

（3）緒方銈次郎「舎密局に就てのかずかず」、『関西医事』四三四号、一二〜五頁（一九三九年）および三高同窓会『会報』一一号、一六九〜一八二頁（一九三九年）

（4）芝哲夫「大阪舎密局の跡をもとめて」、『自然』三五一号、七四〜八一頁（一九七五年）

（5）例えば「第三高等中学校全図」、『第三高等中学校一覧、始明治二十一年九月終明治二十二年八月』六二〜三頁（第三高等中学校、一八八八年）

（6）奥野久輝『江戸の化学』一四二〜六頁（玉川大学出版部、一九八〇年）

（7）芝哲夫「大阪舎密局史」『大阪大学史紀要』一号、三三〜四七頁（一九八一年）

（8）芝哲夫「ハラタマと日本の化学」、『化学史研究』一八号、一〜一六頁（一九八二年一号）

（9）林森太郎編『神陵小史』一〜一九二頁（三高同窓会、一九三五年）

（10）三高同窓会編『稿本神陵史』総一〜六〇頁および一〜一八六頁（一九四二年に完成）

（11）菅原国香「三崎嘯輔の化学者としての活動」、『科学史研究』Ⅱ・二三巻、二〇〜七頁（一九八四年）

（12）京都大学総合人間学部図書館、舎密局・三高資料室所蔵。明治四年（一八七一）頃の大阪開成所の全景。

（13）同前、神陵史（No. 610002）

（14）上田穣「大阪舎密局についての二三の問題点」、有坂隆道編『日本洋学史研究』Ⅳ・一八一〜二一八頁（創元社、一九七七年）

（15）ハラタマ述・三崎嘯輔訳『舎密局開講之説』序説一丁（大阪舎密局、一八六九年）

（16）ハラタマ述・三崎嘯輔訳『理化新説』一巻（総論）・二巻（理学）（大阪舎密局、一八六九年）および三巻（化学各般性）・四巻（化学）（大阪理学所、一八七〇年）

(17) リッテル述・市川盛三郎訳『理化日記』一篇一・二巻（大阪開成学校、一八七〇年）、一篇三～一二巻および二篇全一二巻（第四大学区第一番中学、一八七二年）。のちに、リッテル口授『化学日記』六冊、同『物理日記』六冊（文部省、一八七四年）として分離発刊され、版を重ねた。

(18) 『大阪中学校一覧、従明治十六年九月至明治十七年八月』四～五頁（文部省直轄大阪中学校、一八八三年）

(19) 京都大学総合人間学部図書館、舎密局・三高資料室所蔵の「此建家大阪司薬場ヨリ請取未済ニ付各室所未定、明治十三年調べ」と記された平面図がある。

(20) 前掲『江戸の化学』一九五～六頁（玉川大学出版部、一九八〇年）

(21) 舎密局資料室所蔵の文書は、田中芳男による訂正を済ませて清書したもの。後身諸学校の年報、一覧によく引用されている。

(22) 舎密局資料室所蔵、神陵史（No,730022）

(23) 同前、神陵史（No.730023）

(24) 同前、神陵史（No.720023）

(25) 東京開成学校―文部省往復文書、東京大学百年史編纂室所蔵。

(26) E・W・クラーク（Edward W. Clark）が一八七一年十一月から教えていた。

(27) 「東京開成学校年報」『文部省第二年報』三八一頁（一八七四年）

(28) 同前、四一二～四頁（一八七五年）

(29) 中野操『大坂蘭学史話』二二三～三〇頁（思文閣出版、一九七九年）

(30) 半井桃水『土居通夫君伝』所収の写真（一九二四年）、追加傍証として、着装している羽織の紋が同一であると指摘できる。

(31) 大洲市立博物館には、三瀬諸淵の数多くの写真が保存されているが、類似の人物は口絵第9図には登場していない。

(32) 舎密局資料室所蔵、神陵史（No.700002）、「明治三庚午年十月、職員符、理学校」には、「明治三庚午年九月

廿六日、任大助教同日叙従七位、新宮藩、生国尾張、宇都宮三郎、藤原義綱」となっている。

(33) 渡辺淳一『白き旅立ち』五～二八二頁（新潮社、一九七九年）

(34) 石河朝明『福沢諭吉伝』二、七七二頁（岩波書店、一九三二年）、田中実・道家達将「幕末・明初めの化学技術者宇都宮三郎の研究」『東京工業大学　学年報』三一巻、七七～九〇頁（一九六六年）、道家達将「日本の化学者の伝統」、井本稔ほか編『化学のすすめ』三九〇～三九九頁（筑摩書房、一九八〇年）、その後の調査は第五章第一節で詳しく述べている。

(35) 一九八四年三月二十八日、道家達将東京工業大学教授（現同名誉教授）からの受信メモ。

(36) 西園寺雪江（靱負）に関連して、公望伝の数多くを調べたが関係が見い出せず、安藤徳器『西園寺公と湖南先生』（言海書房、一九三六年）所収の写真と対応する人物は登場していない。

(37) 永井環『日下部太郎』、三二～三四頁（福井評論社、一九三〇年）

(38) 近盛晴嘉「彦とヴェッデル米国医師」、『浄世夫彦』一六号、一頁（一九八三年）、近盛晴嘉「あの外人一二〇年ぶり判明」、『毎日新聞』一九八四年一月二十一日付夕刊。

(39) ヴェダーに関しては、一九八三年十月十五日の化学史研究会の年会特別講演「化学史周辺雑感」として、（故）仁田勇大阪大学名誉教授の話を聞き（『化学史研究』一九八三年、一二三～六頁、および『化学』三九巻二号、七八～八四頁、一九八四年に収録）、予備知識を得ていた。一九八四年一月二十二日には芝哲夫大阪大学教授と一緒に近盛氏宅を訪問して、諸問題について交流しあった。

(40) 藤田英夫「神戸病院の明治初期の写真に関する一考察」、『神戸史談』二五五号、一～一〇頁（神戸史談会、一九八四年、第五章第二節に収録）

(41) 「亜国代岡士、ロビネット」となっている。ロビネットは誤りである。

(42) 村田誠治編『神戸開港三十年史（上・下）』例えば三五〇～五頁（一八九八年）

(43) ジャパン・クロニクル紙ジュビリーナンバー、堀博・小出石史郎訳『神戸外国人居留地』八八～二八〇頁（神戸新聞出版センター、一九八〇年）

(44) 横浜開港資料館所蔵。同館にはA・A・J・ガワー自筆のサイン付の写真のほか数種類がある。

(45) 志保井利夫「エラスマスH・M・ガワーの生涯とその業績」、『北見大学論集』一号、二三〜三八頁（一九七八年）同二号、一〜一九頁（一九七九年）

(46) 「備品、三高の部、器機具、化」「備品、器機具、化学」等の京都大学（旧）教養部化学教室所蔵の台帳

(47) 京都大学総合人間学部図書館所蔵（未整理資料）

(48) 同前

(49) 内務省東京衛生試験所『衛生試験所沿革』二六頁（一九三七年）

(50) *Nature*, Sept. 19, 1872, p.422, 日本化学会編『日本の化学百年史』八八頁（東京化学同人、一九七八年）、塚原徳道『明治化学の開拓者』一五五〜一六一頁（三省堂、一九七八年）

(51) W.E.Griffis,'Laboratory News', School Laboratory of Physical Science, pp.11-12（発行年不詳、著者は山下英一氏から複写文献を拝受した）

(52) W. E. Griffis,'Science in Japan', Nature, Aug. 29, 1872, p.352. この論文にはアイオワ州「理科の実験室」から転載との注がある。

(53) 山下英一『グリフィスと福井』一七一〜一八六頁、同書所収、'Journal of William Elliot Griffis, The Fukui Journal 1871-1872', pp.1-84（福井県郷土誌懇談会、一九七九年）

(54) 大坂英語学校『第八学年、従明治九年九月至同十年八月、年報』四〜五頁（大坂英語学校活字室、一八七八年）

(55) 『大阪中学校一覧、明治十四年十五年』巻頭挿入配置図（大阪中学校、一八八二年）

(56) 「第三高等中学校全図」『第三高等中学校一覧、始明治二十二年九月終明治二十三年八月』五七〜六一頁（第三高等中学校、一八八九年）

(57) 「第三高等学校全図」『第三高等学校一覧、大正十年四月起大正十一年三月止』一三七〜一四一頁（三高、一八九七年）

(58)「第三高等学校全図」『第三高等学校一覧、明治三十年九月起明治三十一年八月止』一一〇～三頁（三高、一九二一年）

(59) 例えば藤田英夫「大坂舎密局の遺産に関する化学史的調査」、『化学史研究』一九八三年三号、vii頁

(60) 三崎嘯輔講述『新式近世化学』全三巻（得英学舎、一八七三年）、前掲「化学史からみた大阪密局」などを執筆調査中に、京都府立総合資料館所蔵品を見い出した。

(61) 主として京都大学教育学部図書館所蔵のマイクロフイルムを愛読した。これは金子忠史氏が現地で収録されたもので、親友の梶山雅史岐阜大学教授（現同図書館長）の教示と好意を受けた。

(62) 復刻版『済世館小史』三九頁（福井市医師会、一九七一年）

(63) 石橋達栄「三崎嘯輔先生最初の邦人化学教育家」、『会報』五〇～二頁（三高同窓会、一九五二年）

(64) 福井市の安養寺所蔵の宗玄（初代）を祖とする三崎家の過去帳に記載されている。著者は武田瑞啓住職の懇意を受け、はじめて転写を許された。

(65) 戦災等で資料を焼失したが、三崎家当主の寿子令室が所蔵されており、著者は複写写真を拝受する機会を得た。

(66) 前記の寿子氏の紹介を受けて、吉田寿美子氏宅を訪問したが、物証に当たるものは得られなかった。

(67) ハラタマ口授『金銀精分』（大阪開成学校、一八七二年）

(68) ガラタマ口授『英蘭会話訳語』（渡部氏蔵梓、一八六八年）、ガラタマ閲『英吉利会話篇』（渡部氏印行、一八六七年）

(69) 池内啓「杉田定一研究ノート」、『福井大学教育学部紀要、社会科学』一八号、一～三三頁（一九六八年）

(70) Eiichi Yamashita,'Letters of William Elliot Griffis, The Fukui Letters 1871-1872', p.35(1982).

(71) 梶山雅史「御雇教師グリフィスの見た明治初年日本の教育」、『世界史のなかの明治維新』二九五～三三二頁（京都大学人文科学研究所、一九七三年）

(72) E. R. Beauchamp,'Griffis in Japan. The Fukui Interlude, 1871', Monumenta Nipponica, 30, p.439（上智大学、

一九七五年）

(73) 三崎嘯輔は明治四年（一八七一）七月二十七日に「文部大助教被任」となったが、同年九月に十五日には免官となって、福井に帰りグリフィスと学習を重ねていた。同年十二月二十六日には「任文部少教授」となった。翌年（一八七二）一月二十一日「東校予科教場専務被仰付」となり、東京へ出向しワグネルを助けて理化教育に当たった。

(74) 内田高峰・沖久也・目不二雄・伊佐公男・中田隆二「グリフィスの化学講義ノート」、『ザ・ヤトイ』一一四〜二九頁（思文閣出版、一九八七年）。なお「同手稿（本文と注解）、一九八六年」は日下部・グリフィス学術・文化交流基金、福井大学からパンフレットとして発刊されている。

(75) 三高同窓会編『会員名簿』第二類会員、一頁（三高同窓会、一九三七年）

(76) 雑賀博愛『杉田鶉山翁』一五八〜一六七頁（鶉山会、一九二八年）

(77) 辻岡精輔の履歴書、国立衛生試験所所蔵。竹中祐典氏の好意で、数点の複写試料を拝受した。

(78) 辻岡精輔「斯篤里幾尼涅及貌児志涅分離定量法」「薬品溶解度比較表」「葡萄酒試験成績」、『薬学雑誌』同四〇巻、二三七〜二四一頁（一八八五年）、同五五巻、三八八〜三九一頁（一八八六年）、六五巻、一七〜二一頁（一八八七年）

(79) 川城巌編『国立衛生試験所百年史』三〜六一頁（国立衛生試験所、一九七五年）。同書、「注その2」のパンフレットに訂正がある。

(80) 前記の竹中氏に問い合わせたが、不明との私信を受けた。

〔『化学史研究』二九号（一九八四年四号）所収、改稿〕

# 第四章　思い出をめぐって

## 第一節　長崎分析窮理所の今昔

### 一　長崎散策

一九八五年十月のことである。ある調査目的をかかえていたので、二十五年振りに長崎市を訪れた。調査目的の一つは、京都大学の源は大阪舎密（Chemie＝化学）局であるが[1]、その原形の長崎分析窮理（化学および物理学研究）所[2]址を訪ねることであった。もう一つは、口絵第9図の大阪舎密局開校記念の集合写真[3]に登場するイギリス領事・ガワー（Abel A. J. Gower）が長崎時代に利用した寺院がどこにあったか、あるいは今もあるとすれば何という寺院かを調べることであった。結論的にいって、二日がかりでいずれもうまく見いだすことができた。旅のプロセスから話しを進めるため、後者の設問から説明する。

夜行列車の疲れをよそに長崎駅に着くと、小雨の中をタクシーで県立図書館へ直行した。そこで、持参した横浜開港資料館所蔵の古い写真（第27図）[4]を参考係員に見てもらい、その寺院の所在地が東西南北どの区域であるか、当時の類似の写真がないか、などを相談した。第27図の背景の山脈が決め手になり、寺院は安政年間イギリス領事館に当てられたことのある妙行寺であろうと推定できた。

早速、南部の大浦天主堂の一角を目指し、崖の厳しい石橋から上り詰めた。間もなく第27図と同様の山脈が遠望できるようになり、現在の妙行寺にたどり着いた。それでは第27図はどの位置から撮られたものかというわけで、墓地の高台、天主堂、グラバー園の展望台と歩き回った。第28図はグラバー園の中腹からの遠望である。繁みの下に妙行寺がある。ただ、この寺は改修されており、少々屋根瓦などが異なっていた。いずれにしても百二十八年もへだてて、このように照合してみるといろいろと懐かしい。例えば、長崎港に浮

**第27図**　120年前の妙行寺と長崎港

**第28図**　最近の妙行寺、グラバー園中腹からの遠望

**第29図**　長崎養生所趾

ぶ船数が今の方が少ないことに気付き、海運界の近代化の動向を思い浮かべると感慨深い。

## 二　分析窮理所趾を求めて

さて、前者の設問の解明は、二日目の早朝から始めた。この方はきちんと調べて直行すればさほど難しいものではなかった。佐古小学校がそのものずばりであったが、地図を頼りに散策を兼ねて歩き回ったわけである。ちょうど日曜日であったので、校門は閉まっており、校庭の横門から忍び込んだ。昭和九年創刊の『舎密』という雑誌に載っている写真を頼りに、今は鉄骨校舎になっているその地へと歩み寄った。ちょうど職員室の前庭で、御影石の石碑を見つけたので、シャッターを押した。残念ながら、第29図のように「養生所趾」と記されていた。その位置は養生所（日本最初の西洋ベッド式病院）の後身に当る精得館（慶応元年、一八六五に改称）分局の分析窮理所（元治元年、一八六四に設立）であることは明らかであるが、総体として精得館あるいは養生所といわれても仕方がないことである。

長崎分析窮理所は江戸移設が決まり（慶応三年、一八六七）、開成所の理化学校として拡充発展させる予定であったが、幕末維新の動乱で日の目をみず、明治維新になって後藤象二郎らの尽力で大阪で開設・設立されたわけである。これが大阪舎密局であり、自然科学を中心とした大学形態の理化学専門学校であった。しかしながら大阪舎密局は、明治政府の文教政策の模索・拡充の過程で絶えず試練に立たされ、その後も学校史上、希にみる名称・内容等の変遷を繰返しながら、明治二十二年（一八八九）には京都市左京区吉田本町の地に移り、のちに第三高等学校（三高）となった。[5] これを土台にして、すなわち校舎・敷地を引受けて京都帝国大学が誕生したわけである。このとき三高は現在の二本松町に京都帝国大学創設費の一部費用で新営され、教育課程も更新された。昭和二十四年（一九四九）には新制京都大学となり、ほぼ今日の形態になった。さらに、大学紛争以後の学内での継続的な大学改革の議論の積み重ねを経て、終局的には文部省の方針とからみあう形をとりながら、大学院人間・環境学研究科創設を先行させて、平成四年（一九九二）十月には総合人間学部が創立された。

## 三　お雇い教師の役割

このように長崎への旅は、京都大学の故郷への旅でもあった。とりわけ総合人間学部自然環境学科物質環境論講座（旧教養部化学教室）は今でも、三高以前の白金坩堝《るつぼ》を「化學實驗場」という古い小箱に納めて大事に保管しているから、語らなくても歴史は楽しい。長崎、あるいは佐古小学校出身の方はもちろん「養生所趾」をご存知であるし、大阪出身の方には今なお城西の一角に舎密局址碑が祭られているのをご存知であろう。いずれにしても長崎分析窮理所と大阪舎密局は、ハラタマ（K.W.Gratama）[6]というドイツ系オランダ人がお雇い教師として西洋式の講義と実験教育を施した学校である。なお、大阪舎密局の二代目のお雇い教師のリッテル（H.Ritter）はドイツ人であるが、ロシアとアメリカでの生活を経たあと来日しており、熱心に最新の理化学教育を施し、人望もあった。このようにみてくると西洋科学思想と近代科学は、早くから京都大学に流れ込んでいたことが理解できる。

### 文献と注記

（1）『京都大学七十年史』三～一三頁（京都大学、一九六七年）

(2) 中西啓『長崎のオランダ医たち』二一四~六頁（岩波書店、一九七五年）
(3) 明治二年（一八六九）五月一日撮影の十三名が登場する写真（口絵第9図）。ガワーは車椅子でおさまっていることが最近の論証で明らかになった。
(4) 第27図はガワーが撮ったもので自署がある。また、オランダのライデン大学にも保存されていた。ほかに八百点ぐらいの幕末の写真があり、『甦る幕末』（朝日新聞社、一九八七年）に収録されている。
(5) 藤田英夫『化学と教育』三七巻、四七七~八一頁（日本化学会、一九八九年、第二部第一章に収録）
(6) 石田純郎『江戸のオランダ医』二〇六~八頁（三省堂、一九八八年）および芝哲夫『オランダ人の見た幕末・明治の日本―化学者ハラタマ書簡集』（菜根社、一九九三年）

〔『京大教養部報』一六二号（一九八七）所収、改稿〕

## 第二節　久原躬弦の化学への関心

### 一　久原の略歴

久原《くはら》躬弦《みつる》（一八五五~一九一九）は、東京大学理学部化学科の第一回卒業生であり、日本化学会の前身である東京化学会の初代会長に推された。東京大学教授、第一高等学校校長を経て、京都帝国大学理工科大学教授として京都帝国大学の化学の基礎を築き、のちに京都帝国大学総長を勤めた。学術的にも『立体化学要論』が高く評価され、とりわけ、「ベックマン転位」の研究が有名である。[1~4]

ここでは比較的知られていない少年・青年期の久原にスポットを当て、化学への動機を探ってみたい。裏

第30図　14歳の久原躬弦（神戸で）

付け資料として父宗甫への手紙を取り上げ(5)、若き日の久原の姿を描いてみよう。

## 二　父宗甫への手紙より

久原は若くして化学への道を歩むわけであるが、彼が生まれた津山藩は『舎密開宗《せいみかいそう》』の宇田川榕庵《ようあん》を育てたばかりではなく、早くから洋学の盛んなところであった(6)。いうまでもなく久原家は代々藩医を勤めており、結果として久原は弟に医家を継がせて、自分は最新の化学に興味を深めていった。しかしながら、久原が津山での学習を終えて英学修業の目的で親元を離れ、兵庫洋学伝習所に入ったのは(7)十三歳の明治元年（一八六八）であった。翌年、箕作麟祥《みつくりりんしょう》に同行して東京に出向したが、第30図は「神戸にて 十四歳」と記してあるから上京前に撮ったものであろう(8)。明治二年八月十六日の手紙で、「英吉利文会相始リ私モ其ノ内へ相加リ勉強仕居申候。此節ハ会多、下読甚ダキビシク御座候」と修業のきびしさを述べている。明治三年十一月には貢進生として大学南校に入学し学力の向上をはかったが、学制のたび重なる改正に遭遇し、進路上の迷いもあったようである。

たとえば、明治五年八月十六日の手紙では官費を受けるか否かを述べたあと、次のように書いている。

若シ自力ニテ修業モ致候へバ、（中略）大阪へ参リ兼テ望ノ舎密局へ入門致修業仕候へバ月々五両二歩トカ六両位デ十分ニ御座候、（中略）大阪之様子モ隼一ノ手紙御廻シ申上候間御覧御承知可被下候。

この時期の舎密局とは大阪開成所分局の理学所のことで、同年八月三日付で第四区一番中学と改称したが、やはり舎密局と親しまれていた。同年十月には、大阪舎密局以来の専門教育は終止された[9]。この学校はのちに京都に移り、京都大学の母体となるが[10]、久原にとっては何かの因縁であった。いずれにしても宇田川隼一《じゅんいち》を通じて、大阪理学所の情報は入手済みであった。

結果として、つづけて東京にとどまった久原は明治七年八月二十六日の便りで、「此度舎密学教師米人クレフヰス（W. E. Griffis）」との別れを惜しんだ。また、明治八年一月十七日の手紙では、次のようにリッテル（H.Ritter）の死去を報告している。

> 先達開（成）学校教師モ二人天然痘ニテ死亡仕候。一人ハ独乙国人ニテ化学者ニ御座候。此迄大阪舎密局之教師ニテ宇田川隼一ノ化学ヲ学ビタル人物ニ御座候。実ニ人々大ニ惜ミ居申候。

また、同じ便りでアトキンソン（R. W. Atkinson）の来日を報じている。

> 教師ハアトキンソント申人ニテ英国之人ニ御座候。此人ハ先達日本政府ヨリ英国政府へ御頼ミニ相成リ英国政府ヨリ差遣ハシタル人物ニテ余程ノ大学者ニ御座候。

明治四年に文部省が設置され、東京中心の文教政策が実施される過程で、大阪で学びたいとの当初の意識は変化し、東京でグリフィス、リッテル等と接触しながら、アトキンソンやジュエット（F. F. Jewett）から直接、西欧自然科学の素晴しさを教えられ、アトキンソンに師事することになった。

## 三　留学のことなど

ところで、久原は東京大学卒業前からドイツ留学を希望していたが、国内政情不安のためにむずかしく、卒業後も待命中となっていた。まもなく明治十一年（一八七八）三月十一日の手紙では、アトキンソンの推挙により「大学ノ助教」を拝命したと述べている。その後、アトキンソンの一時帰国中はその代理を命ぜられ多忙をきわめたが、明治十二年四月十四日の手紙にアメリカ留学が決まったいきさつを詳しく述べている。

学力優等ノ者一人ヲ撰挙シテ同校（ジョンスホプキンス大学）へ差シ遣サバ、可燃教育シテ一人ノ大学者ヲ仕立可遣様、我文部省へ申来タリ候処、即チ数多ノ卒業生中ヨリ文部省ハ私ヲ撰挙シテ内達スルニ、私へ必ズ留学致シ呉レトノ内談、且ツ大学校長加藤氏ヨリモ懇々勧メモ有之候。

このような勧めにより、久原は明治十二年八月、ジョンスホプキンス大学に特別奨学生として留学し、サッカリンの発見者として有名なレムセン（I. Remsen）に師事し、有機化学を研究した。[2・3] 明治十四年六月には大学の「褒称学員」に推せられ、まもなくエール大学で「博士ノ試験ヲ受ルニ要用」な金石（鉱物学）を学んだ。同年八月二十五日の手紙では希望に満ちて、次のように書いている。

博士ノ学位申シ受クルヤ否ヤ、直ニ当国ヲ発シ欧州へ罷越シ、化学ノ本国ニシテ学者ノ巣窟タル独逸国へ渡リ、ミュンヘント申ス処ノ大学校ノ教師バイエル（J. F. W. A. Baeyer）氏ト申人ニテ世界ノ大化学者ノ一人タル人物ニ面会シ、中略、同氏ヨリ少シク伝授ヲ受ケ、愈々化学ノ奥義ヲ極メテ帰朝仕度候。

しかし、ドイツ巡回の件は久原の東京大学卒業前からの夢であったが、病を得て早期帰国の運びとなり、別の機会をまたねばならなかった。同年十月十三日の書面で、「殊ニ昨週博士学位申受ノ試験ヲ相受ケ候」と述べ、学位授与の内諾を得て帰国した。帰国後の明治十五年（一八八二）一月二十四日の便りでは、理学博士（Ph. D）の「学位ノ証明書到着仕候」、「実ニ一身ノ栄誉ノミナラズ幾分カ久原家ノ面目ナリ」と記している。

以上のように父宗甫宛の手紙でみる限り、久原は十七歳ですでに化学志望を固めていた。この志向は徐々に深められ、アトキンソンの指導を得るに至り、さらにレムセンに師事して開花したといえる。その後の久原は、京都帝国大学創設の機会に巡り会い、彼の本格的研究を通じて、京都帝国大学の化学の基礎を実験による実証に求め、とくに理論的観点から研究テーマを選び、化学反応の研究に重きをおいた。

### 文献と注記


(1) 藤井清久『化学史研究』二号、一一頁（一九七四年）
(2) 後藤良造『化学史研究』一二号、二〇頁および一三号、一四頁（一九八〇年）
(3) 後藤良造「久原躬弦」、『日本の基礎化学の歴史的背景』五四～六五頁（京都大学理学部化学・日本の基礎化学研究会編、一九八四年）
(4) 徳元琴代『サジアトーレ』一三号、五二頁（一九八四年）
(5) 塚原徳道編『久原躬弦書簡集』（津山洋学資料館、一九八七年）
(6) 治郎丸憲三『箕作秋坪とその周辺』（箕作秋坪伝記刊行会、一九七〇年）および『津山洋学、資料第六集』三四～九九頁（津山洋学資料館、一九八〇年）
(7) 藤田英夫『神戸史談』二五五号、一頁（一九八四年、第二部第五章第二節に収録）および中谷一正『神戸史談』二五五号、四三頁（一九八四年）
(8) 津山洋学資料館所蔵
(9) 藤田英夫『化学史研究』二九号、一三四頁（一九八四年、第二部第三章に収録）
(10) 藤田英夫「幕末期の化学」「化学史からみた大阪舎密局」ほか、『日本の基礎化学の歴史的背景』一～四九頁（京都大学理学部化学・日本の基礎化学研究会編、一九八四年、第一部に収録）


〔『化学教育（現・化学と教育）』第三三巻六号（一九八五年）所収、改稿〕

## 第三節　京都舎密局の三表札

### 一　化学教室の表札から三表札の謎へ

一つの例として恐縮であるが、京都大学教養部化学教室[1]の表札は、約二十年前から現在（一九九二年）までどこにも掲げられていない。しかし、三十二番階段教室につながる木造建築がある間は、墨字で書かれた「化学教室」なる木の表札が掲げられていた。現在、この表札は総合人間学部図書館の資料室に安置されているが、第三高等学校の化学教室以来のものである。

このように、一つの表札のもつ歴史的重みは、歳月を経れば経るほど増してきて、やがては謎の表札となることもある。ここで取り上げる京都舎密局の表札は、存在を知られているにもかかわらず[2]、未解決の表札である。しかも、三枚の表札が存在したと思われるので、個々の科学史的関連性を調べながら、それぞれの帰属場所・時代を考察してみたい。

### 二　京都舎密局と明石博高

はじめに、誤解を避けるため初歩的なことであるが、大阪舎密局と京都舎密局との違いを述べておこう。大阪舎密局は、明治二年（一八六九）に創設された政府主管の大学形態の高等専門学校で、十数回の複雑な変遷を経て、京都市左京区吉田の地へ移転してきて、三高、京大へとつながっている[3・4]。

京都舎密局は、槇村正直（一八三四～九六）[5]、山本覚馬《かくま》（一八二八～九二）[6]、明石博高《ひろあきら》（一八三九～一九一〇）の尽力で明治三年に開設された。明治前期の京都において、学問・文化・産業を高揚させたばかりでなく、京都府独自の近代化施策の中心的な施設であった[7・8・9]。

京都舎密局の現存する二枚の表札は、明石家が博高の孫に当る博吉名義で、京都府立総合資料館へ寄贈されたものである[10]。これらの表札の裏面は、あとで述べるように、博高の公私の事業と深い関連が想像される。京都舎密局の創始者でもあり、青年・壮年期を舎密局事業に傾倒し尽した博高の略歴は、すでに第一部の第四章において詳しく概説したところである。なかでも、お雇い教師ヘールツ（A.J.C.Geerts, 一八四三～八三）[11]やワグネル（G.Wagner, 一八三一～九二）[12]の薫陶は、京都舎密局事業の急速な進展をもたらしたといえる。博高は、学術形成過程で多くの師に恵まれたが、とりわけ、新宮凉庭《りょうてい》（一七八七～一八五四）の学問所・順正[13]につながる二代目の凉閣の影響が多大であったようである。

開設期の京都舎密局は、現在の新築なった京都ホテルの一角に仮局があった。その後まもなく、ホテルフジタの全域が各種の製造所区域となり、京都市立銅駝美術工芸高等学校の位置には正堂に当る本局があった[14]。ではどのようなものが残っており、当時の事業内容とどのように関係するかを考察しておきたい。

いくつかの版木が残っている[15]。『試験告示』、化学実験の装置（レトルト）図、『山城の炭酸泉』の表紙図などがあり、山城相楽郡の『鉱泉定性分析表』とそれを説明した小冊子の版木は、片側がオランダ語の対照文で構成されている。もう一つの版木は、『善性白粉』に関するもので、ワグネルの指導で製造された新しい「おしろい」の効用書きである。「明治十二年三月」の刻印がある。この「白粉」の製造工程を視察したアトキンソン（R.W.Atkinson, 一八五〇～一九二九）[16]の報告が『理化集談』に載っており、興味深い一文である。[17]

芦屋市の明石家の所蔵品には『明治文化と明石博高翁』[7]に掲載されているかなりのものがある。[18]その一つとして孔雀をあしらった七宝焼き（琺瑯《ほうろう》、セラミック）板は、A4サイズ相当の黒木額に納められている。白黒写真しかない時代に収録されているが、本物はコバルトブルーが鮮やかな芸術作品である（口絵第6図）。額裏には、「ドイツ国皇孫（ハイリッヒ）殿下に献上。ワグネル博士が京都舎密局で製作　明治十三年三月　明石博高　識」と記されている。ハイリッヒ殿下の入洛は明治十二年（一八七九）十月である。そのときの土産として、ワグネルが七宝の琺瑯板を二枚製作し、一枚を献上して、二枚目のものを博高に贈呈したのであろう。

## 三　三つの表札とその帰属

ここでは、京都舎密局の三つの表札に関する研究成果をまとめてみよう。[19]もともと、著者は大阪舎密局を京大前史の立場から調べており、[3・4]「舎密局」という表札の写真[2]を初めて見て以来、興味と関心をもってきた。というのも、神戸大学医学部のルーツに当る神戸病院の写真（口絵第13・14・15・16図）を発掘して、「病院」「Hospital」の表札まで解読し終えたときであった。[20]もしや、大阪舎密局のものかも知れぬという希望と期待のようなものがあった。

第31図は、よく引用される京都舎密局正堂の写真[2・7・9]を門柱について部分拡大したものである。写真全体の風景から明治六年（一八七三）の新築期の記念写真とみられる。もし、司薬場併設期のものであれば、もう一方の門柱にその表示があったはずであるが、よくみてもなんの表示もない。第31図の門柱の文字は、一目瞭

然とはいかないが、五文字の配列が予想され、「京都舎密局」と推定・解読できよう。これが一枚目の表札である。

つぎに、現存する大小の表札は、厳密には明石国助（染人）家から、本家厚明の長男・博吉の名義で寄贈された。[10] なお、染人は日本染織史関係の著書が多い。[21] さて、「舎密局」と毛筆で書かれた小さい表札（第32図のa）は、縦五九×横一五チセンであり、かなり傷んでいる。大きい表札（第32図のb）は、縦八九×横二七チセン×厚さ二チセンであるが、「舎密局」の墨字はやや薄くなっている。これら二枚の表札には裏書きがあり、興

第31図　京都舎密局正堂の門柱部位の拡大写真

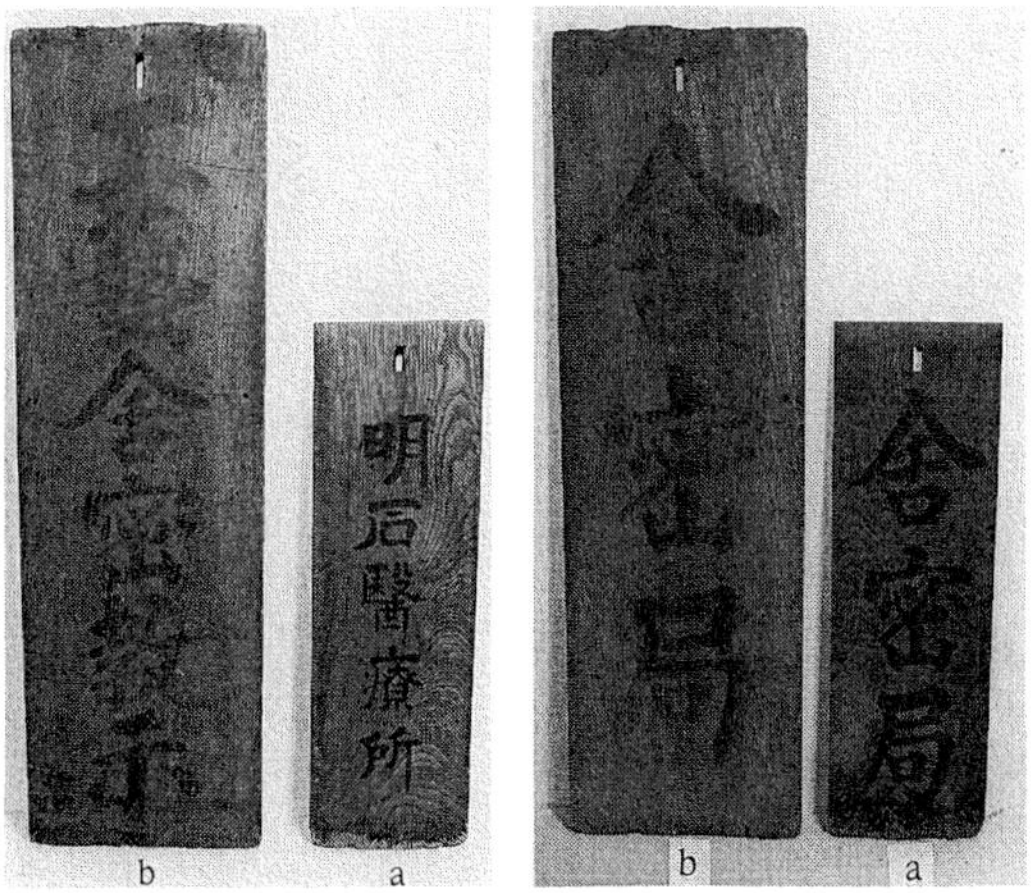

第32・33図　舎密局の大小の表札〔表㊨と裏㊧〕

味を引くものである。まず、大きい表札の裏面（第33図のb）には、「工芸舎密教示」と記されている。小さい表札の裏（第33図のa）は、「明石医療所」と書かれている。これらの墨字は濃淡の差はあるが、過去の保存状況からして、同一人物の筆によると推定され、恐らく博高の直筆であろう。小さい表札は、表裏ともよく使われた感じで傷みがきつい。この方の「舎密局」は、明治三年の仮局時代に掲げられたと考えられる。ここで、明治十二年調べの「京都舎密局実測図」[14]を参考にすれば、大きい方の「舎密局」は明治五年に完成した製造所のうちの一つに掲げ、分局として使用したのではないか。正堂が竣工したとき、先に述べた「京都舎密局」が表示され、分局の方は裏面の「工芸舎密教示」と表示替えされた可能性が考えられる。また、ワグネル招聘時代に舎密局内の化学校で、化学一般を教授したといわれるので、その建物に「工芸舎密教示」と掲げられたとも考えられる。「明石医療所」については、博高が洛中で余生を送るときの糧として、自宅で医術を施したといわれるので、京大総合人間学部の東隣の吉田中大路町時代の明石診療所の表札と推定できる。

ここで、明治十四年（一八八一）八月現在の「京都細覧図」（口絵第7図）によれば、二条河原町界隈の絵図として、鴨川の畔に白枠で「舎密局」と記されている、変貌を告げかける京都舎密局であるが、この時期にはまだ本局での事業が営まれていたようである。なお、明治十六年の「改正明治京都明細地図」[22]では、舎密局本局区域を「化学校」と表示され、製造所区域（現在のホテルフジタ）を「舎密所」と表示されている。

ところで、一九八四年頃に発掘された明治二十九年（一八九六）の銅駝地区の谷口家文書[23]によれば、製造所、染殿はすでになく、別の建物が建っている。市中の米屋さんが「既設製造所の水路」を京都府から借用し、再整備して水車で精米作業を計画・実行したものであるが、逆に、舎密局時代の製造所でも水車が動力として使われていたことを示唆している。また、現在の島津資料館前の道には軌道があり、チンチン電車が走っていたようである。

本節で述べてきたように、京都舎密局の表札は、写真として保存されている「京都舎密局」と大小二枚の「舎密局」という表札がある。後者はそれぞれの裏面に「工芸舎密教示」「明石医療所」と記されている。小さい表札は明治三年（一八七〇）の仮局時代、大きい表札は明治五年頃、よく知られている写真保存のものは明治六年頃と推定される。大小の表札が明石家に保存されていた事実は、裏面表示とも関連して、またそれらの傷み具合からみて、舎密局の一角なり、また明石家で永らく表示使用されていたことを物語っている。いずれにしても、博高は終生を京都に捧げ、科学、医薬、産業の発展に尽したわけであるが、三つの表札、とくに大小二枚の表札の表裏の筆跡は、彼自身を物語っているばかりではなく、明治前期の京都の科学史的な遺産を象徴しているといえる。

### 文献と注記

（1）京都大学教養部は、総合人間学部に改組（一九九二年十月一日）され、化学教室は自然環境学科物質環境論講座に継承された。スタッフの一部は、大学院人間・環境学研究科（一九九一年四月一日新設）等へ割愛（移籍）された。

（2）衣笠安喜『京都府の教育史』二五五頁（思文閣出版、一九八三年）

（3）藤田英夫『化学史研究』二九号、一三四〜四五頁（一九八四年、第三章に収録）

（4）藤田英夫『化学と教育』第三七巻、四七七〜八一頁（一九八九年、第一章に収録）

(5) 寺尾宏二『明治初期京都経済史』二二一〜三六頁（大雅堂、一九四三年）
(6) 青山霞村編『改訂増補　山本覚馬伝』三二〜一八六頁（京都ライトハウス、一九七六年）
(7) 田中緑紅『明治文化と明石博高翁』一〜二五〇頁（明石博高翁顕彰会、一九四二年）
(8) 藤田英夫「幕末期の化学」「化学史からみた大阪舎密局」ほか、『日本の基礎化学の歴史的背景』一〜四九頁（京大理学部化学教室同書研究会編、一九八四年、第一部に収録）
(9) 立入明『化学史研究』三三号、一九三〜二〇〇頁（一九八五年）
(10) 明石博高の次男・厚明家と厚明の末弟・国助（染人）家に博高の遺品が保存されていた。染人家に一時保管されていた分が京都府立総合資料館へ寄贈されたという。
(11) 川城巌編『国立衛生試験所百年史』三五頁（国立衛生試験所、一九七五年）
(12) 寄田哲夫『香川大学教育学部研究報告』第七七号、五三〜六八頁（一九八九年）、第七八号、一〜二五頁（一九九〇年）。
(13) 山本四郎『新宮涼庭伝』一〜二八八頁（ミネルヴァ書房、一九六八年）
(14) 前掲（7）の五四頁および（9）が参考になる。
(15) 版木類も表札と同じく、博吉名義で京都府立総合資料館に寄贈されている。
(16) 広田鋼蔵『明治の化学――その抗争と苦渋』、二四頁（東京化学同人、一九八八年）
(17) アトキンソン『理化集談』第二八号、三二八〜三三頁（一八七九年）第二九号、三四二〜四頁（一八七九年）
(18) 芦屋市の（故）博吉氏宅の訪問は、直接的には「明石医療所」の表札が京都のどこの住まい（町）のときに掲げられたかを知る手掛かりを得ることであった。当時（一九八九年九月十五日）の調査では確証が得られなかったが、前掲（7）を作成する原稿や「綜芸」「萬化堂」等の額面、遺品の披露を受け、博高の高潔な人格に接した思いを印象づけられた。
(19) 藤田英夫、日本化学会第五三秋季年会（名古屋）講演要旨集、四S一〇（一九八六年）、一九九〇年度化学史研究発表会、『化学史研究』第一七巻五二号、一四五頁（一九九〇年）

(20) 藤田英夫『神戸史談』第二五五号、一〜一〇頁、（一九八四年、第五章中の第三節に収録）

(21) 例えば、明石染人『染織文様史の研究』、（思文閣出版、一八三一年）

(22) 京都市水道局の琵琶湖疏水記念館展示所蔵。

(23) 「京都府指令警第一七二号　京都市上京区二条通木屋町東入ル　谷口政吉　明治二十九年十二月五日付届出既設製造所ノ件認可ス　明治三十年一月十八日「京都府知事男爵山田信道」を主文とする。契約書、「計画説明並工事方法書」、「水路実測平面図」、「暗渠構造図」、「谷口水車引用水路縦断面図」等からなっている。銅駝史談会例会で、谷口家の方が披露された。

〔『科学史研究』第Ⅱ期・第三一巻（一九九二年）所収、改稿〕

# 第五章　写真が取り持つ縁について

## 第一節　宇都宮三郎年譜とハラタマ居宅の一、二の問題点

### 一　二人の出合いについて

人の出合いは不思議なものである。一九八二年の初夏のこと、丸山和博氏（京大教授）の紹介で雲の上の人と思っていた後藤良造氏（京大名誉教授）と面会することになり、気がつけば小冊子の上梓となったが[1]、まもなく永久の別れを告げることになった。化学史に興味を持つようになってからは、とみに人の出合いが大切になってきたように思う。一九八七年五月下旬だった。椎原庸氏[2]が出版されて間もない“Leraar onder de Japabbers, Brewven van Dr. K. W. Gratama Betreffende zijn Verblif in Japan, 1866-1871”（ハラタマのオランダ語版[3]）を見せて下さった。まず、その本のカバーの扉写真に注目した（口絵第10図）。しょんぼりしているハラタマの横の羽振りよい侍（武士）は誰であるか。いろいろ調べた結果、慶応三～四年（一八六七～八）の宇都宮鉱之進（のち三郎と改名、一八三四～一九〇二）であるとわかった[4]。もともと、宇都宮は秘密の多い方である。その最大のポイントは自ら執筆に直接関与せず、『宇都宮氏経歴談[5]』のように他人の手

を借りていることである。つぎに、ハラタマにも何かの秘密があったのかも知れないと、心ならずも思うわけで、オランダ語版を調べてきた。なぜならば、いくども述べてきた大阪舎密局の開校記念写真（口絵第9図）では、ハラタマの左右に三崎嘯輔と宇都宮三郎がいるのに、宇都宮についてはほとんど関知されていないわけである。また最近、ハラタマの日本語版がようやく出版されたので、[6]ハラタマについての、とりわけ彼の居宅の検証がしやすくなってきた。

## 二　宇都宮三郎年譜の補足

最近、宇都宮三郎年譜が二か所で遂次公表されている。一つは、若き頃から先鞭をつけられてきた道家達将氏によるもので、『化学と教育』に略年譜として紹介された。[7]二つ目は、晩年、著者との文通をいただいた竹内清和氏[8]による『郷土文化』（名古屋郷土文化会）に掲載された詳細な年譜である。[9]前者については雑誌の性格上、簡潔にまとめなければならず、過分なことを述べるわけにはいかない。ここでは後者の文献の補足をし、一、二の問題点を挙げておきたい。まず気になる記述として、「鉱之進の主唱によって開成所にハラタマを招請すること決定」および「大阪舎密局は（中略）維新による運営方針の相つぐ改変により、運営推進は混乱した。又よきせぬ鉱之進の病気も混乱の原因の一つといえよう」とのもっともらしい説明と、ハラタマの教育活動について「維新による混乱のため期待した活躍ができなかったのは残念」との主観的な記述である。[9]宇都宮を恋しく思う気持ちはわかるが、正当な歴史的事実を曲げてはいけない。幕末の江戸ではまさに混乱し、ハラタマにとって無駄な日々であったかも知れないが、大阪舎密局では困難を克服しながら、すでにいくども述べたような輝かしい足跡を残しているのである。おそらく竹内氏がご存命ならば、さらに詳しく調べられて正当な単行本となっていたはずであり、惜しまれるわけである。

つぎに一般的なことであるが、宇都宮の人柄を引用しておこう[10]。

宇都宮先生は尾陽の傑士なり。経歴談を読んで窺えば豪胆なる如く、細心なる如く、君子なるが如く、武人なるが如く、奇人なるが如く、学者なるが如く、人をしてほとんど端倪する所を知らざらしむ。

彼は砲術家、蘭学者、兵術家、化学者、教育者、冶金技術者であり、弁舌爽やかな社交家でもあったが、時には口が回りすぎて失敗することもあったようである。大変な博識であり、実行力もあり、人当たりがよいので多くの人に親しまれ、殿様方にも才能を認められ、その結果として金回りも甚だ良かったようである。尾張の人はケチだといわれるが、彼は金銭に執着せず、朋輩、祖先、公けのためにも出費をおしまなかった。

彼は天保五年（一八三四）十月、名古屋の尾張藩士、神谷半右衛門の三男として生まれた。安政元年（一八五四）藩より選ばれて江戸へ遊学し、砲術、舎密学に興味を持つ。しだいに尾張藩の封建制がいやになり、安政四年（一八五七）脱藩し、浪人となる。文久二年（一八六二）洋所調所精煉方に出仕するが、翌年洋書調所は開成所となり、宇都宮は精煉方を化学方と改称するように提唱した。慶応に入って病を得て療養の身となる。ハラタマの江戸転勤時には診察を受けているので、快方なった頃に口絵第10図の撮影となったのかも知れない。その後病状は悪化し、明治元年（一八六八）十一月には「解剖願ひ書」を提出。しかし翌年には、大変やつれた姿であるが前述の通り大阪舎密局の開校記念写真（口絵第９図）に登場しているわけである。八月には宇都宮から献体解剖制度を教えられた美幾《みき》女の解剖が実施される[11]。宇都宮は間もなく貞と結婚し、大学中助教、大学大助教、文部大助教、文部少教授と登り詰めるが、明治五年五月には工部省勤務となり、本来の実力を発揮することになる。いうまでもなくセメントの製造、耐火煉瓦の製造などの大きな功績がある。明治十七年九月には病気のため依願退官する。その後は酒造改良研究を中心として地域の発展に寄与したが、明治三十五年七月に六十九歳でなくなった。

ところで、工部省官吏としての活躍とともに、明治十三年一月からは、創設された交詢社における活動も注目できる。福沢諭吉を中心とした役人、学者、財界の一流人物を集めて発足し、『交詢雑誌』を毎月三回発行し、学術、産業、文化の啓蒙に努めた。ここで、第二部第二章で紹介した明治十年十月二十七日創刊の『理化土曜集談』が明治十二年十月二十五日の『理化集談』（第三三号）で、突然不明の終刊となっていたことを思い起こしてほしい。とくに第三一号で予告した後、第三二・三三号において、宇都宮三郎の「市街ヲ清潔ニシテ田野ヲ豊饒ニスル説」「附、人糞并塵芥肥料製造方、農業産物濫出ノ危懼」が口述筆記されて掲載されている[12]。これは西欧視察で得た見聞をもとに、公衆衛生の普及は肥料製造につながり、農産物の増産となるとの論旨である。また、宇都宮はこの雑誌の有力者であったことも確かであり、十三回にわたって深川のセメントの広告を掲載させている。

二八号から編集者が細川貫一から片山遠平に交代し「土曜」の二字がとれ、扉絵も天秤・ビューレットをあしらったもの（口絵第22図）から花図柄（第24図）と一般化していた。その片山も三二号で退き、勧農局に勤めることになった。しかし会員は増え続けていたわけである。にもかかわらず、続けて発刊できなかったなんらかの事情があったのかも知れない。ときあたかも交詢社で前述のような総合雑誌が、宇都宮を中心として企画されており、特殊分野の学会誌的なものから、より広い知識層を対象とする時代的要請が客観的に芽生えていたようにも思われる。いずれにしても、『理化土曜集談』ないしは『理化集談』は、『交詢雑誌』創刊の前座的役割を担うことになったようである。

## 三　ハラタマ居宅の情景

ハラタマ居宅は、大阪開成所全図（口絵第4図）のうち理学所（旧舎密局）部分を紹介したときから[13]、舎密局との関係から興味があり、そのうちに詳しく調べたいと思っていた。幸いハラタマのオランダ語版[3]や日本語版[6]が出版されるにおよび、ハラタマ居宅の情景をよりリアルにしたいと思う次第である。口絵第4図は罫線が強くてみにくいので、第25図の舎密局図のようにハラタマ居宅についても、第34図のように罫線を抜いてトレスを試みた。そして、ハラタマのオランダ語版の手紙に記された記号を挿入した。すなわち、大阪開成所全図の図面とハラタマの手紙（一八六九年七月四日、大阪）の図面は見事によく一致しているわけである。このことはハラタマ居宅の複数の写真[6]によっても傍証されている。一例として、舎密局の風見櫓から撮影した写真（第35図）を転載している。ここで、前述のハラタマの手紙を日本語版[6]から一部を引用する。

> 新しい住居についてお知らせします。この家は長さ二六ヤード（二三・八メートル）、幅九ヤード（八・二メートル）、天井の高さ四ヤード（三・七メートル）です。家の周囲には二ヤード（一・八メートル）幅の回廊がめぐらされています。家と庭の全体の敷地は長さ七二ヤード（六六メートル）、幅五八ヤード（五三メートル）です。庭は直接舎密局の建物へ続いていますので、いざとなればスリッパのままで出勤できます。添付した略図（庭のスケッチは加えていないが、第44図には以下に述べる記号を転記した）で住居と庭の配置がおわかり願えると思います。a：門、b：守衛の住居、c：居間、d：食料貯蔵室、e：博物貴重標本保管室、f：食堂、g：客室、h：浴室、i：便所、l：書斎、m：廊下、n：台所、oとp：使用人部屋、q：馬小屋、r：園亭、s：舎密局への階段、t：鳩小屋、u：土蔵、v：日時計、x：日本家屋、y：日本

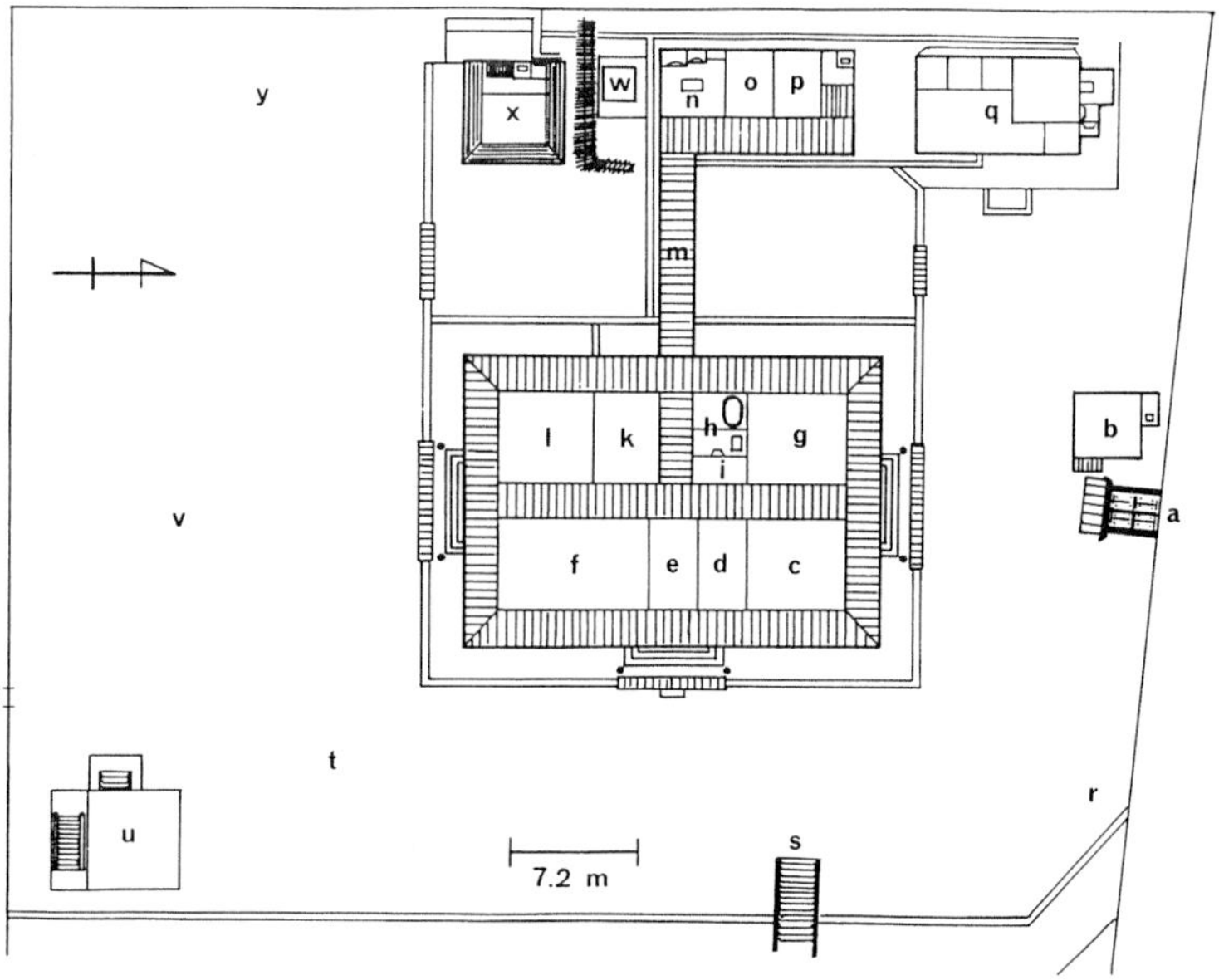


第34図　ハラタマ居宅の略図と使途（口絵第４図の拡大図）

第35図　ハラタマ居宅の当時の写真

庭園、z：板塀門。これで見ておわかりのように、スペースは十分あります。長崎でも江戸でも私はせせこましい場所で我慢してきました。今ここでは自由に振る舞える空間があります。庭については、まだ希望からほど遠い状態です。木は小さすぎてまだほとんど木陰がありません。結構大きな木も植えられたのですが、皆元気がなくなり枯れてしまいました。一年経つと庭の眺めもずっとよくなるであろうと思っています。雨の日はいつも回廊へ出ると新鮮な空気が吸えます。夏にはそんな必要もなく、昼夜窓を開け放っているので新鮮な空気が自由に入ってきます。

このようにハラタマにとって、久しく快適な生活が保証されたわけである。ここで一、二を付け加えると、まず、xの家屋は二階建てのこじんまりとまとまった別邸で、周囲の日本庭園とあわせてみれば憩の場所であったのかも知れない。uの土蔵は舎密局においても二棟あったが、ここでは火災時の家具類等の緊急搬入場所であったようである。いずれにしてもこの居宅は、ハラタマ以後においても第一番教師館として長らく愛用された。この建物は、その後舎密局の建物と共に大阪司薬場として使用されていたが、明治十三年（一八八〇）に大阪開成所の後身校に当たる大阪中学校に返却された時の司薬場平面図においても当時の面影は残っていたわけである。[14] たとえば、守衛の住居と馬小屋はなくなっていたがそのほかは変化がなく、第一番教師館、建坪百六十五坪五合となっていた。以上述べてきたハラタマ居宅は、明治初年のお雇い教師の一つのモデル住宅であったことはまちがいなく、日本の近代化政策との関連からも記録に値するものである。

## 文献と注記

（1）『日本の基礎化学の歴史的背景』（京都大学理学部化学教室、一九八四年、第一部に収録）を編纂するに当たり、協力を要請されたもので、当時、約二年間は化学史の調査に没頭したものである。

（2）一九八五年頃、児嶋眞平教授（現京都大学総合人間学部長）の紹介がきっかけとなり、いくどかの来訪を受けた。関連する主なものは、椎原庸「日本に初めて近代化学を伝えた男、ハラタマ」、『化学』四三巻九～一一号（化学同人、一九八八年）、I. Shihara and M. McAbee, 'Western Chemistry Comes to Japan', Chem. Engineer. News, 26-40, Octob. 31 (1988)。

（3）本書は一九八七年にオランダのアムステルダムのDe Bataafsche Leeuwから出版された。当時早速、オランダに直接、十冊ばかり注文して同好の方にもみていただいた。

（4）藤田英夫「お雇いの化学から」『化学と工業』四一巻二号、一六三頁（一九八八）。宇都宮三郎の肖像は『我等の化学』第六巻一号（一九三三年）の表紙画ともなっており、同誌の本文二〇～七頁に略伝が掲載されている。

（5）本書は交詢社から明治三十五年に、増補版は汲古会から昭和七年に出版されている。

（6）芝哲夫『オランダ人の見た幕末・明治の日本　化学者ハラタマ書簡集』（菜根出版、一九九三年）

（7）道家達将「幕末・明治初期の化学技術者、宇都宮三郎ゆかりの地を訪ねて」、『化学と教育』三九巻、五四～八頁（一九九一）。

（8）竹内清和「宇都宮三郎年譜」、『郷土文化』五巻二号、二二～九頁（一九八九年）

（9）前掲（8）の二四頁。

（10）前掲（5）の序文、福沢諭吉の長男一太郎による。

（11）この辺の事情は、渡辺淳一の小説『白き旅立ち』（新潮社、一九七九年）に詳しく描かれている。

（12）この雑誌は大阪舎密局・理学所でハラタマやリッテルの教えを受けた人々がリッテルの一周忌を記念して、論説を編集発刊したのがはじまりである。宇都宮は当初から、少なくとも広告面から深く関与していた。

（13）藤田英夫「大阪舎密局の化学史的遺産に関する一考察」、『化学史研究』第二九号、一三四～一四五頁（一九八四年、第三章に収録）

（14）　京都大学総合人間学部図書館舎密局・三高資料室所蔵、「此建家大阪司薬場ヨリ請取未済ニ付各室所未定、明治十三年調べ」との平面図がある。

## 第二節　明治初期の神戸病院

### 一　謎の四枚の写真とヴェダー

神戸病院の写真（口絵第13・14・15・16図）は、長らく不詳の写真として扱われてきた。この写真の所在を著者が知ったのは一九八〇年のことである。当時、現在の京都大学総合人間学部自然環境学科物質環境論講座（旧教養部化学教室）が第三高等学校時代から所蔵している白金坩堝と、その保管箱の「白金器入函、化學實驗場」（口絵第5図）との毛筆表記に深い感銘を覚え、現在の総合人間学部図書館の舎密局・三高資料室所蔵の古文書類との照合調査をはじめかけていた。[1] その頃に不詳の四枚の六つ切り写真の存在を知ったわけである。[2]

一方、大阪舎密局開校記念写真（明治二年五月一日、口絵第9図）[3] に登場する十三名の人物のうち、従来の説[4]、最近の説[5]に対して、なお疑問とする人物が四名あった。そのうち二名は外国人であり、アメリカの領事関係者とイギリスの領事[6]であった。前者は後述するが、残りの二名についても新規に確定された。[7]

ところで、一九八三年十月十五日に化学史研究会の年会があり、（故）仁田勇阪大名誉教授が特別講演をされた。この講演は教授の最後の講演となったわけであるが、とりわけ、仁田教授の母方の三宅秀《ひいづ》が「A. M. Vedderという米国の軍医あがりの医者の塾で医学を勉強しております。ここでVedderに英語の専門書を読むことを教わり、実用英語を身につけたわけです」とのお話しが印象に残っている。[8] 以後、Vedderとは何者かと思案をしていた。そんなある日、「あの外人百二十年ぶり判明」との記事と写真がある新聞に掲載された。[9] その記事を読むと仁田教授のお話しとも通じ、ヴェダー（Vedder）の写真（第36図）は、前述のアメリカ領事関係者に相当すると判別できた。さらにヴェダーに関連して、不詳の四枚の写真は神戸の風景、神戸病院かもしれぬと推考するに至った。[10]

## 二　神戸病院の写真と略史

改めて不詳の写真を検討したところ、神戸病院との確信を高めた。一枚の写真（口絵第14図）から一隅に立っている道標に注目したところ、「左　再山道」との文字が読み取れた（第37図）。さらに別の一枚には（口絵第13図）「病院」と表記した看板があることに気づいた。とくに問題の道標は、今日でも街の片隅に残っているのではないかと思えてきた。[11]

第36図　来日当時のヴェダー

そこで確証を得るため、一九八四年一月二十八日、マイカーで神戸市中央区下山手通八丁目へ出向いた。二十分、三十分とぐるぐる走ったり歩いたりして調べた。夕暮れにさしかかり、今日は駄目かなと思いつつ、なお一隅を捜し歩いた。そのとき目前に、立派な、しかもずばりの道標を見出した（第38図）。「左　再山道」。夢中で写真を撮った。かつて川本幸民の碑や明石博高の墓石の写真を撮ったときとは異なった喜びがじわじわと湧いてきた。次に感動の醒めないうちに論稿を完結させて、郷土史愛好家に資料を提供しておきたい。なお、阪神大震災でも道標は無事であった。

第37図　口絵第14図の道標の拡大図

第38図　現在の道標

　神戸開港に伴い「一の病院を設置して普く人民の疾病を救治せんと欲す」という計画のもとに、「病院は人命を保助し人種を蕃殖し貧民の病で医薬を得ざるものを救助する道なれば、国家に欠くべからざる要務なり。今茲に神戸に於て官許を請け一院を設け、貴賤の区別なく有病者は来て治療を得さしめ、貧民には医薬を施し聊か救助の一端となさん事を欲す。我と志を同する者不ㇾ管㆓多少㆒納金あらん事を希望する者なり」と呼びかけられた[12]。その結果、多くの有志の協力を得て、八部郡宇治野村（現在の中央区下山手通八丁目）の地、五百四十四坪に洋風の病院が建設された。明治「元年閏四月十日を以て仮病院上棟の式を行ふ。然るに其後一夜偶ま暴風あり、建物之がために壊る。蓋し未熟の施工、其当を得ざるの点ありし者なるべし。終に再び起工し、明治二年四月二十日新築落成して本院の開業を成就したり」の運びとなった[12]。

　このとき伊藤俊輔（博文）によって、初代院長格（教頭）として招聘されたのがアメリカ人の元軍医のヴェダー（神戸ではウェトルと記す）であり、横浜、長州において実績を積んだ立派な医者であった[13]。神戸病院は神戸大学医学部の母体であり、『神戸医科大学史』『神戸市立東山病院史』に論述されているが、特に前者は『神戸開港三十年史』に依拠している[14]。即ち『神戸開港三十年史』のもとになる資料は、あまり多く残っていないようである。ただ最近、ヴェダーについて一、二の新しい資料が見出されている[15]。

## 三　写真の解説

この項では京都大学総合人間学部図書館舎密局・三高資料室が所蔵する残りの二枚の写真を提示し（口絵第15・16図）、前項で示した写真とともに若干の考察を試みる。まず口絵第14図について、道標部分を拡大してみると（第37図）、頭に弘法大師?の座像をいただいた「左　再山道」の文字が明確に読める。この道標は今日でも中央区下山手通八丁目に存立しており（第38図）、現認したところ同一の道標であり、ほぼ同じ位置にある。道標の西側面には「左　婦ったひ山道」とあり、北側面には「願主播州阿閇本庄　梅谷氏」との刻印がある。このことは「再山道」は再度山道を意味し、「度」がないことに建立の時代を感じる。建立主が播磨町の人物である点にも興味があるが、ここでは触れないことにする。いずれにしても道標の現認によって、口絵第14図は神戸の風景であると判った。しかも後方の洋風の建物は、口絵第13・15図と同じである。

口絵第13図をよくみると、門の看板から「病院」との文字が読みとれ（第39図）、横型の看板から「Hospital」との文字跡をオリジナル写真では検出できた。また口絵第16図は一見別物のようであるが、垣根と庭小屋が口絵第14図の右後方に見えるものと同一物であると判別できた。さらに口絵第16図の庭にいる人物のうち一

第39図　口絵第13図の門構えの拡大図

人は、第39図の人物と同じである。帯刀の人物がいることも注目できる。以上の論究から六つ切りの四枚の写真（口絵第13・14・15・16図）は一組であり、明治初期の神戸病院の写真であることが判明した。

## 四　発祥地と写真の時代推定

次に写真の時代推定に関して、もう少し正確を期すことに努める。まず一点は、口絵第14図及び第37図の道標の背後の建物は何であるか。もう一点は、口絵第16図にはかなりの洋船が見えるが、中央付近の寺院の屋根の特徴から、その寺院名を推定できないか。これらの疑問を解くために、現地の街をいくどか探索し、またいくつかの図書館・資料館に足を運び、古文書・古地図と接することに努めた。そのうちいくつかの事例を紹介しておこう。

明治維新前後の神戸の絵図としてよく知られているものに、「兵庫県御免許開港神戸之図（慶応四年戊辰四月新板）」がある。この地図は重要であるので、神戸市立中央図書館所蔵の原図をもとに一部を模写してみた（第40図）。第40図ではすでに「病院」の表示があり、第一の疑問点は御番所であることが判明した。第二の疑問点に関しては、善福寺か極楽寺である。ところで善福寺は鉄道敷設のため、明治四年に長狭通七丁目（現在は下山手通八丁目に含まれる）に移転してきたので、口絵第16図から類推すると善福寺である可能性が高い。なおこの地図には、明治元年八月にできた神戸洋学伝習所が「英学校」（第37図の枠外の右下の箇所、西之町）と表示されている。これは翌二年正月に坂本村へ移り、三年十二月には大阪洋学校（京都大学のもう一つの前身校）と合併され廃止された。さらに翌四年三月には元町の松屋町に神戸洋学校が設けられたが、これも五年七月には明親館に合併された。また天満宮と八幡社は明治八年に合祀走水神社となった。[16]

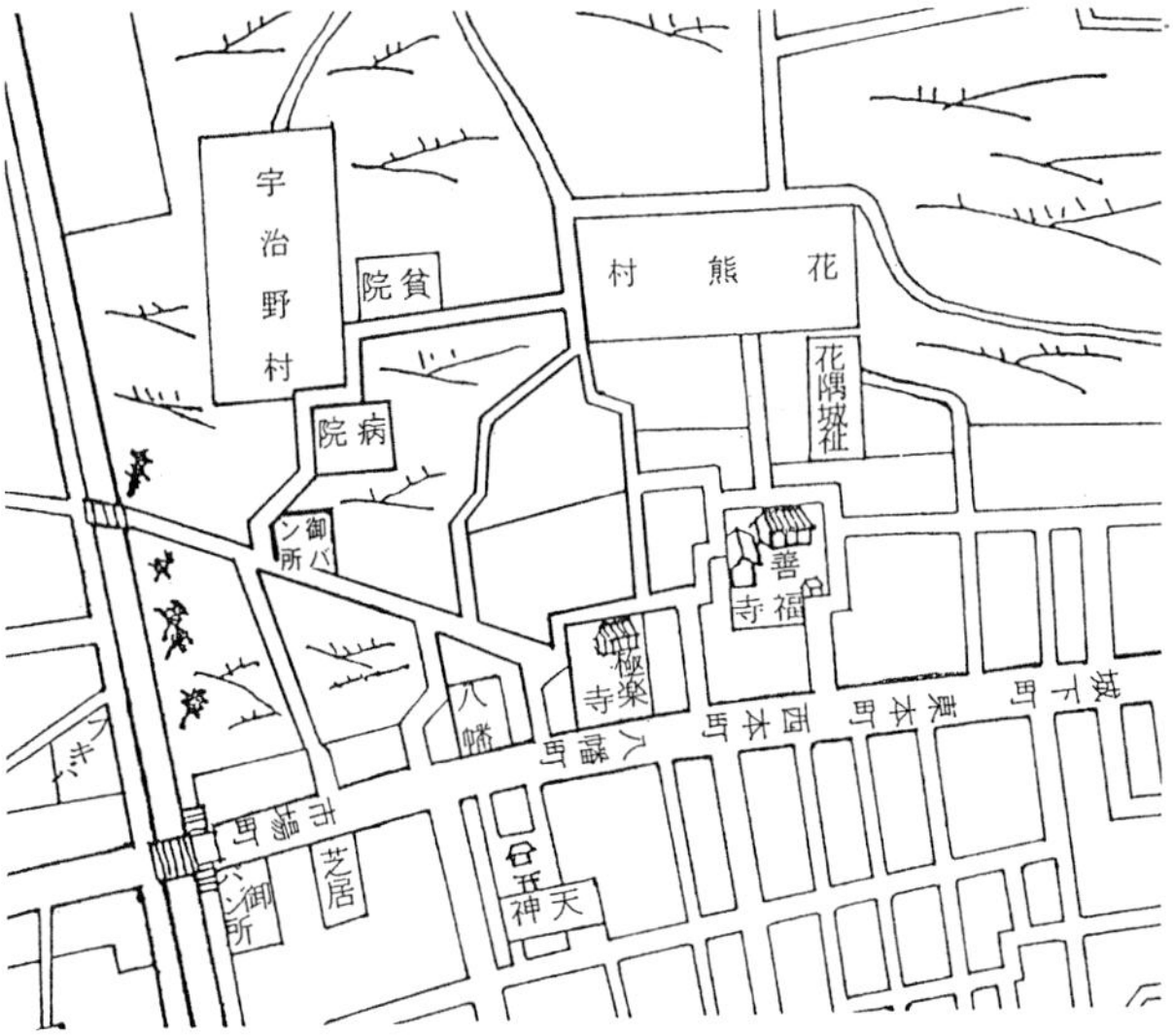


第40図　開港神戸之図の一部分

神戸の開発地図として、「摂州神戸山手取開之図（明治五年壬申八月発板、神戸開港資料館蔵）」を表示しておく（口絵第2図）。この頃から神戸の開発が急速に進み、神戸病院は「大病院」と絵入りで表示されている。鉄道の工事も進んでいることが看取できる。またイギリスの兵庫・大阪領事であったガワーらの永代貸付地がかなりあったことがわかる。

ところで口絵第16図に関する類似のもの（八つ切り）が京都の小石家、究理堂文庫にあり、目録では明治十年頃となっている。[17] この論稿をまとめる時点では実物と照合できないが、二代前の小石第二郎がヘーデンとともに神戸病院に勤めていた頃に入手したものであろう。[18]

ここで、神戸病院の正確な位置を実証するために、

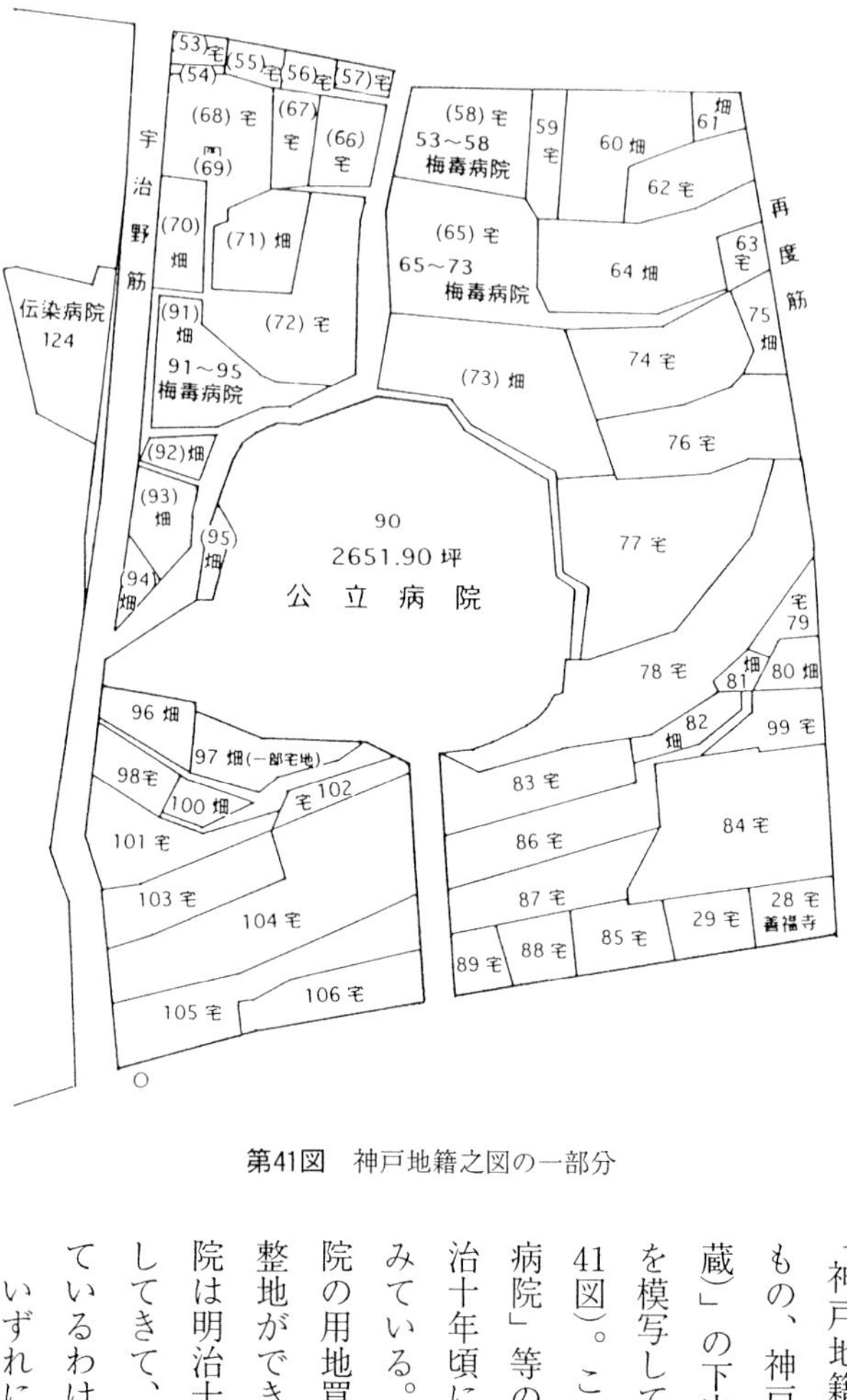


第41図　神戸地籍之図の一部分

「神戸地籍之図（丹羽印付のもの、神戸市立中央図書館所蔵）」の下山手通七丁目の一部を模写して図示しておく（第41図）。この地籍図は、「公立病院」等の表示から見て、明治十年頃に作成されたものとみている。たとえば、梅毒病院の用地買収は終えているが整地ができていない。梅毒病院は明治十一年十二月に引越してきて、新築棟で再開院しているわけである。

いずれにしても第41図を見る限り、口絵第16図の神戸病院の前庭からみえる寺院は、位置的には善福寺（神戸別院、モダン寺の旧建築）であるといえる。ただ口絵第14図の風景とは掛離れているし、帯刀のこと及び善福寺が明治四年に移ってきたことを考慮すべきである。また明治「四年八月花隈村市場町等の民有地、反別七畝二十六歩を購求して門前の道路を修めたり。同五年七月隣近の民地一反六畝二十六歩を購求し、病院の地所合計六反二畝二十六歩となる」との記述などから、[12] 四枚の神戸病院の写真（口絵第13・14・15・16図）は、口絵第2図および第40・41図に表示されている付近の風景であり、明治六年五月に撮ったものであろう。[19] さらに神戸病院に関連して、神戸の街は鉄道の敷設を契機として、急激に開発され発展していく姿が理解できよう。

神戸病院は明治十年二月に公立病院となり、明治十五年十二月には県立病院となった。その後、明治三十三年四月二十五日には、安養寺山麓の現在地（中央区楠町六丁目）に新築移転して、大きく発展していった。

第二節において、四枚一組の神戸病院の明治初期の写真を紹介し、神戸病院の発祥の地（現在の雅叙園ホテル付近）が確定できた。その結果、当時の神戸の面影を理解することができた。これがきっかけとなり、ヴェダーやヘーデンあるいは小石第二郎等の神戸での事跡が明らかになることを切望している。

## 文献と注記

（1） 京都大学の創立は一八九七年であるが、関西における大学の創立は、第三高等学校の諸前身校、とりわけ大阪舎密局の開校以来の悲願であった。舎密は化学と同義語であり、舎密局は化学実験場ともいわれた。理化学を中心とした西欧式実験科学教育の、当時としては最高の高等専門学校であった。

（2） 当時、京都大学教養部図書館閲覧掛長の（故）冨岡平治氏から、「六つ切りの四枚の写真だけ、何の記録もなく、どこの写真なのか不明である」との相談を受けていた。

（3） 愛媛県大洲市立博物館所蔵のものと、舎密局の教頭であったハラタマ（K. W. Gratama）がオランダにもち帰っていたものが見つかっている。

（4） 『神陵小史』（三高同窓会、一九三五年）および緒方銈次郎「舎密局に就いてのかずかず」（三高同窓会『会報』第一一号、一九三九年）

（5） 上田穣「大阪舎密局についての二三の問題点」（『日本洋学史研究』Ⅳ、創元社、一九七八年）、芝哲夫「大

阪舎密局史」（『大阪大学史紀要』創刊号、一九八一年）および「ハラタマと日本の化学」（『化学史研究』一九八二年一号）

（6）イギリスの兵庫・大阪領事ガワー（Abel A. J. Gower, ガールまたはゴウルとも呼ばれていた）。実兄の鉱山技師、エラスマス・ガワー（E. H. M. Gower）も来日していた。

（7）藤田英夫「大阪舎密局の化学史的遺産に関する一考察」（『化学史研究』一九八四年第四号、第三章に収録）

（8）仁田勇「化学史周辺雑感」（『化学史研究』一九八三年四号および『化学』一九八四年二月号）

（9）『毎日新聞』一九八四年一月二十一日付夕刊（ジョセフ彦記念会会長、近盛晴嘉氏の研究紹介）

（10）翌日、大阪大学の芝哲夫教授（名誉教授、化学史学会会長）と一緒に近盛氏をお訪ねして、諸問題について交流しあった。このとき『浄世夫彦』の会誌、第一五・一六号をいただいた。とくに第一五号は神戸病院を論究されており、多くのヒントを得た。

（11）後日、冨岡氏と一緒に再度、近盛氏をお訪ねし、議論を重ねた。お互いに神戸の街の予備知識はあったが、問題の道標の有無は気に止めなかった。その後、もしかするという予測が生まれた。

（12）『神戸開港三十年史』（一八九八年）

（13）ヴェダー「日本における医学の実情に関する所見」（American Journal of Medical Science, Vol. 57, p.43, 1869）。第五章第五節で紹介されている。

（14）『神戸医科大学史』（一九六八年）および『浄世夫彦』第一五号（一九八二年）の近盛氏の論稿。

（15）一八六九年六月十九日付の「ヒューゴ・アンド・オーサカ・ヘラルド」の病院の広告、『神戸の歴史』第六号（一九八二年三月）。注(13)参照。

（16）川嶋右次「神戸元町の懐古」（『禾舟漫筆』九号、一九三五年）

（17）究理堂文庫の当主は小石秀夫教授（現大阪市大名誉教授）。小石家代々の資料は、小石秀夫監修『究理堂の資料と解説』（宮下三郎・多治比郁夫、一九七八年）が詳しい。

（18）小石教授に文庫内を検索していただいたが、そのときは不検出となった。しかし、以前にも資料点検をされており、口絵第16図と「全く同じものと思う」といわれた。

（19）五月との推定は、口絵第14図の麦畑の鑑定を京都大学の掘田満助教授（現鹿児島大学教授、植物分類学）にお願いしたところ、「小麦畑であり、すでに穂が出ている。五月でしょう」との説明によっている。神戸病院では、明治六年一月に解剖所を設置したとなっているので、口絵第14図の左端の上棟中の建物は解剖所の新築を示唆している。

〔『神戸史談』二五五号（一九八四年）所収、改稿〕

**参考年表**

明治二年（一八六九）四月、神戸病院開設される。病院内に医学伝習所を設けた。八部郡宇治野村は、現在の神戸市中央区下山手通八丁目周辺である。

明治十五年（一八八二）四月、医学伝習所は兵庫県立神戸医学校と改称、病院も兵庫県立神戸病院と改められた。

明治三十三年（一九〇〇）四月、神戸市中央区楠町六丁目に移転。

昭和十九年（一九四四）四月、県立医学専門学校設立、県立神戸病院は兵庫県立医学専門学校附属医院と改称。

昭和二十一年（一九四六）、兵庫県立医科大学附属医院と改称。

昭和三十七年（一九六二）二月、兵庫県立神戸医科大学附属病院となった。

昭和三十九年（一九六四）四月、神戸大学に医学部が設立され、県立神戸医科大学の国立移管が開始された。

昭和四十二年（一九六七）六月、神戸大学医学部附属病院と改称し、現在に至っている。

## 第三節　神戸病院総轄・森信一（龍玄）像を求めて

### 一　森信一のふるさとを訪ねて

ふとしたことから歴史の流れのひとこまにスポットをあててみたくなることがある。我々自身、現代社会の中で生きているが、つい先年の先達の歩みでさえ、軽く見逃していることが多い。正確には、見逃しているのではなく、すぐに分からなくなってしまう。一九八四年のある日、大阪舎密局開設記念の一枚の集合写真がもとになり、神戸病院の明治初期の写真を発掘し、[1]多くの方から感動の便りをいただいた。そのとき以来、病院長のヴェダーと総轄の森龍玄の正体をつかみたいと思ってきた。ヴェダーについては、彼の論文を『神戸史談』二六一号（一九八七年八月、本章第五節に収録）において紹介できたが、まだ、生没すら不明である。一方の森龍玄は、神戸病院の実質的な第一人者であったはずであり、日本人であるのに今日まで、資料に遭遇しなかった。

ところが、あることから、下関医師会報のリレー随筆欄の「医師森信一」（一九七二年）という抜刷を著者である森文信先生が届けられた。同時に、森信一の履歴書二種類の写しを拝受した。感無量とは、こういうときの言葉であろう。一気に解読に努めた。ご教示に従い、大阪市阿倍野区の市営南霊園の森信一のお墓にお参りした。また、名神・中国道を通って、岡山の静かな山村である成羽町小泉へも直行した。成羽町教育委員長・森俊夫氏宅を訪ね、案内されるままに元小泉小学校の門前に移設されている顕彰碑をまぶしく見上げたものである（口絵第17図）。さらに、大阪造幣局にも出向き、資料提供の依頼をした。このような過程で、今回紹介する資料が見いだされ、解説にこぎ着けた。

## 二　龍玄と信一は同一人物

では森龍玄が、なぜ信一であるのか（第42図）。正確には森信一は、なぜ龍玄と称したのか。接点は、「慶応四年四月仕兵庫県病院長」との顕彰碑文であり[2]、履歴書(1)の「慶応四年三月十五日外国事務役病院御用掛」「明治二年四月二十二日兵庫県病院総轄」、および履歴書(2)の詳細な文面である[3]。つまり、『神戸開港三十年史』の明治二年四月「森龍玄を取締総括に命ず」、明治三年十二月「森龍玄願に依り本官を免ぜられ」とも合致する。このことから、森信一が神戸病院総轄であったといえる。当時の彼の医師としての称号が龍玄であったとみている。彼は卜隣《ぼくりん》とも号しており、詩人としては辞世にある梅甫の号を用いている。なお、『造幣局沿革志附属・職官』では、造幣権大属　森直文（当未三十歳明治四年十一月）となっている[4]。

つぎに、神戸病院だけが彼のすべてではないことを述べておきたい。はじめに、彼の生年月日について一言触れておく。紹介する四点の資料ごとに異なっている。当時のことでやむをえないが自筆の履歴書(1)や享年から概算すると、天保十三年三月十三日生と思われる。父は文平であり、母は多代である。義弟の淳平

第42図　森信一

（妹キノの婿養子、本家相続）が小泉で明治二十九年二月に顕彰碑を建立している。さて、信一がいかにして医術・医学を学んだかの記録は、まだ入手していないが、その後の出世からみて、「遊長崎従蘭人ボードイン氏学医」との顕彰碑文に注目しよう。つまり、ボードウィン三兄弟が来日しているが[5]、医師のボードウィン（A.F.Bauduin）は、長崎養生所（のち精得館と改称）で文久二年九月から慶応三年五月まで教師を勤めている。さらに、明治二年一月から三年六月まで大阪で医学を教えている。信一は、このボードウィンに長崎養生所で学んだことになり、神戸病院での医師としての出仕に繋がったといえる[6]。また、小泉の森氏宅には、信一が伊藤博文との交流の証しとして、揮毫《きごう》を残していたといわれる。ところで、信一が神戸病院を依願退職し、造幣寮へ移ったのは、大村益次郎の遺言によるとの推測があるが（前出の随筆）、いまのところ傍証に乏しい。むしろ、大村の遺言で、大阪の陸軍病院が明治三年二月に発足しており、信一が明治十年に赴任するのも、何かの縁だったのかも知れない。いずれにしても、彼の人生は変転流転の生きざまであったようである。

## 三　大阪造幣局時代の森信一

信一は、新しい近代的な職業として造幣技師を目指したわけであるが、ここでも波乱に遭遇している。詳しくは、『造幣局百年史』を読んでいただくとして、簡単に当時のお雇い技師とのあつれきを紹介しておく。造幣寮は、明治二年六月二十四日、イギリスの東洋銀行と結んだ兌銀舗《だぎんほ》条約等によって、機械設備は香港造幣局から購入して発足した。造幣技術は、キンドル（T. W. Kinder）造幣首長等が指導したが、キンドルの月給が千四十五ドルという高額であったのに加えて、幹部役人や官員、職工とのあいだにいろいろな紛争が起きた。とくに、キンドル等の満期を翌年に控えた明治七年の夏には、いわゆる自主権回復・寮務改革運動が頂点に達した。すなわち、造幣寮四等出仕長谷川方省、造幣権助久世喜弘・大野直輔、造幣寮六等出仕長谷川為治・三島為嗣、造幣寮七等出仕森信一・足立太郎が連署で、当時の大蔵少輔宛てに建白書を提出した。「粒血再拝頓首頓首」で結ばれた長文なので、要点のみ引用する。

> キンドル氏ノ人トナリヤ粗卒暴戻喜怒常無ク姦計百出職夫ヲ逆使スルコト奴僕ヨリモ甚シク又我官員ヲ視ルコト軽侮至ラサル無シ。中略。彼ノ条約期限明年四月ニ在リト政府宜シク此機ニ乗ジ断然彼レヲ放免シ併セテ東洋銀行ノ依託ヲ解キ外人ヲシテ皆政府ト新ニ条約セシメルハ多年ノ弊害モ一朝洗除シ。

結局、政府を動かし、明治八年二月一日かぎりで、兌銀舗条約は満了し、キンドルの排斥は成功した。新しい雇用契約が結ばれ政府主体に運営される造幣寮になった。すなわち、のちに名をなすガウランド(W. Gowland)などの技師を招く道が開けたわけでもある。このような意味で、造幣寮の困難な時期に七人のサムライの一人として、信一の勇気ある行動は賞賛できる。

その後、西郷隆盛等を征伐する西南戦争が始まると、おそらく医師不足のために、信一は医師として再登用されて大阪鎮台勤務を命じられ、各地の野営にも出向いている。例えば、神戸や有馬温泉にも巡回している。間もなく、鎮台での用務が少なくなり、古巣の造幣局に戻って、技師あるいは行政官として役務に励んだようである。しかし、このころから彼の体調はかなり悪化していたと思われる。とくに、明治二十年頃から病気療養が長く続いており、休職につづく非職満期によって退職していることがそれを物語っている。

信一は、医師として学び、実践活動に励んでいたが、近代化の旗手として造幣技師への転職に成功した。しかし、内戦のあおりで、医術を期待され、転職を百パーセント完遂できなかったようである。あわせて、

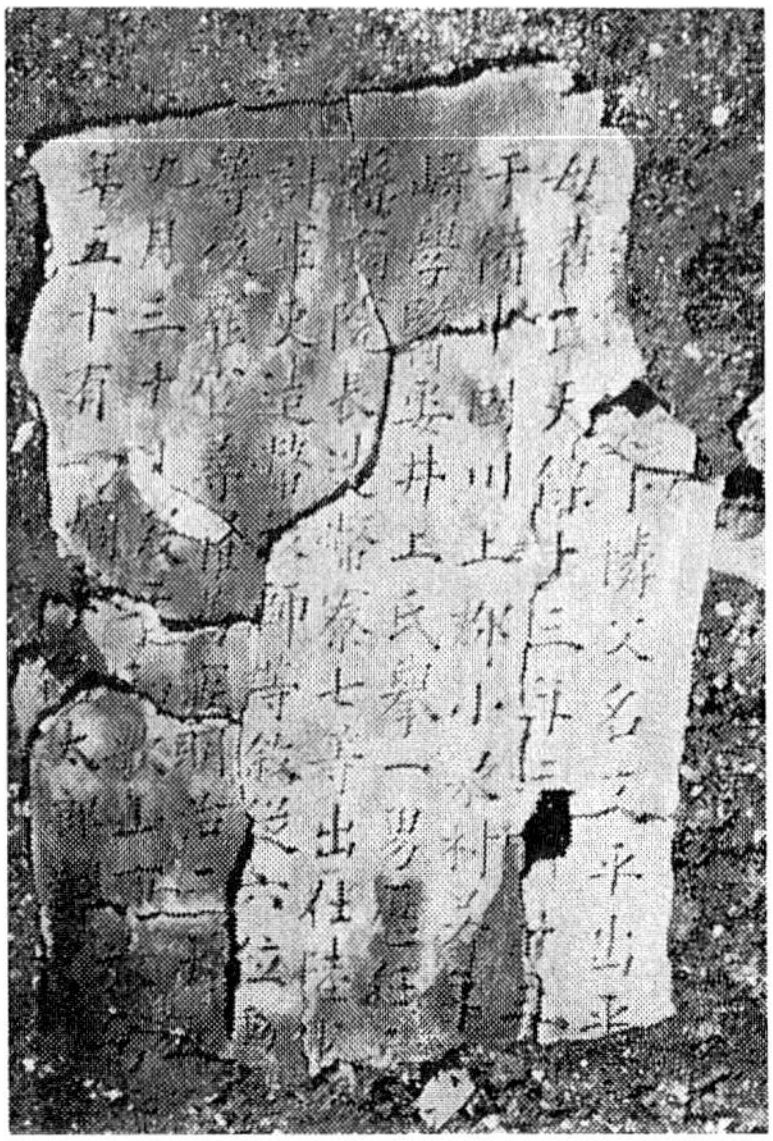

第43図　森信一の墓碑

押し寄せる病に意志半ばにして生涯を、途中で終えたように思われる。彼は明治二十五年九月三十日に和歌山療養所で逝去した。いずれにしても、神戸病院総轄と造幣寮時代の七人の連判状の事跡は、歴史に残る重要な事柄であり、賛えて余りがある。

終わりに、大阪市営南霊園の森信一のお墓は、現在、名義人が半世紀前に亡くなっており、墓石も倒れたままになっている（第43図）。何か適切な保存法を願うものである。

文献と注記

（1）藤田英夫『神戸史談』二五五号（一九八四年、本章第二節に収録）

（2）顕彰碑は、岡山県川上郡成羽町大字小泉の元小泉小学校前に移設されている。墓碑は、息子の信太郎が建立し、「遊長崎学医」「歴任兵庫県病院長」となっている。病院長については、実質的にはそうであったかも知れないが、ヴェダーが病院長とみられており、「病院長に仕え」が正しい。なお、この碑は現在、森文信氏が拾い集めて管理中と聞く。

（3）詳しくは、紹介資料の履歴書(2)を参照。たとえば、「外国事務掛病院御用掛被申付、慶応四年三月十五日、伊藤俊助　口達」「病院御用掛兼外国事務役、御用医被仰付候事」「兵庫県病院総轄申付候事」「依願免本官、庚午十二月」などが参考になる。なお、履歴書(1)は、造幣局資料のコピーを解読しているが、加筆部分以外は自筆とみている。つまり「明治十六年一月四日の御吏」が決定したときに提出したものであろう。

（4）湯本豪一『近代造幣事始め』（駿河台出版、一九八七年）

（5）A・J・ボードウァン／フォス美弥子訳『オランダ領事の幕末維新』（新人物往来社、一九八七年）および石田純郎『江戸のオランダ医』（三省堂、一九八八年）

（6）藤田英夫『神戸史談』二六五号（一九八九年、本章第四節に収録）

《後記》

本稿は、一九八八年三月に完成させていたが、その後、森家の系譜などが判明したので、多少の補正を加えた。小泉の顕彰碑の建碑者の淳平（信一の義弟）のご子孫が高槻市在住の森友伸氏であることを知り、一九八九年十月十日に訪問し、信一の壮年期の写真や晩年の若干の手紙類を拝見させていただいた。

**【資料】**

一、墓碑（第43図、森文信氏所蔵）

森信一号ト隣父名文平出平田氏
母森氏天保十三年三月十三日生
于備中国川上郡小泉村若年遊長
崎学医娶井上氏挙一男歴任兵庫
県病院長造幣寮七等出仕陸軍会
計軍吏造幣技師等叙従六位勲六
等後罷官尋経篤疾明治二十五年
九月三十日没于和歌山市旅寓享
年五十有一　　嗣信太郎建立

森信一は卜隣《ぼくりん》と号した。父の名は文平であり、平田氏より出る。母は森氏。信一は天保十三年三月十三日に、備中川上郡小泉村で生れる。年若くして長崎へ遊学して医学を学んだ。井上氏を娶り一人の男子を生んだ。兵庫県病院長、造幣寮七等出仕で陸軍会計軍吏、造幣技師等を歴任した。従六位勲六等が叙せられた。退職後、間もなく病のために、明治二十五年九月三十日に和歌山市の旅宿で亡くなった。享年は五十一歳であった。

嗣の信太郎が建立した。

（現代訳、著者）

二、顕彰碑（口絵第18図、岡山県成羽町大字小泉、元小泉小学校門前）

（表面）

森信碑

従六位勲六等森信一号卜隣父文平出於
平田氏母森氏天保十〔三〕年三月十三日生于
本村夙遊長崎従蘭人ボードイン氏学医
娶井上氏慶応四年四月仕兵庫県病院長
蓋以本院為本邦病院之嚆《こう》矢後歴任陸軍
会計軍吏大蔵技師及造幣局技師等叙従
六位勲六等一朝経篤疾明治二五年九月
三十日没于和歌山療養所享年五十有一

従六位勲六等森信一は卜隣と号した。父文平は平田氏より出る。母は森氏。信一は天保十〔三〕年三月十三日に本村に生れる。若年で長崎へ遊学し、オランダ人ボードイン氏より医学を学んだ。井上氏を娶った。慶応四年四月、兵庫県病院長に仕えた。思うに、この病院は我国での最初の病院である。後に、陸運会計軍吏、大蔵技師および造幣局技師等を歴任した。従六位勲六等が叙せられた。突然の急病で、明治二十五年九月三十日に和歌山療

養所で亡くなった。享年五十一歳であった。（現代訳、著者）

（裏面）

辞世

梅・・・・香・梅甫

明治二九年春二月

弟

建碑者　森淳平

三、履歴書(1)（森文信氏提供）

履　歴　書

兵庫県平民

森　信一

天保十三年三月十八《ママ》(三)日生

一、慶応四年三月十五日外国事務役病院御用掛に申付

一、明治二年四月二十二日兵庫県病院総轄を申付

一、明治三年六月二十七日に任大学得業生

一、明治三年六月二十七日当分は兵庫県病院に出張を申付

一、同四年二月二十二日造幣大属准席を申付

一、明治四年四月御用に付出京を申付

一、同年七月十三日に任造幣大属

一、同年八月二十五日任造幣権中属

一、同年十月二十四日に任造幣権大属
一、明治五年二月二十六日に免本官造幣寮出仕を申付　月給金七拾円下賜
一、同年六月三日に補造幣寮七等出仕
一、明治七年六月御用に付出京を申付
一、同九年七月三日明治元年兵庫県下病院創立の際篤志の者を勧誘し格別尽力候段奇特之事に候依之其賞別儀目録
之通下賜候事銀盃壱個
一、明治十年二月廃寮
一、明治十年三月六日に補陸軍省八等出仕
一、同年同月同日陸軍省第五局出仕を申付
一、明治十年三月六日会計心得を申付
一、同年同月同日征討別働隊第二旅団附を申付
一、同年同月同日病院課附を申付
一、同年同月十四日征討第二旅団会計病院課附を免征討第二軍団会計病院課附を申付
一、同年同月同日征討別働隊第二旅団附を免軍団会計部附を申付
一、同年十月十五日神戸陸軍運輸局附を申付
一、同年十一月十七日大坂陸軍臨時病院附を申付
一、同年十二月二日京都府及滋賀兵庫両県え出張を申付
一、同年同月十五日御用に付出京を申付
一、同年同月二十四日大坂鎮台附兼大坂陸軍臨時病院附を申付
一、明治十一年二月四日軍団病院課出仕を申付
一、同年六月十日軍吏井上自衛え同舎之儀有之神戸え差遣候事
一、同年九月三十日摂州川辺郡中山寺及有馬湯山町養生所炊事局為見分差遣候事

一、同十二年二月三日司契課出仕兼勤を申付
一、同年三月二十四日兵庫県下播磨三木に於て野営演習施行に付出張を申付
一、同年四月八日任陸軍会計軍吏
一、同年同月同日大坂鎮台病院課出仕を仰付
一、同年四月十五日鹿児島逆徒征討之際尽力其功不少候に付き勲七等に叙し金百円下賜
一、同年七月三日脚気患者転地養生所為取調紀伊国高野山え差遣候事但し往返急行併的途和歌山県庁え可立寄事
一、同年九月十三日会計給与局為取調大津営所及伏見営え出張を仰付
一、同年九月二十二日傷項為策定姫路営所え出張を仰付
一、同年十月十四日大坂鎮台病院課長を仰付
一、同十三年一月二十三日に叙正七位
一、同十三年一月二十六日帰郷療養負傷者病症為診断軍医を差遣候に付為立合和歌山県え差遣候事
一、同年七月三重県下伊勢国亀山地方に於て対抗運動天覧に付を仰付
一、同年八月二十八日大坂鎮台病院課長差免同台計算課長を仰付
一、同十四年三月滋賀県下近江国長谷野に於て野営演習施行に付出張を仰付
一、同十五年四月十日会計事務為取調出京を仰付
一、同年五月十一日大阪鎮台計算課長を差免会計局課僚を仰付
一、同年六月二十四日依願免本官
一、明治十五年八月十五日任一等下等給下賜候事造幣局勤務申付候事
一、明治十五年十二月二十七日上等月給下賜候事十六年一月四日御吏

（以下の記載事項は、造幣局が記入したものである）

一、明治十八年二月十二日任大蔵四等技師四級月俸下賜同月十五日拝受
一、同十九年五月十二日任造幣局四等技師

一、同日叙奏任官四等
一、同日上給俸下賜
一、同十九年五月二十九日叙勲六等
一、同二十年十二月二十二日休職を命ず同二十六日受
一、同二十二年三月三十日非職を命ず
一、明治二十五年三月三十一日非職満期
一、同年七月八日満九年在官に付金四百五拾円下賜

〔明治二十五年九月三十日没、和歌山療養所〕

## 四、履歴書(2)（森文信氏所蔵）

従六位勲六等　森　信　一　殿　履　歴　書

明治二十五年九月二十二日

和歌山市小人町南千二十二番地ニ於テ　森　文蔵　写

履　歴　書

大阪府下摂津国大坂市東区瓦町二丁目百五番屋敷

森　信　一

天保十三年八《ママ》(三)月十八《ママ》(三)日生

一、外国事務掛病院御用掛被申付

慶応四年三月十五日神戸外国事務役所ニ於テ伊藤俊助　口達

一、病院御用掛兼外国事務役所御用医被仰付候事

四月　神戸外国事務役所

一、兵庫県病院総轄申付候事
四月　兵庫県　印　〔明治二年四月二十二日〕

一、任大学得業生
六月　大学　〔明治三年六月二十七日〕

一、当分兵庫県病院ニ出張申付候事
六月　大学　〔明治三年六月二十七日〕

一、依願免本官
庚午十二月　大学　〔明治三年十二月〕

一、御絹壱疋外壱ケ月分官禄右下賜候事
庚午十二月　大学　〔明治三年十二月〕

一、造幣大属准席申付候事
明治四年辛未二月大坂出張　大蔵省　〔明治四年二月二十二日〕

一、御用ニ付出京被申付
大坂出張　大蔵省　口達

一、任造幣大属
辛未大坂出張　大蔵省　〔明治四年七月十三日〕

一、任造幣権中属
辛未八月　大蔵省　〔明治四年八月二十五日〕

一、任造幣権大属
辛未十二月　大蔵省　〔明治四年十二月〕

一、免本官造幣寮出仕申付候事
壬申二月　大蔵省　〔明治五年二月二十六日〕

一、月給七拾円被下候事但八等可為心得事

壬申二月　大蔵省　〔明治五年二月〕

一、造幣寮七等出仕被仰付候事

壬申五月二十二日　太政官　〔明治五年五月二十二日〕

一、御用ニ付出京被申付

造幣寮　口達

一、明治元年兵庫県下病院創立之際篤志者ヲ勧誘シ格別尽力候段奇特之事ニ候依之其賞別儀目録之通下賜候事

銀盃壱個　明治九年六月二十八日　太政官

一、明治十年二月　廃寮被廃官

一、補八等出仕

明治十年三月六日　陸軍省

一、陸軍省第五局出仕被申付

陸軍省　口達

一、征討別動隊第二旅団附申付候事

明治十年三月六日　征討総督本営

一、軍団病院課附申付候事

明治十年三月六日　征討総督本営

一、征討別動隊第二旅団附差免征討軍団会計部附申付候事

明治十年三月十四日　征討総督本営

一、征討別動隊第二旅団会計課附差免征討軍団会計病院課附申付候事

明治十年三月十四日　征討軍団会計部

一、神戸陸軍運輸局附被申付

征討軍団会計部　口達

一、大坂臨時病院附申付候事

明治十年十一月十七日　陸軍省

一、神戸元出張所某《ママ》エ為取纏同所エ差遣候事

明治十年十一月二十四日　大阪臨時病院

一、京都府及滋賀兵庫両県エ出張被申付

大坂臨時病院　口達

一、大坂鎮台附兼大坂陸軍臨時病院附申付候事

明治十年十二月十三日　陸軍省

一、病院課出仕申付候事

明治十一年二月四日　大坂鎮台

一、軍吏副井上自衛エ同舎之儀有之神戸エ差遣候事

明治十一年六月十日　大坂鎮台

一、摂津川辺郡中山寺及有馬湯山町養生所炊事局為見分差遣候事

明治十一年九月三十日　大坂鎮台

一、司契課出仕兼勤申付候事

明治十二年二月三日　大坂鎮台

一、兵庫県下播磨之国三木ニ於テ野営演習施行ニ付出張申付候事

明治十二年三月二十四日　大坂鎮台

一、任陸軍会計軍吏

太政大臣従一位勲一等三条実美　宣

内閣書記官長従五位中村弘毅　奉

明治十二年四月八日

一、大坂鎮台病院課出仕被仰付候事

明治十二年四月八日　陸軍省

一、鹿児島逆徒征討之際尽力其功不少候ニ付勲七等ニ叙シ金百円下賜候事

太政大臣従一位勲一等三条実美

明治十二年四月十五日

一、脚気患者転地養生所為之調紀伊国高野山エ被差遣但往返急行併的途和歌山県庁エ可立寄事

明治十二年七月三日　大坂鎮台

一、会計給与局為之調大津営所及伏見屯営所エ出張被仰付候事

明治十二年九月十三日　大坂鎮台

一、傷項為策定姫路営所エ被仰付候事

明治十二年九月二十二日　大坂鎮台

一、大坂鎮台病院課長被仰付候事

明治十二年十月十四日　陸軍省

一、叙正七位

右大臣従一位勲一等岩倉具視　宣

内閣書記官長従五位中村弘毅　奉

明治十三年一月二十三日

一、帰郷療養負傷者病症為診断軍位被差遣候ニ付為立会和歌山県エ差遣候事

明治十三年一月二十六日　大坂鎮台

一、脚気患者転地療養所為見分摂津川辺郡多田村辺エ差遣候事

明治十三年三月十九日　大坂鎮台

一、三重県下伊勢国亀山地方ニ於テ対抗運動天覧ニ付被仰付
大坂鎮台　口達

一、大坂鎮台病院課長差免同計算課長被仰付候事
明治十三年八月二十八日　陸軍省

一、滋賀県下近江国長谷野ニ於テ野営演習施行ニ付出張被仰付
大坂鎮台　口達

一、会計事務為取調出京被仰付候事
明治十五年四月十日　大坂鎮台

一、大坂鎮台計算課長差免会計局課僚被仰付候事
明治十五年五月十一日　陸軍省

一、依願免本官
明治十五年六月二十四日　太政官

一、任一等属
大蔵大書記官従五位富田鉄之助　奉
明治十五年八月十五日

一、造幣局勤務申付候事
明治十五年八月十五日　大蔵省

一、下等月給下賜候事
明治十五年八月十五日　大蔵省

一、皐列刺病予防委員申付置候処格別勉励候付為御手当目録之通下賜候事
明治十五年十月二十八日　大蔵卿

一、上等級月給下賜候事

明治十五年十二月二十七日　大蔵省

一、事務勉励ニ付為慰労金弐拾五円下賜候事

明治十七年四月十四日　大蔵省

一、任大蔵四等技師

太政官従一位大勲位公爵三条実美　宣

内閣大書記官従五位勲五等金井之恭　奉

明治十八年二月十二日

一、四給月俸下賜候事

明治十八年二月十二日　太政官

一、任造幣局四等技師

内閣総理大臣従三位勲一等伯爵伊藤博文　宣

明治十九年五月十二日

一、叙奏任官四等

内閣総理大臣従三位勲一等伯爵伊藤博文　宣

明治十九年五月十二日

一、上給俸下賜

明治十九年五月十二日　大蔵省

一、叙勲六等

賞勲局総裁　印

同　副総裁　印

明治十九年五月二十九日

一、明治十八年六月洪水ノ節大坂府下罹災者エ金拾円施与候段奇特ニ付為其賞木杯壱個下賜候事

明治二十年七月四日

賞勲局総裁従三位勲二等伯爵柳原前光　印

元老院議官兼賞勲局副総裁従三位勲二等子爵大給恒　印

一、昨十九年中事務勉励ニ付為慰労金五拾円下賜

明治二十年一月二十五日　大蔵省

一、事務勉励ニ付為慰労金七拾円下賜

明治二十年十二月二十一日　大蔵省

一、休職ヲ命ス

明治二十年十二月二十二日　大蔵省

一、非職ヲ命ス

明治二十二年三月三十日　大蔵省

一、防海ノ事業ヲ賛成シ大蔵省奏任官七十六名共同金三千円献納候段奇特候事

明治二十二年七月三日

賞勲局総裁従三位勲二等伯爵柳原前光　印

同　副総裁従三位勲二等子爵大給恒　印

一、明治二十五年三月三十日　非職満期

一、叙従六位

宮内大臣従二位勲一等子爵土方久元　宣

明治二十五年四月八日

一、特旨ヲ以テ位一級被進

明治二十五年四月八日　宮内省

一、非職満期之処満九年在官ニ付金四百五拾円下賜

明治弐拾五年五月八日　　大蔵省

〔明治二十五年九月三十日没〕

注＝（　）と〔　〕は著者が記入したものである

〔『神戸の歴史』（神戸市史紀要）第二〇号（一九九〇年）所収、改稿〕

## 第四節　ボードウィンを囲む学生たち

### 一　「甦る幕末」写真展

一九八六年から一九八七年にかけての朝日新聞社主催の「甦る幕末」写真展は、各地で様々な波紋と感動を呼び起こした。著者自身、京都大学のルーツと関連して、[1]ハラタマ（K. W. Gratama, 一八三一〜八八）[2]やガワー（A. A. J. Gower）[3]に関心をもっていたので、神戸展と京都展に足を運んだ。気のつく範囲で、説明文の訂正をお願いしたこともあり、関係者にはお薦めもした。[4]最近わけあって、七刷目の写真集『甦る幕末』を改めて購入した。かつて、神戸史談会誌で、神戸病院の明治初期の写真[5]（口絵第13・14・15・16図）やヴェダー（A. M. Vedder,[6] 第36図）について紹介したことがあるが、最近では、その神戸病院の副院長格の事務長・森龍玄が森信一（一八四二〜九二）であったことを明らかにしたので、別件[7]の森信一の写真（第42図）を追い求めていた。

歳月がたち平成元年（一九八九）、著者は、再び一枚の写真から喜びと感動を呼び起された。口絵第18図は前述の写真集（二〇九頁のNo二七〇）の「ボードワン医師と日本人医学生たち」である。説明文は「明治二年（一九六九）の大阪医学校か、明治三年のわずか二ケ月教鞭をとった東京の大学東校かのいずれかと思われるが、ボタンつきの制服のようなものを着ている者が多いから、大阪城内の軍事病院の学生かもしれない」となっている。

写真展当時やそのカタログには説明文はなかった。きっと、その後の調査でつかめた感触だろうけれども、いかにも頼りない言い訳である。そこで以下の論稿では若干の考証をしながら、説明文にとらわれることなく、非常にユニークな価値ある写真であることを述べ、関心を高めたいと思う。

## 二　人物の確定と簡単な考証

まず、口絵第18図のfの人物を見て欲しい。すでに、森信一の経歴を顕彰碑、墓碑、履歴書などから明らかにしており、[7] 造幣局の資料によって、[8] fは森信一であるとわかる。彼は無名に近い扱いで今日に至っているが、生まれ故郷の岡山県川上郡成羽町小泉の元小学校の門前には、立派な顕彰碑（口絵第17図）がある。lのボードウィン（A. F. Bauduin, 一八二二～八五）に師事して医者になり、神戸病院の創設に携わり、お雇教師のヴェダーに仕えた。伊藤博文（一八四一～一九〇九）などとも親交があり、その後は造幣寮・造幣局の技師を勤めている。大阪市営南霊園の四区六三〇番にお墓があるが、墓石は壊れて倒れたままである。

つぎに、oの人物であるが、よく見ていただきたい。傍証写真はいく種類もある。[9] 緒方惟準《これよし》（一八四二～一九〇九）その人である。適塾の緒方洪庵の息子である。また、jの人物は松本良順の息子の松本銈太郎（一八五〇～七九、第12図）である。神陵史関係資料の写真との類似性がある。[10] 彼はのちに、大阪舎密局の大助教をつとめ、ハラタマを助けた。緒方と松本は、掲載写真の撮影後、第二次オランダ留学生として、ボードウィンに連れられてオランダに渡っている。彼らの出発時期は、最近の研究では慶応三年（一八六七）五月頃と推定されている。[11]

dは、神陵史関係資料の写真からみて、[10]岸本一郎（一八四九～七八）である。岸本は、のちに大阪舎密局を経て大蔵省印刷局で活躍した。ここで、pの人物に注目して欲しい。『東京大学百年史』所収の菊池大麓《たいろく》（一八五五～一九一七）総長である。[12]菊池は箕作阮甫《みつくりげんぽ》の孫で、のちに数学者として活躍した。この写真の中では、もっとも若く十二歳である。この撮影後、すぐに岸本、市川盛三郎らとともにイギリス留学の途についた。慶応二年（一八六六）十月二十日のことである。

日本人のうちもっとも着こなしがよく貫禄のあるのが、rの人物である。この人は、京都大学のもう一つの源流にあたる大阪洋学校の創設に尽力した何礼之助《あやのすけ》（一八四〇～一九一九、第19図）である。[1・10]何礼之ともいう。のちに、貴族院議員を勤めるが、フルベッキ（G. H. F. Verbeck, 一八三〇～九八）などとも親交があり、英語塾を開いて語学教育に当たった。門下生にkの越前藩の日下部太郎（一八四五～七〇）がいる。[13]日下部は慶応三年（一八六七）二月十三日に長崎を立ち、アメリカへ留学したが、現地で亡くなった。遺品は、グリフィス（W. E. Griffis, 一八四三～一九二八）が来日したとき遺族の手に渡された。何の塾生で日下部と同郷の医学生として、hに三崎嘯輔《しょうすけ》（一八四七～七三）を推定している。[1]三崎はハラタマに仕え、大阪舎密局では大助教をつとめ、『舎密局開之説』『理化新説』の訳述に当たった。

jは長与専斎（一八三八～一九〇二）である可能性が高い。[14]長与は慶応二年（一八六六）三月精得館に入り、のちに頭取まで勤めている。[15]qの人物は、高松凌雲（一八三六～一九一六）かも知れない。[16]彼は慶応三年正月に、パリ万国博覧会派遣団の付き添い医師として渡欧している。gとnはボードウィンの警護人と見られよう。a・b・m・sは今のところ不詳である。

ところで平成元年二月三日の毎日新聞の夕刊「世相写真館」欄に掲載された「伊藤博文ら、はいポーズ」を思い出していただきたい。伊藤らがジョセフ・彦（一八三七～九七）を通じて、ヴェダーとのつながりが生まれたときの写真である。それは慶応三年（一八六七）八月のことである。[17] ここで、cの人物を見つめて欲しい。両者は同じときの写真ではないが、cは木戸孝允（一八三三～七七）である。ただ木戸一人がこのような場所へやってくるはずがないので、eは伊藤博文である可能性が大きい。[18]

## 三　撮影場所と時代推定

まずは、ボードウィン来日中の一こまである。登場人物からみて、慶応二年か三年である。服装や頭髪を考えると長崎精得館周辺の庭で撮影したものといえる。和装姿が一人もおらず、各人各様の個性豊かな洋装である。明治初期の大阪や東京では、前述の人物の照合さえできない。写真撮影を意識しての出で立ちといえる。その意味で、服装から冬とか春の季節を予想することはできない。むしろ、背景の植木の茂み具合から、夏から秋を想定する方が妥当である。どうも、落葉樹が茂っているようであり、藤の木の茂みも混じっているようである。草の生い立ちなどを総合すると夏季のようである。[19]

慶応三年の夏とみれば、すでにボードウィンは離日しており、緒方や松本も同行しているはずである。[11] 日下部はアメリカへ留学しているし、岸本や菊池はイギリスへ留学している。これらの事実を満足させるには、慶応二年（一八六六）の夏を想定すべきである。ハラタマの手紙によれば、ボードウィンとハラタマは、一八六六年八月二十五日（慶応二年七月十六日）の夜に長崎を立ち、横浜、江戸へ向かっている。[20] この少し前に、複数の洋行予定者を交えた記念撮影となったのであろう。ハラタマは十月二日に長崎に戻って、ボードウィンは別便で帰還している。[20]

ところで、なぜ、木戸孝允がおさまっているのであろうか。日本、とりわけ世事急の長州藩の重鎮が丸腰でいるのは、いかにも不可解である。慶応二年四月には、木戸の斡旋で伊藤の二回目のイギリス行が決まっていたが、長州征伐の動勢が厳しくなり、中止となった。[18] また、高杉晋作が購入した戦艦の処理も必要であった。間もなく、休戦協定と薩長同盟の模索が大きな課題であったはずである。伊藤は七月二十九日に長崎に向かい、八月二十六日に任務を終えて山口に戻っている。[18] この月日は陽暦とみなければならず、そうすればボードウィンと同道して下関で下船したことにもなる。つまり、八月上・中旬は長崎にいたことになる。この時期、木戸は隠密行動をとって、やはり長崎に潜入していた、と考えることはできないだろうか。一方、木戸の経歴年譜によれば、薩摩藩の修好使節と共に返礼のため鹿児島を訪ねた帰り道の、慶応二年十二月には長崎に寄港しているが、このときはボードウィンはいないはずだし、岸本や菊池はすでに離日している。いずれにしても、口絵第18図に関するこれまでの論述から、少なくとも木戸と伊藤は、ボードウィンと何らかの関係をもっていたと推定できないだろうか。また、森信一がボードウィンに師事していたことを間接的ながら傍証する写真でもあり、伊藤との交友関係もうなずける。

## 文献と注記

（1）　藤田英夫『化学史研究』二九号（一九八四年、第三章に収録）および「幕末期の化学」「化学史からみた大

阪舎密局」ほか（『日本の基礎化学の歴史的背景』所収、京都大学理学部化学教室、一九八四年、第一部に収録）
(2) 芝哲夫『化学史研究』一九八二年一号
(3) 藤田英夫『神戸史談』二五七号（一九八五年、本章第六節に収録）
(4) 藤田英夫『京都大学教養部報』一六二号（一九八七年、第四章第一節に収録）
(5) 藤田英夫『神戸史談』二五五号（一九八四年、本章第二節に収録）
(6) 藤田英夫『神戸史談』二六一号（一九八七年、本章第五節に収録）
(7) 藤田英夫『神戸の歴史』（神戸市史紀要）二〇号（一九九〇年、本章第三節に収録）
(8) たとえば『造幣局百年史』所収の写真
(9) 伴忠康『適塾をめぐる人々』（創元社、一九七八年）
(10) 第12図、京都大学総合人間学部図書館、舎密局・三高資料室所蔵
(11) 古西義磨「幕末における第二回オランダ留学生」、『洋学史研究』Ⅷ（創元社、一九八七年）
(12) 『東京帝国大学五十年史』上巻（一九三二年）所収
(13) 永井環『日下部太郎』（福井評論社、一九三〇年）
(14) 『緒方洪庵と適塾』（適塾記念会、一九八〇年）
(15) 『長崎医学百年史』（長崎大学医学部、一九六一年）
(16) 『高松凌雲翁経歴談』（一九一二年）所収
(17) 『木戸孝允文集』（一九八二年）
(18) 『伊藤博文』上巻（一九四〇年）
(19) この件は、植物分類学者の戸部博京都大学総合人間学部教授からご教示を受けた。記して謝辞とする。
(20) フォス美弥子『オランダ領事の幕末維新』（新人物往来社、一九八七年）、芝哲夫『オランダ人の見た幕末・明治の日本』（菜根社、一九九三年）

〔『神戸史談』二六五号（一九八九年）所収、改稿〕

# 第五節　ヴェダーのみた幕末・維新期の医学の実情

◎節の構成について◎

本節の論述は、*American Journal of Medical Science*（五七巻、四三～九頁、一八六九年）に掲載されたヴェダー（A. M. Vedder，第36図）の‘Remarks on the Actual State of Medical Science in Japan’という論文の翻訳である。ヴェダーは明治初期の神戸病院の初代院長であるが、必ずしも評判は良くなかったようである。しかし本節で見る限り、彼は広範囲な学識に恵まれている。その意味において、あるいは彼のお雇いとしての性格も、今後正当な評価を受けるのではないかと思う。訳出に当たっては小見出しを付け、また大胆に意訳した箇所もあり、訳語が的確でない点もあるかも知れない（原著者の時代認識と原文の趣きを残すため今日的にみて不適当な訳語も一部用いた）。ご批判・叱責を願う次第である。本節の末には、ヴェダーのお雇いの任務と役割を中心にこれまでの研究の概説を試みて、今後の研究資料となるようにつとめた。

## 一　西洋医学との接点

日本に関するすべての事柄にとても興味が寄せられているので、日本の医学の概況と開業医の社会的地位に関する概観は、とりわけ特殊な日本国民にまつわる事柄について好奇心のある方々には、必ず歓迎されるはずである。日本人の才能は、現代科学の観点から見れば取るに足らないと思われるかもしれないが、日本人はアジアの学識においてかくも立派な地位を維持している点で実にすばらしい。さらに、ここ数世紀の間にこれら日本人が特殊な孤立状態にいた事実からしてもほんとうにすばらしいといえる。日本の医学体系は、本質的に漢方医学に基づいており、ほとんどすべての医学書は角張った漢字で書かれており、医学に携わるすべての人がその書物を読んでいる。次にこの医学体系は日本人自身により、またここ数世紀の間にオランダ人により伝えられたヨーロッパからの数多い医学文献の移入により、大幅に修正されてきている。さらに、近年では中国人が使用するために宣教師達によって翻訳印刷された医学の著書が、日本へ持ち込まれていて確かにかなりの影響を与えることになった。

日本には医学を教えるための正規の学校はないが、多くの場合、子息が父親の職業を継いでいる。そして、ほとんどすべての開業医は一人以上の弟子を抱えている。ここ数年、病院との関連で医学校が長崎で開校され〔ポンペからボードウィンまでの医学教育〕、多くの医者がこの学校教育を利用してきた。しかしながら、この学校制度も最近の維新体制下ではまもなく中止されることになりそうである。つまり外国語教育に関しては、ペリー海軍艦艇の到来や最初の「アメリカ合衆国日本人使節団」派遣の時までは、オランダ語が日本で教えるのを許された唯一の外国語であった。多少ともそのオランダ語に精通し、オランダの医学書を二、三持っていたり読んだりできる医者にはよくお目にかかれる。ほとんどすべての外国の薬は、ドイツ名で知られていて日本語による発音のため非常に転化しているので、その薬の元の名前がほとんど判らないほどである。

## 二　医者の社会的地位

医者の社会的地位は非常によく、才能と資格に十分見合う肩書が与えられている。医者は帯刀を許され、最も高貴な上流社会に自由に加わり、医者の意見は非常な敬意の念で迎えられる。医者の一人一人がイギリスの薬剤師にならって、独自の処方薬を調合したり与えたりできる。とはいっても、患者を治療した後に「謝礼」を受け取るのは、普通よく見られることである。このような習慣から推論できるように、哀れな患者に医薬が与えられないことはないし、病弊や医薬によってさらに病状が悪化することも少なくないといえる。

## 三　医学の実情

日本では解剖が全く行われていないし、人体構造の正確な図版さえ滅多に見当たらない。つまり、日本の医者の解剖学の知識は非常に不完全である。さらに人体構造解剖学は全く知られていないが、内臓、動脈、静脈、神経繊維、リンパ管等の主な解剖構造を表す日本人固有の名称を持っている。生理学においても日本人は全く無知で、例えば、交感作用をする神経系、組織学動物化学などは全く知らず、肝臓の機能がとても重要な精神的性質をもつものと考えられている。すなわち、肝臓は勇気などのでるところと考えている。それゆえ、人体の両側が一方の側とは独立していて、それぞれの人体の側に対応している心臓によって血液が供給されているという印象から、医者はいつも両手首の脈拍をとる。もちろん、診断法という学問はほんの少ししか知られていない。病気が認められた場合には、その病名だけで本に書きしるされている処方に従って治療される。というのも、日本人は体内疾患の性質に関して非常に無知だから、もし万一その病気が難治であると判明すれば、その療法を変え続け、ついに患者の忍耐力か生命力が絶えてしまう事態となる。非常に多くの疾患は、人体組織に群がる様々な生物や害虫の存在に起因すると思われていて、それは「むし」という総称で通っている。これらの恐ろしい生物を表す目的の図版を見たことがある。たしかに、そのような生物が存在するならば、それらの生物はそのせいだとされるすべての危害を十分生ぜしめると考えることでしょう。

## 四　医薬品の実態

目にとまった病理学に関する唯一の論文は溜腫に関する図解入りの著作である。これらの書物において、著者は主として想像ででっち上げているということが、その図解より明白であった。最近では多くの外国の医薬が伝えられているが、使用される医薬の大部分は中国起源のもので、特に大阪や江戸のような都市の医者によって使用されている。与えられる医薬の種類はかさばった粉末かある種の煎じ薬で、とてもいやな外見と味のする薬である。麝香《じゃこう》が全般的に主として使用されている。外国の医薬の中にあってはヨウ化カリウム、燐酸、キニーネ、ホフマン鎮痛剤、ラウロ・ケラシ液、ヒヨス葉エキスが数多い他の薬と共に非常に広範囲に飲まれていて、それらの薬のリストは日毎に広がりつつある。これらの薬の多くはオランダから輸入され、目にとまった医薬から考慮すると薬の主たる長所は売値が安価な点と考えられる。ヨウ化カリウムは日本で頻繁に起こる病気である第三期の梅毒の苦痛を軽減してくれる点で、日本人にとても有難いものとなっている。その梅毒の治療に水銀がとても多く使用されるので最も悲惨な結果を生じさせている。

一般に人々の間では、二種類の薬しか認められていない。つまり、高価な薬と安価な薬しかない。かくして、A氏が亡くなられたとすれば、彼は貧しく安い薬しか買う余裕がなかったと知らされる。しかし、B氏の場合も同じく亡くなられたのだが、彼の場合は手に入る限りの最も高価な薬を与えられていたというので驚くべき事件となる。

## 五　予防医学の必要性

日本人が行っている予防の試みで、はっきりしているのは種痘である。それは約三十五年前にオランダ人より伝えられ、今では不運にも全般的ではないにしても一般的に行われている。この方法が法律的に国民の義務とされていないのは、多いに遺憾な点である。というのも、日本ほど天然痘がその恐ろしい猛威を奮っている国はどこにもない。それにこの原因のため、視力を全くかあるいは少し失う症例の数も膨大である。患者の隔離によって天然痘の蔓延を防ぐ注意が全くとられていないどころか、この疾患にかかっている幼児を、まるで少し鼻風邪にかかっているかのように母親があちこち連れて歩くのである。予防と同種のものである衛生学も実際のところ日本人には不可解で、衛生学の規定も全く無視されているので、それは打算の問題のように思われてしまう。排水も汚水処理も何ら試みられたこともなく、地下排水貯室も知られていないし、家屋は直接地面の上に建てられるが、普通最も低地で湿気の多い場所が敷地に選定される。そういうところは、コールリッジでさえその分析を受けつけないほど悪臭が充満している。多くの皮膚病は床屋や公衆浴場で伝播する。また、硬くて未熟な果実が全般的に食べられているので、計り知れないほどの腸の病気を生じさせている。

## 六　産科学のこと

産科学に関して胎児転位、器具使用による分娩、頭部切開術は開業医によって行われるが、その仕事は多いに産婆の手中にある。ピンセットの使用は知られていないが、この論稿を執筆中にある本が入手できた。その本はコードの使用による分娩をテーマにしたもので、コードの両端を鯨骨の肩甲骨の端の二つの場所までもっていき、そこで頭の出てきた部分の辺りで手指によって外せるものである。ネットもまたこの道具と関連して胎児の頭部の位置に使用されるが、それは明らかにそのコードがあまり遠くで外れないようにするためである。この入手した本の図解は豊富であるが、技術的あるいは解剖学的見地からも賞賛できる代物ではない。というのも、子宮が馬鹿でっかい房として描かれているし、陰門も人体の横側部に位置しているからである。前述のコードを補助として使用しても、いく例かの分娩ではとても難治となるに違いない。というのも一つの図版は、手術者の両足が患者の背部を支えるように描かれているし、胎児の首の回りに巻かれたコードを引けば「何かが起こるに違いない」と十分思えるからである。頭部切開術はナイフが使用され、そのナイフの刃は母胎を保護するためにそのナイフの柄から少しの距離のところまで何かが巻かれている。幼児が生まれたら、胸部と腹部がしっかりと包帯され、二〜三日間は授乳を許されなく、何か軽度の通じを付ける薬がその期間自由に施される。それも食事の代わりにである。

## 七　外科学のこと

外科学については日本人は全然無知である。彼らはほんの少しの器具しか、それも粗末な構造の器具しか所有していない。しかし、近代のすべての装置・器具を保有していたとしても、解剖学的知識の欠如のためそれらは大して役に立たないでしょう。切断手術は、患者やその友人が認めれば行えるが、日本人は切断手術にとても偏見をもっているので、外国の外科医がいくら頻繁にその必要性を説いても無駄である。骨折の場合は、その骨折部位が外れないように保持する何らの器具も使用されないし、その救済のための何の試みもされていない。ただ、医用蛭と膏薬とが腫れを軽減し、苦痛を和らげるために使用されるだけである。実際、このような場合は頼りにならない「自然」の力に頼るだけで、白状しなければならないが最も不満足な結果になってしまう。ごく最近、大腿骨を軽く骨折した人を治療するように求められ、重りによるけん引療法を施し、患者にはほんの少しの不快感しか与えなかったが、三十日目には、患者が「治療が余りにも遅い」といい、また「外国の内科療法によってもすぐ治してもらえないのには驚いている」と述べ、その器具すべて取り去ってしまった。日本人は様々な（先天的な）奇形や（事故による）不具の救済のための器具を何ら持っていない点で、独創性と人間性の大きな欠如を示している。接腱術は行われず、手足を短く切断した事から生じる不便を救済するために、その人たちの木底靴の高さを変えたりする試みは何も見られない。松葉杖の使用も、腕や胸の三角布も、今まで見たことがない。事実、殿様の武官の一人で銃の弾丸による負傷のため、膝関節が硬直している人のために作らせた松葉杖が、奇跡の技術と独創性の賜と見なされている。江戸の病院と日本で行われている外科手術の説明において、「アメリカ合衆国日本人使節団」に所属した医者は、アメリカ医の軽言を勝手に解釈している。これらの説明は根も葉もない嘘である。また、日本には固有の病院が存在しないことは自明のことである。瀉血《しゃけつ》が多いに行われていて、各人が定まった期間毎に瀉血してもらうのは普通の習慣で、それは約五十〜六十前のアメリカの場合と同じである。また、艾《もぐさ》がどんな場合にも抵抗刺激剤として使用されている。艾はほんの軽度の腹痛の軽減のためにも使用され、本人の体にはこの野蛮な艾による火傷の跡があり、その跡形がない方はほとんどいない。艾の苦痛のために幼児達はけいれんを起こすことがしばしばだし、子宮の病気のために引き起こされた軽度の精神異状の可哀相な少女の足の裏にも、艾が何のこだわりもなく使用されたという一例を知っている。この場合には、艾の使用で患者は歩くことができなくなり、そのため付添い人が補助するという結果になった。

## 八　マッサージ師と針療法

「正規の医者」と呼ばれる人たちに加えてある程度医者の補助となるのが、民衆の痛みと苦痛とを治療して生計を立てている二種類の開業医であり、かれらははっきりと存在している。つまり、マッサージ師と針治療師である。後者の仕事は、医療に必要なこつと要領とをつかんでいる医者がしばしば遂行する。日本で行われているマッサージは、正確にはアンマであり、トルコ人が手先を使って行う関節が外れそうなほど激しいマッサージではなく、それを受けると体中の関節が外れてしまったに違いないと思われそうなマッサージではない。マッサージは、普通、湯浴のあと行われ、マッサージを受ける人はマットの上に手足を伸ばして横たわり、マッサージ師はそのそばに跪いてマッサージをする。マッサージはこねたりつねったり、擦ったりする場合と同様、指先や指関節の種々雑多の殴打によって行われ、それも迅速に行われる。マッサージには二種類があり、頭部から始まって足の方へと行く全般的なものと、苦痛を取り除いて欲しい部分に限られるものとがある。多くのマッサージ師は非常に器用で、そのマッサージ感はとても快く鎮静作用があるので、外国人でさえそれを楽しんで受けている。マッサージに従事する人たちは、普通全盲か幾分盲目であり、一本の長い杖をついて手探りであちこちの路地を歩き、一種の二重笛を口にくわえている。その笛の音は、ある冬の寒い夜の無言を破って聴こえて来る時には妙にもの悲しく感じられる。この職業にはある程度の尊敬の念が伴うようである。これらの人たちは高貴な身分の方々で、多分「公家」の階級、つまり都の古い貴族階級に属している人たちで、不幸にも視力を失って「アンマ」と呼ばれていると聞いている。針療法は、特にリューマチの疾患や座骨神経痛の場合にとても頻繁に行われていて、金銀の非常に長い針を使って行われる。針は回転動作を施しながらゆっくり差し込まれ、一回の針治療で時には四、五回以上も行われることもある。その治療はほとんど痛みがなく、あるいは全く痛みがなく、個人的な経験からも証言できるが、非常に器用に行われる。その治療法は医者仲間の間では、何年も前にすごく広範囲に行われたので、その効果に関しては何もいう必要がない。しかし、今にして思うと、座骨神経痛に限定使用するか、あるいは電気と関連して使用すべきでしょう。

## 九　歯科学のこと

前述の様々な所見を述べる際に医師と類似の職業について、二、三付け加えることは、間違っていないと思う。それは歯科学のことである。日本では歯科学は商売という方がぴったりしていると見なされるが、とても身分の低い人たちが行っている。普通は巡回するのが習慣で、その職業が直ぐ判るように真鍮の装飾を施した箱を持ち歩いている。さて、このような歯医者に歯を抜いてもらうことを日本人はゆゆしいことと見なしているが、それも理由のないことではない。というのも、信頼すべき事実によれば、破傷風のためと思うが、その結果は死に繋がることがよくある。歯は歯医者の手指で抜かれるが、それも棒と木づちを激しく使って、十分ぐらぐらな状態にしておいてから抜かれる。手術は滅多に行われないが、このような藪医者のひとりが非常に多くの歯槽突起が着いている何本かの歯を持っているのを目にした。こういう事実に直面すると、義歯が大気圧に支えられて太古の昔から使われてきているとはほとんど信用できない。これらの義歯はセイウチの象牙を材料として型作られ、奥歯は小さな真鍮《しんちゅう》の突起をふんだんに散りばめられ、歯全体が一種の瓢箪《ひょうたん》の硬い殻から作られた塑型にぎゅうと押しのせられ、歯茎や口蓋の不整に合致するように型作られる。このような歯の幾組みかを所持しているが、それらは高価ではないがとても最良の完全な上級品で、およそマリファナ五本分の値打、つまり一ドル六十セントの値打ちがある。前述の事柄から推測できるように、日本で歯科学からは膨大な財産は築かれない。

## 十　民衆の薬に対する認識

日本人の薬好きは、ほとんど信じ難いほどである。特にその薬が「高い」、つまり高価な部類の薬であれば、その薬の治癒効果には非常に限りないほどの信頼をおいている。薬への偏愛はある場合に熱狂にもなり、町医者と呼ばれる大勢の医者がいることの説明の一助となるかもしれない。二、三年前に何かささいな病気の、聡明な男性が横浜の診療所を尋ねて来たことがあった。その方に「病気は二、三日中に治って、もうそれ以上患うことはないでしょう」といった。その時に、その方は「薬はなにもいただけないのですか」と尋ねられたので、「ええそうです」、「あなたの症状では薬は必要ありません」と答えた。「ううん」と彼は診療所の備付けの棚を見回しながら、「これはほんとうに全く困ったことだ。ここにはあらゆる種類の薬がありますのに……。青、白、黄色、赤、確かに多くの高い薬が……。喜んでお金をお支払いしますのに……。でも、それらの薬の一つも貰えずにお暇しなければならないとは心痛です。二度と外国の薬を飲む機会など決してないのですから……」といった。

日本人のかかっている病気が何であれ、その病気の持続期間がどのくらいの長さであれ、その病気の続いてる間は、洗濯や清潔さに対する一切の注意が払われず、最も厳格な断食が要求される。こうしたことから不潔と目も当てられない浅ましい状態が出てくる。特に身体検査が必要となる症例においては、その可哀相な病身者への往診が決して愉快な務めとはならない。

日本人は小魚を例外として、直接土壌で栽培した物はほとんど食べるが、純粋な菜食主義者にとって消化不良症は、確かに最も普通の病気であるという事実に、ほとんど大して慰めも見いだせない。確かに日本人の坐りがちな生活や煮沸温度で汲む薄いお茶をいつも飲むことなどが、この病気の流行の強い要因となっている。

## 十一　日本の医学教育の展望

今まで見てきたように、日本人の最も普通の病気は消化不良症、天然痘、梅毒、中風、肺結核と目および皮膚の疾患である。甲状腺腫にかかる素質がほぼ全般的なため、その疾患の大部分を複雑にしてしまう。急性の炎症にかかる傾向は非常にわずかで、最も重傷の裂傷や損傷からの回復は、普通「迅速かつ喜びをもって看護せよ」で完治する。肺炎や急性リュウマチのように、著しい炎症的性質の病気にはめったに遭遇しない。通風の症例は一度しかお目にかかったことがない。その症例は、長州藩主自身に起こった場合だけである。

医術の根本原理を全く知らないことから、何千もの人命が年々犠牲となり、計り知れない程の苦痛が耐え忍ばれているのをよく考えてみると痛ましいことである。しかし、日本の国民は先天的に知力が乏しいのではなく、つまり疑問の余地なく外国との関係が更に親密になるにつれて、また人間に関する知識の他の諸部門において進歩がなされるにつれて医学もまたその重要性に見合った進歩を遂げるでしょう。究極的には、有効な医学教育の準備もなされるでしょう。少なくとも、日本の医者は（自国においてのことだが）誠実と慎みという美点を持っている。そして確かに素直に告白すれば、無知が必ずや知識の獲得への第一歩である。

### ◎ヴェダーの略年譜と日本での役割◎

ヴェダー（A. M. Vedder）の生涯は謎に包まれている。本節は、幕末・維新期の医学の実情をまとめたものであるが、併せてヴェダーの歩みと性格が随所に見いだせて興味深い。このような観点から見れば、彼自身の記録としても、あるいは今日の医学の状況を座視しながら過去を振り返る読物としても、何かの役に立つのではないかと思う。ただ、当時の西洋人の見た日本医学の情景であるから、いくつかの箇所で認識不足が認められる。たとえば、「煮沸温度で汲む薄いお茶をいつも飲むこと」が消化不良の原因の一つのように描いているのは、現在の生化学の見地から見れば正しくない。お茶はミネラル成分だけでなく、多くの抗酸化酵素を含んでおり、健康にはよいわけである。さて、本来のヴェダーの略年譜に言及しなければならない。彼が初代院長を務めた神戸病院は曲折を経ながらも、現在の神戸大学医学部へと拡充発展していることを見ると感慨深いものである。

ヴェダーはアメリカ海軍東インド分遣隊所属の二等軍医正であり、ジェームスタウン号船医として来日した。彼はどこで生れて、どのような教育を受けて育ったかは不明であるが、本節の肩書にもあるように医学博士を取得している。元治元年（一八六四）には海軍を退職して、横浜の居留地で診療所を設けて開業している。元治二年頃にはのちに東京大学医学部教授になった三宅秀が語学・医学などの個人的教授を受けている。このことは、大阪大学理学部教授であった仁田勇の晩年の講演においても明確になった。[1] 横浜時代のヴェダーの友人に、日本ではじめて新聞を発刊したジョセフ・ヒコ（彦）がいる。この人物は漂流民となったため、国籍こそアメリカであるが、兵庫県加古郡播磨町に生れた純粋な日本人である。伊藤博文、木戸孝允とも親密であった。慶応三年（一八六七）九月には、長州藩の長崎での代理人であった彦の紹介で、長州藩の雇い医師として招聘された。[2] このことは「ベタル子先日、来着相成、面会致候処、誠に好人物の様、相察せられ、愚生（木戸孝允）も相仕合せ申すべくと存じ候」と彦への手紙にも触れられている。[3] 翌年一月末には三田尻の海軍局に出仕し、洋学塾を開き、医学、兵学などを教えている。この頃はいうまでもなく政変動乱の渦中にあったわけである。

まもなく明治維新体制が成立し、明治元年（一八六八）八月十七日には新政府より「ベダル」（ヴェダー）を差し出せとの御沙汰書が下り、九月には神戸に着き、明治政府御雇いとして軍務官権判事・曽我準造により、北地へ派遣される。同年十一月には秋田の八橋病院（官軍）で診療に当るが、十二月七日同病院の閉鎖により、船川港から品川へ移る。そして、明治二年一月頃に再び神戸に戻っている。この月に本節の論稿が発刊されているが、長門・周防藩主の侍医として報告しており、おそらく三田尻時代に寄稿したものであろう。

ところで、誰がヴェダーを神戸へ招いたかである。まず、彦の自叙伝では伊藤、木戸、彦、ヴェダーの長崎での写真が注目できる。[2] これは上記の手紙との関係からすれば、慶応三年十二月以後に撮影されたものでなければならない。いずれにしても四人の関係はかなり友好的であったといえよう。ところで、伊藤は明治元年一月には神戸に赴任しており、神戸事件などの処理に多忙の日々であったはずである。また、のちにヴェダーのお雇い解任手続きの時に幾度か伊藤に対して相談している点などからして、伊藤がヴェダーを神戸に招いたといえよう。

時よく、明治二年四月二十日には神戸病院が開院し、ヴェダーは病院教頭として勤務した病院[4・5]がどのような性格のものでどこに実在したかはすでに詳しく論述している[4]。つぎに、少し妙に思われることがある。それは最近の考証によって明らかになったことであるが、現在の京都大学に繋がる大阪舎密局の開校記念式典に、ヴェダーがアメリカ領事代理として列席している[6]。この事実は興味深いことであり、いわば彼の神戸時代を代表する写真でもある。ところで、一八六九年（明治二）六月十九日の「ヒョウゴ・アンド・オオサカ・ヘラルド」紙は六月十二日付で、院長ヴェダーの名前で神戸病院の広告を掲載している。しかしながら、ヴェダーはまもなく健康を害し、代診医「ハルリス」をして出務させ、自分は横浜で療養生活を送ったようである。そのハルリスも翌年（一八七〇）二月末日限りで出務しなくなった。すなわち、「最初の定約書に病気の節は暇を遣はすと申廉掲載無之」と困り果てた兵庫県は外務省へ具申している。「半ケ年余りも全く無沙汰に到置候段、如何不都合の次第に候」（三月十六日付）。その後は、外務省とアメリカ公使の折衝に委ねられ一八七〇年（明治三）五月二日の公使書簡によれば、「約定破談に於ては知県事より、金千両可相払旨岡士（領事）へ被申、然るにウエツドル氏に於ては不足と思ひ、右金高にては不承知の旨申述候由」であったが、「伊藤氏の被申候処相伺候得は速に事実明白に相成平和に片付可申存候」となった。つまり、給料六千二百五十ドルの半額、三千百二十五ドルでまだ不足を唱えたとみるのは[5]誤りであろう。

その後のヴェダーの消息は何も判っていないが、三宅、彦、伊藤などの記録にも資料が見いだせないことからして、間もなく出国したのではないだろうか。彼の神戸時代は病気のため不意なものであったが、彼の記録が余り残っていない現況においては、本節によって医師としての才能を判定すべきではないかと思う。

文献と注記

（1）仁田勇「化学史周辺雑感」（『化学史研究』一九八三年四号および『化学』一九八四年二月号）
（2）『開国逸史アメリカ彦蔵自叙伝』（一九三二年）
（3）東洋文庫『アメリカ彦蔵自伝』（一九六四年、平凡社）
（4）藤田英夫『神戸史談』二五五号（一九八四年、本章第二節に収録）
（5）『神戸開港三十年史』（一八九八年）
（6）藤田英夫「幕末期の化学」「化学史からみた大阪舎密局」ほか（『日本の基礎化学の歴史的背景』一〜四九ページ、京大理学部化学教室同書研究会編、一九八四年、第一部に収録）および「大阪舎密局と京都大学」（『化学史研究』一九八四年四号、第三章に収録）

〔『神戸史談』二六一号（一九八七年）所収、改稿〕

## 第六節　ガワー兄弟

### 一　エラスマス・ガワーたち

幕末期に来日した西洋人はかなりの数になり、大成をなした人はもちろん、不幸にして異国で骨をうずめた方にも美しい物語があり、ときには歴史的事実を実証する上で有益な場合がある。ここでは三人のイギリス人ガワー（ガール、ゴウル、ガワルとも呼ばれていた）を紹介し若干の考察を加える。

一人は経済貿易史上のガワー（S. J. Gower）である。このガワーはまだはっきりしない人物であるが、マセソン（Jardine Matheson）商会の初代横浜支店長ケズウィック（William Keswick）の後任者であり、文久二年（一八六二）から慶応元年（一八六五）まで在日した。[1] 他の二人は兄弟であり、生麦事件（文久二年八月二十一日、一八六二）がおさまった翌年に伊藤俊輔（博文）、井上聞多（馨）、山尾庸造（庸三）等のイギリスへの密出国を助けたことが有名である。最近、「三人ガワー」を叙事詩風に詳しく論述したものがあるので、[1] 便宜上、結論的に紹介すると次の通りである。

> 「英人ガワル」は、英国横浜領事館書記官エーベル・A・J・ガワーであった。彼に協力した「兄ガワル」は、のちに「お雇い」として鉱山調査に尽力した鉱山技師エラスマス・H・M・ガワーであった。（中略）ケズウィックの参加が重要であった。（中略）二代目支店長を勤めるS・J・ガワー、（中略）グラバー（Thomas Blake Glover）もそれぞれこの陰謀の主要な脇役であった。

つまり、兄は鉱山技師のエラスマス・ガワー（Erasmas H.M.Gower，一八三〇〜一九〇三）である。彼の来日時期は明確でないが、安政六年（一八五九）頃、マセソン商会の一員として、前出のケズウィックとともに到着した。[1] のちにオールコック（R.Alcock）の紹介で幕府雇技師として働いたが、明治政府の科学産業政策が固まると徐々に働く場がなくなっていった。[2]

## 二　エーベル・ガワー

もう一人の人物は、神戸と関係のあるエーベル・ガワー（Abel A.J.Gower）である。彼はエラスマス・ガワーの実弟であり、外交官であった。オールコックとともに安政六年（一八五九）に来日して、東京、横浜、箱（函）館、長崎、神戸で領事等の役務を勤めた。流暢な日本語を話し、下僚に対しても親切な人であった。[3・4]

第44図　若き日のガワー

特に神戸事件（慶応四年一月、一八六八）以後の明治初期の兵庫・大阪領事を勤め、神戸外国人居留地の建設に少なからぬ役割を果たした。ただ、パークス（H. Parkes）公使との意思疎通を欠いて、若くして退官し（四十歳過ぎ）、生まれ故郷のイタリアで年金生活にはいったといわれる。[5]

ところで、エーベル・ガワーは大阪舎密局の開校記念写真（明治二年五月一日撮影、一八六九、口絵第9図）に十三名の人物の一人（イギリス領事）として、車椅子で登場している。[6] このことは横浜開港資料館が所蔵している若き日の領事官服姿のエーベル・ガワー（三十歳前後）の写真（第44図）によって傍証できた。しかし、第44図では足が不自由との想像はできない。彼は生麦事件当時、横浜の英国一番館にいて救助の指揮をとっているが、被害者ではなかった。[3] 翌年（文久三年、一八六三）、薩英戦争に参加しているが、負傷したとの記録は見出せなかった。しかし、北海道関係の記述で病を得て帰国したとするものがある。けれども彼は、再び長崎で代理領事を勤めたのち、前述の如く二代目の兵庫・大阪領事として着任している。ただ、神戸時代で気になることは、下僚で名外交官と慕われたカリー・ホール（J. C.Hall）が彼は余り仕事に熱心でなかった、と追憶している点が不可解である。[4]

さらに、エーベル・ガワーは、神戸の山手周辺にいくつかの永代借用地を所有しており（口絵第2図参照）、のちに貸借処理の裁判沙汰を招き、数種の署名入りの証文を残している。[7] これらの自署は長崎での写真[8]にあるAbel A.J.Gowerとの署名と一致していることが判明した（第45図）。すなわち第44図の人物がエーベル・ガワーであり、彼の多彩な活動の一面を追認することができた。彼は日本の各地で写真を撮ったようであり、『大君の都』でも一枚の写真が紹介されている。

## 三　ガワー兄弟の評価

おわりに、エーベル・ガワーの名誉のために言葉を加えるとすれば、箱（函）館でのアイヌ人墓地事件の処理（慶応二年、一八六六）[3]に見られるように行政手腕にも精通しており、親日家であり、日本の文化・風土に親しんだといえる。明治維新前後から、不幸にして古傷か持病が悪化して車椅子を愛用する身となり、神戸での職務はもっぱら部下に任せ、しだいに世事にも疎くなっていったようである。

一方、エラスマス・ガワーはやがてお雇い技師の地位が保有できなくなり、インドに職を求めて日本を去っていった[2]。エラスマス・ガワーの技術は、明治十年前後の状況ではすでに活用次元を異にするものであった。しかも、彼は開拓技師以来の高給を期待したようであり、オールコックやパークスの医官を勤めたウイリス（W. Willis）の生涯とも共通する点がある[9]。

エーベル・ガワーの写真と神戸での事跡は、科学史や郷土史の愛好

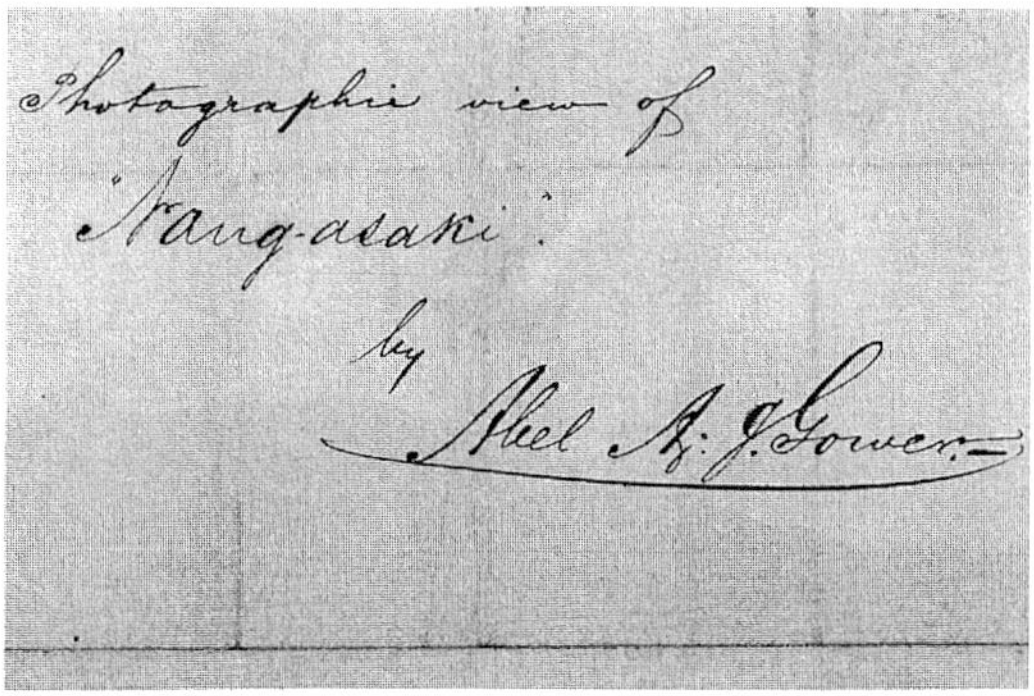

第45図　ガワーのサイン

家にとって興味あることであるが、日本の近代化に少なからぬ役割を果たしたガワー兄弟は、日本での思い出と遺児たちを残して、共に生まれ故郷のキヨマで生涯を終えた。とくに、エラスマス・ガワーは先妻と後妻に複数の遺児があり、一つの物語を形成している。[2] 著者にとってガワー兄弟の事跡は、大阪舎密局物語[6]の楽しい余話である。

## 文献と注記


(1) 山本有造「三人ガワー」(『十九世紀日本の情報と社会変動』、京都大学人文科学研究所、一九八五年)および「イタリア掃苔の旅」(*Corrente*, p11, 1992)

(2) 志保井利夫「エラスマス・H・M・ガワーの生涯とその業績」、『北見大学論集』創刊号および二号(一九七八・一九七九年)

(3) ジョン・ブラック『ヤング・ジャパン』(平凡社、東洋文庫)

(4) ジャパン・クロニル紙ジュビリナンバー『神戸外国人居留地』(堀博・小出石史郎訳、神戸新聞社のじぎく文庫、一九八〇年)

(5) エーベル・ガワーは一八六八年七月に神戸に着任したが、一八七二年過ぎには離日したと推定できる。一九〇〇年十一月にはすでに没していた。一方のパークスについては、内山正熊『神戸事件』(中央公論社、一九八三年)およびヒュー・コータッツィ『ある英人医師の幕末維新』(中須賀哲朗訳、中央公論社、一九八五年)にみられるように何か官僚的な匂いがする。

(6) 大阪舎密局は、西洋式自然科学教育を主とする大学形態の高等専門学校であった。藤田英夫「大阪舎密局の化学史的遺産に関する一考察」(『化学史研究』二九号、化学史学会、一九八四年、第三章に収録)

(7) 神戸村の資料として、神戸市立図書館に保管されている。

(8) 長崎の寺院の写真は横浜開港資料館所蔵。裏面には第45図のサインがある。同資料館の斉藤多喜夫氏のご協力を得て検出できた。記して謝辞とする。

（9）前掲注（5）の『ある英人医師の幕末維新』

〔『神戸史談』二五七号（一九八五年）所収、改稿〕

# 第六章　雑誌『我等の化学』について

## 一　京都大学の歩みと歴史的背景

　これまでに『明治月刊』[1]とか『理化土曜集談』[2]を紹介してきたが、大正デモクラシーの余韻を残した昭和初期の化学の領域の華は月刊雑誌『我等の化学』であったといえる。先にこの雑誌の概略と簡単な意味づけをしているが、[3]本章では全体像を紹介しながらもう少し詳しく捉え直してみたい。

　京都大学（京大）の歴史を眺めれば、大阪舎密局以来の流れをもちながら、曲折を経てようやく京都帝国大学（京帝大）は、明治三十年（一八九七）六月十八日に開学の運びとなった。実質的には、最初に発足した理工科大学の機能が実態を象徴するわけである。実験設備を要する理工系の大学は、勅令によって名を取ることができても、また多少の人材が確保できても、実質的に機能し内容を高めるにはかなりの歳月をまたねばならない。幸いにして、化学の視点から見れば順調な滑り出しが期待され、個性的な人材を得て円満に運営がされていた。

　一方では医科大学、法科大学、文科大学が順次開設され、総合大学としての苦悩にも直面するわけである。明治末期から大正にかけて、一つの山場を迎えたといえよう。いわゆる沢柳事件である。顚末《てんまつ》は本旨でないので参考資料をみていただくが、[4]理工科大学に大きな打撃を与えたことは否めない。[5]すなわち、村岡範為馳

（物理学）、三輪恒一郎、横尾治三郎、吉田彦六郎（化学）、吉川亀次郎（化学）〔以上理工科大学〕、天谷千松〔医科大学〕、谷本富〔文科大学〕の七教授の依願免本官（大正二年八月五日付）というかたちの失職扱いで事件の解決が計られた。今日の観点からは余りにも不合理であるが、とくに総長を勤めたこともある久原躬弦を擁しながら、吉田、吉川を失ったことは京大化学史上の大きな損失であった。翌年には理工科大学は理科大学と工科大学に分かれ、組織の充実・促進をみることになる。大正八年（一九一九）二月には各単科大学は学部と改称され、経済学部の設置に続いて農学部の設置（大正十二年）となった。大正十五年には全国で初めての大学附置研究所としての化学研究所が設けられた[5]。

このようにみると、化学の分野でも一つの学部の中で発展する時代は終り、化学の進展に見合う新しい機関が必要となったり、また、それらのいくつかの組織の中で取り扱う専門・専攻としての、あるいは化学関連の学会としての機能と役割もより高度化していくようになる。たとえば、日本化学会の前身の東京化学会では長くくすぶり続けた化学訳語問題にピリオドを打ち[6]、新しい時代に即応する態勢が整いはじめていた。一方、京都地区の化学の仲間は、京都化学談話会を組織し、機会あるごとに会合を開き、研究報告や情報交流に努めていた[7]。おそらくこのようなゆるやかな交流の中で、化学のあり方を含めた議論もあったのではないだろうか。いずれにしても明治・大正時代を終えると、いわゆる化学訳語問題の当事者たちはすでに故人であったり、教授職を勇退され老齢の域に達して居られる時期であり、次の新しい世代が胎動しかけていた。

## 二　創刊の趣旨と特徴

ここで、月刊雑誌『我等の化学』（第46図）が昭和三年（一九二八）九月から昭和八年七月まで発行されたことに触れる。初めのうちの我等の化学社は、京帝大理学部金相学（近重真澄教授）研究室を編輯所として、大幸勇吉（第47図、一八六七〜一九五〇）[8]京帝大名誉教授を顧問、中瀬古六郎（第48図、一八七〇〜一九四五）[9]理学博士を主幹、同人は飯塚大治・樺島 祝・松木五楼・桜田一郎・山本利道・木村和三郎・中島 正の各学士が担当した。しかし、のちに「休刊の辞」[10]で述べているように、創刊当時、大幸はオランダへ出張中であったし、中瀬古は六ケ月の約束でハワイ大学へ招聘・出張の途についたばかりであった。もちろん、企画から創刊までには二ケ月余りの準備期間があり、近重真澄（第49図、一八七〇〜一九四一）[11]の鼓舞奨励の指導下で、当時、無名の七学士の努力によって刊行を続けたわけである。つぎに、中瀬古による『我等の化学』の創刊の趣旨[12]を引用しておく。

第46図 『我等の化学』

> 一言にして尽くせば、人情味のある化学雑誌を作り度いと思ふのである。単に独立一科の化学としての研究発表機関としてならば、日本化学会誌の如き、工業化学誌の如き、薬学誌の如き、其数既に足らずとしない。
>
> 又通俗科学雑誌ならば、既に科学知識や科学画報の如き立派なるものがある。或は化学研究の抄録としてならば、日本化学綜覧の如き完全なものがある。
>
> 此れ等の雑誌類は、皆化学を単に其科学的側面より見たものであるが、我等の化学は化学を我等人間的側面より観たものである。即ち所謂人間味のある化学である。

> 我等とは、凡そ我国に於て化学を研究したり、化学を教授したり、又は化学を実地に応用しつゝある所の、我等一同を総称して云ふのである。故に此雑誌では必ずしも窮屈なる専門的の理論のみに限らず、我等の間の常識通念を基として、成るべく我等の間に興味を喚起し知見欲を充たすべき記事を蒐録するであらう。我等化学者同士の人事消息、来往行動、我等の先輩の史伝逸話等も満載さるゝであらう。時としては亦化学的詩歌小説なども或は発表さるゝであらう。追々と終には我国の化学的国策にも論及する事があらう。
>
> 本誌の内容は大略説苑と雑録と彙報とに三大別して、化学及化学者に関するあらゆる記事を包括するものであり、日進月歩の世界化学の大勢は此雑誌によりて明なるべく、変転流転已む事なき化学者の行動進止も亦此雑誌に由りて明にならう。

つまり、化学を人間的側面より観た、人情味のある化学雑誌をつくりたいという発想である。一方では、化学や化学者に関することは何でも包括するという気負いもあった。さらに注釈すれば、「創刊満二ケ年[13]」

第47図　大幸勇吉

第48図　中瀬古六郎

第49図　近重真澄

で述べているように「血あり、情あり、涙ある――所謂人間味ある――而も骨あり、肉あり、精神ある所の、〝我等〟の思想、感情、学識、経験の発表機関」でもあった。いずれにしても、老・壮・若年の化学者による編集手習が高じて、順調に号数を重ねて、第四巻の「『我等の化学』の本領と使命」なる文書が掲載されているので、[14] 後半部分を引用すると次の通りである。

　『我等の化学』は（中略）学術雑誌中に特立の類型を造つたものである。而も其目燈(motto)とする所は、人情味の溢る丶明るい気分の満ちた和やかな空気を（の）通ふ一編の読みものであつて、学界進歩の光景と学者活躍の消息とを記録するのみならず、一の学的領域と他の研究範囲との歴史的連絡と、論理的関係を融和調節して、以て幽玄、高雅、麗妙、荘厳なる自然科学の一大殿堂を築き上ぐるに努めんとするものである。

　されば『我等の化学』に登載する文章には、上述広汎なる範囲内に於て其題材にも其文体にも其用語にも、或は論文であれ詩歌であれ方程式であれ史伝であれ小説若くは音楽であれ、英語仏語独語Esperanto等、等、等行くとして可ならざるなしである。

　而も編輯局の理想としては、誌上に印刷する文字は願くは悉く金玉の文字であり度い。其修辞其語法の末に至るまで十分に洗練推敲を経たる文章でありたい。而して報道する事実そのものは、可及的の検索と証明と根拠とを有するものでありたい。欧米諸大家の論著を訳載もしくは抜粋するに当たつても其原意を枉げて之を謬り伝ふるの弊害を忌むのみならず、少くとも心懸けだけでも錦上更に花を添ふるの抱負をもちたい。

このように「幽玄、高雅、麗妙、荘厳なる自然科学の一大殿堂」を夢見て、高い理想をかかげることによって、全国の同好の志に協力を呼びかけつづけた。

## 三　評価と我等の化学社の人々

『我等の化学』を知る人は少なくなってきた。この雑誌は昭和の一桁時代に、京都を発信基地として、しかも大学人によるかなりの水準を保った化学の啓蒙雑誌であった。その特徴は前節でも述べているように、化学に携わる人々がお互いに人間的・内部的（哲学的）な側面から啓発しながら、化学を眺め、展望していこうとする趣旨であったと考えられる。実際、雑誌全巻を通読してみて、大変な動力と時間の要する編集作業であったのではと深く感動するさまである。

この月刊雑誌は、説苑（論説）・雑録・彙報に類別して編集されてきたが、論説部位に力点があることはいうまでもない。そこで、全体の論旨の流れを理解していただく便宜を考えて、注記に論説の目録を集めて掲載している。(15)また、編集の構成を理解していただくために一例として、第五巻五号（昭和七年〔一九三二〕五月）の目次を次に紹介する。

| 表紙肖像 | 鈴木梅太郎　博士 | |
| Hāminの合成に就て | 医学博士　内野仙治 | 一五九 |
| 農学博士　鈴木梅太郎氏小伝 | 農学博士　鈴木文助 | 一六九 |
| アセテート絹の染色理論 | 工学士　内海保次 | 一七六 |

昭和七年桜井褒賞授与に際して　理学博士　飯盛里安　一八〇
油母頁岩の話　理学博士　田中宗愛　一八三
中等学校に於ける化学教授に就て　理学士　平子道一　一八五
ヴィタミンCの構造研究を紹介す（二）　農学士　樺島　祝　一八七
化学の進歩と吾人の覚悟　農学士　樺島　祝　一九二
雑　録
劣質石灰の新応用　小田良平　一九五
化学小話
個々の原子の個性　一七五
にんにくの由来　一九一
万国原子量表　一七九
にんにく（大蒜）　一九四
C. T. Wilson　一八二
書籍紹介
寺田博士の万華鏡　一八一
彙　報
発明の御奨励　一九七
電車動力としてのDrumm氏電池　一九八
科学に対する挑戦　一九七
元素の総数は何故九十二に限る？　一九八
自然科学と思想の動揺　一九七
自動車速度のレコード破り　一九八
科学的？　文化的？　一九七
Chadwick博士のNeutron　一九〇

規那樹の栽培　一九七
マラリヤの損害　一九八
大Oatwaldの死　一六八

号数を重ねてくると当然編集者の増員が必要となり、第四巻（昭和六年、一九三一）では倍増の二十名で編輯所（この頃から洛中のカニヤ書店内）の同人を構成している。その後はおおむね変化なく、最終号では顧問・大幸勇吉、主幹・中瀬古六郎、以下同人として本多真一、樺島祝、木村和三郎、川合煕、増田耕作、廖温仁、桜田一郎、内野仙治、渡辺護（以上京都）、飯塚大治、石井新次郎、石野俊夫、角谷清明（以上大阪）、芳村五左衛門（札幌）、高松豊吉（仙台）、中島正（桐生）、桂井富之助（東京）、窪田格太郎（広島）、藤田穆（熊本）が参画していた[16]。

ここで、論説に限って執筆者の特色をつかむために、執筆回数の多少を調べてみた。そうすると、創刊当時こそ約半年間は海外出張中であったが、やはり中瀬古がもっとも論説回数が多く、三十八篇を超えている[17]。しかも専門の分析化学や科学史に限らず幅広く論述されており、学識の深さが窺える。大幸は長老でありながら「性分として、自分の直接に多少関係している事業に就ては、冷淡であることができないので、終始本誌の発展に留意している[18]」と述べているだけあって、十四篇の論述をこなしている。大幸はすでに京帝大を退いていたが、弟子の堀場信吉（一八八六～一九六八）[8]による『物理化学の進歩』（大正十五年〔一九二六〕創刊）の刊行を見守るだけではなかった。近重は三篇しか書いていないが、我等の化学社の編集局を提供し、中瀬古の強力な支援者であったことが窺える。彼は理学部長、化学研究所長、日本化学会長を歴任し、還暦をもって勇退していた。晩年は洛西の地で養生しながら、漢文や詩歌に興じて余生を送った[11]。工学部では喜多源逸（第50図、一八八三～一九五二）[19]が協力的で、三報ばかり論述している。つぎに注目される

第50図　喜多源逸

のは、のちにビニロンの研究で有名になった桜田一郎（一九〇四〜八六）[20]が当初から同人として、近重研究室に出入りしていたわけで、十三篇の論説はいずれも重厚な論文である。[15] なお、同人としての扱いはなかったが第四巻ぐらいから、新人の小田良平（一九〇六〜九二）の参入が注目でき、九篇の読み物を紹介している。[19]

## 四　なぜ休刊となったのか

『我等の化学』は、昭和八年（一九三三）七月二十九日発行の第六巻六・七合併号をもって廃刊となった。その号の巻頭には「休刊の辞」が記され、創刊時の状況を回顧しながら、その趣旨を繰り返し述べ、最後に次のように結んでいる。[10]

> 吾人の本誌休刊を決意するや既往を懐顧し、将来を展望して実に万斛の涙なきを得なかつたのである。而も今や之を説くも詮なし！　唯近き将来に於て、捲土重来の勢を振つて再び陣容を新にし、我国及び世界大方の、化学同好者に相見へん事を期するのである。
>
> 休刊するに臨み既往六年間、或は陰に陽に同人等の素志を翼賛して本誌を支持せられたる、天下数千の愛読者に向て、同人等相挙つて、茲に無限の感謝と敬意とを捧げんとするものである。

つまり、この文面のみでは、なぜ休刊となったのかは不明である。そこで少し以前の論説を調べると、たとえば、第六巻一号の大幸による「年頭の辞」では「我が国の現状は如何であるかは諸君のよく知られる所」云々という。[18] また、第五巻一号の巻頭文では「一九三二年は満蒙問題が悠久なる国際平和の基礎の上に解決せられて、東洋の天地には永く歓喜と隆昌との瑞雲たなびき、日支の文化は燦として愈よ光彩を交え、アジアの科学が一段と異彩を学界に輝かすべき年である」と祝辞的に期待が込められたが、[21] 一年過ぎても好転することはなかった。むしろ身近な、京帝大では滝川事件が起こり、京都は騒然たる状況を呈したことを思い起こさなければならない。[4] しかも、この事件の収拾の任務をもって松井元興（分析化学及び電気化学、一八七三〜一九四七）[22] が総長として選出された時期でもある。やがて、中瀬古は勤めていた第三高等学校講師を辞去して（昭和十一年、一九三六）、生まれ育った同志社大学で教鞭を取り、晩年を過ごした。[9]

## 五　歴史的役割と意義

『我等の化学』は、中瀬古に指導されて、絶えず高い理想を掲げ、[23] 現実には最大限の妥協・協調の精神で編集に携わり、多彩な内容となり、多くの読者層をもっていたようである。いずれにしても、京都を中心とした大学人が結束して、企画編集した化学雑誌として世に残り、最新の研究成果と化学知識の人間及びその社会への寄与ないしは還元という観点で化学の存在価値を問い直すという面に先鞭をつけたもので、高く評価できる。

大正期を終え、激動する昭和一桁時代に京都の化学者が一致協力して世に問うた一大典拠というべき『我等の化学』ではあったが、大幸・近重という重鎮の庇護のもとに科学史家の中瀬古という優れた取りまとめ役を得て、若手の同人たちが目一杯の自由を満喫したとの印象が強い。したがって、休刊後の厳しい戦時体制を乗り越えて、第二次大戦後の日本の化学を立て直し、指導していく人々がそこに、あるいはその周辺にいたことも確かである。

### 文献と注記

(1) 第一章第二節、「舎密学を興すの記」についてを参照。
(2) 第二章第四節、墓碑と『理化土曜集談』を参照。
(3) 第一章第五節、京都学派と独創的研究を参照。
(4) 京大七十年史編集委員会『京都大学七十年史』第二章（非売品、一九六七年）
(5) 鎌田親善「京都帝国大学附置化学研究所」、『化学史研究』第二一巻三号（六八号）一～三七頁（一九九四年）
(6) 広田鋼蔵『明治の化学者——その抗争と苦渋——』三～二二一頁（東京化学同人、一九八八年）
(7) 大幸勇吉「化学会の懐旧談」、『我等の化学』第六巻、二五〇頁（一九三三年）
(8) 「関西化学工業界の先輩たち」、『五十年のあゆみ』（近畿化学工業会、一九七〇年）
(9) 中瀬古六郎については、第一部第四章二節「京都の化学系諸学校の歩み」で詳しく述べた。著書は多く、『世界化学史』『近代化学史』『英文定性分析指針』『英文定量分析指針』『微量分析化学』（以上はカニヤ書店出版）『近代化学概観』（日本評論社出版）がある。喜多源逸との編著として『現代化学大観』（京大の三十余名が執筆、カニヤ書店）がある。
(10) 「休刊の辞」『我等の化学』第六巻六・七合併号巻頭（一九三三年）
(11) 近重真澄については、第一章五節およびその文献（30）が詳しい。
(12) 『我等の化学』第一巻、一頁（一九二八年）
(13) 中瀬古六郎「創刊満二ケ年」、『我等の化学』第三巻、三二七頁（一九三〇年）
(14) 『我等の化学』第四巻、一六一頁（一九三一年）
(15) 『我等の化学』の説苑（論説）に限って、第一巻と最終刊の第六巻は全目録を以下に載せた。また、第二～五巻については主なものに限定して以下に収録し、全容がわかるように配慮した。

第一巻（昭和三年九月〈一九二八〉一号〜四号）論説目次

| | | |
|---|---|---|
| 創刊の趣旨 | 中瀬古六郎 | 一頁 |
| 東洋煉金術 | 近重真澄 | 二頁 |
| 衣類と流行 | 織田経二 | 五頁 |
| 石炭と石油 | 喜多源逸 | 六頁 |
| 海水 | 鈴木文助 | 九頁 |
| 合成薬品発達の経路 | 高瀬豊吉 | 一四頁 |
| 祝辞 | 荒木寅三郎・中沢岩太 | 二〇頁 |
| ベルリンだより | 大幸勇吉 | 二一頁 |
| 祝辞 | 近重真澄・正路倫之助 | 二一頁 |
| 毒物の生物学的証明法 | 小南又一郎 | 四一頁 |
| 粉末度の測定 | 沢井郁太郎 | 五二頁 |
| 化学者の町の化学者たち | S・T・生 | 六〇頁 |
| 本邦の鉱物資源 | 松原　厚 | 八一頁 |
| デュラルミンの話 | 川合　熙 | 八四頁 |
| 新元素第六十一番発見の歴史 | 佐々木申二 | 八七、一二一頁 |
| 電解分析法 | 石橋雅義 | 九七頁 |
| 術語は仮名で | 飯島俊一郎 | 一二九頁 |
| X線と化学構造 | 田中晋輔 | 一三四頁 |
| 薬品併用律と薬階 | 高瀬豊吉 | 一三九頁 |
| 鑢製造の話 | 窪田格太郎 | 一四三頁 |

第二巻（昭和四年〈一九二九〉一号〜一二号）の主な論説目次

エントロピーとはどんなものか　一瀬雷信　一六、五九頁
金属タングステンの純粋製造　中沢良夫　四五頁
コロイド　金子英雄　三四六、三八五、四二五頁
自然界に於ける生物体内物質の合成理論構想　樺島　祝　三九四、四五〇、四九一頁
リービッヒの家と百グラムの鍍金　桜田一郎　四〇七頁
催眠薬に就て　高瀬豊吉　三四二頁
化学研究に就ての話　大幸勇吉　四七〇頁
女子と化学　桜井武平　四八三頁


第三巻（昭和五年〈一九三〇〉一号～一二号）の主な論説目次


自然界に於ける生物体内物質の合成理論構想　樺島　祝　一六、五八頁
IpatieffとCottrell　喜多源逸　二四頁
高級分子有機化合体とスタウデンガー教授　野津龍三郎　四三頁
X線に依る結晶構造の決定法　山本利道　一三〇頁
銅及び鉄の鋭敏なる一反応　松井元興　二〇九頁
化学者の見たる金銀貨　近重真澄　二一五頁
表面張力に因る硝子の変形　沢井郁太郎　二五四、三〇六頁
化学と製紙工場　渡辺　護　三五〇、四二四、四七三頁
石鹸の膠質化学　小田切瑞穂　三八〇、四二九頁
理学博士近重真澄先生　宇野伝三　四一一頁


第四巻（昭和六年〈一九三一〉一号～一二号）の主な論説目次


リービッヒ誕生の家　山岡　望　四三頁
屠蘇の化学　本田真一　五五、一四五頁

近重先生の科学論 　　山内淑人訳 　七〇頁
Savalsanの出来るまで 　中田久和 　九三頁
ケクル記念室 　　山岡 望 　一〇〇頁
繊維素分子の大さ及其構造 　桜田一郎 　二六二、二七三頁
過去四百年のベルリンの化学及び化学者 　桜田一郎 　三六二、四七二頁
明治時代に於ける医化学の発達 　廖 温仁 　四六八頁
高松豊吉博士の略歴 　亀高徳平 　四八一頁
定量分光化学分析 　岩村 新 　四九〇頁

第五巻（昭和七年〈一九三二〉一号～一二号）の主な論説目次

分子の極性及び其双極子に就て 　桜田一郎 　九〇頁
科学進歩の跡 　松井元興 　一一九頁
ヴタミンCの構造研究を紹介す 　樺島 祝 　一四七、一八七頁
農学博士 鈴木梅太郎氏小伝 　鈴木文助 　一六九頁
Dr Wilhelm Ostwald 　大幸勇吉 　二〇六頁
医学者 古武弥四郎氏小伝 　古武弥人 　二二一頁
澱粉のX線的研究並にパン製造の物理化学 　桜田一郎 　二五〇頁
南部鉄瓶と松笠鈴 　加瀬 勉 　二六七頁
互変二対塩の多相平衡 　大幸勇吉 　二七〇、二八二、三四七、三八八、四二五頁
緑茶の単釘寧物質に就て 　辻村みちよ 　二七九頁
我国古代の染料に就て 　明石染人 　三〇三、四三八頁
放射性物質の指示的効用 　石橋雅義 　三九九頁
二三有機化合物の分光学的性状 　増田耕作 　四二二頁

液体分子の会合及其に成分系の物理化学的性質　桜田一郎　四三一頁

第六巻（昭和八年〈一九三三〉一号～七号）論説目次


年頭の辞　大幸勇吉　一頁
大阪市民　食物の部分観　近藤金助　三頁
宇都宮三郎　二〇頁
光の速度　中瀬古六郎　二八頁
光の波動説及び発射説　中瀬古六郎　三二頁
石炭から骸炭へ　下村　明　四一頁
Wilder D. Bancroft　五一頁
Heyrovski教授と蹴球　志方益三　五六頁
メタンの熱分解によるベンゾールの合成　常岡俊三　五七頁
瑞西の三人の染料化学者　宇野征夫　六五頁
エライヂン化反応　紀　喜一郎　七三頁
〃石炭とその特性　小田良平　七七頁
デリス根の有効成分の化学　武居三吉　八一、一三〇頁
Wilhelm Conrad Rontgen　八八頁
遊離基は如何にして捕えられたか　小田良平　九一頁
科学の国ドイツで私の会った科学者達　桜田一郎　九八頁
同学の士（Colleagu, Kollege）　桂井富之助　一〇二頁
生産過剰の庶糖は如何に利用したらいいか？　本多真一　一〇三頁
物理化学を讃えた自然科学界の巨人並に工業界の巨匠の言葉　一〇五頁
アルカリ及びアルカリ土類金属　小田良平　一〇七頁

| | | |
|---|---|---|
| 結晶面に於ける電子の干渉現象 | 淵野桂之 | 一一五頁 |
| ガス分析に於ける水素の測定値の進歩 | 小田良平 | 一二三頁 |
| Georg LUNGE | | 一三九頁 |
| 電鋳の話 | 山口富雄 | 一四四頁 |
| 毒ガス漫談 | H. H. | 一四八頁 |
| 光線波動説の確立 | 中瀬古六郎 | 一六一頁 |
| 還暦の松本教授 | 吉岡藤作 | 一六七頁 |
| 松本先生のことども | 斉藤楢夫 | 一六八頁 |
| 漆と京都漆器 | 中谷光造 | 一七一頁 |
| 柳桑又木槿を以綿に制作の義 | 岩村　新 | 一七九頁 |
| Eduvard Buchner | | 一八〇頁 |
| 脂肪酸の構造とmp.及びbp.との関係 | 紀　喜一郎 | 一八九頁 |
| 休刊の辞 | | 六・七号（合併号）の巻頭 |
| 人造石油及び代用液体燃料 | 喜多源逸 | 二〇三頁 |
| 石炭の成因に関する最近のバール説 | 小田良平 | 二一一頁 |
| 糖類の名称の語源を中心とした漫談 | 桜田一郎 | 二二三頁 |
| Johan Kjeldhl | | 二二七頁 |
| 化学会の懐旧談 | 大幸勇吉 | 二三五頁 |
| リグニンの構造に対する分光学的研究 | 渡辺　護 | 二四一頁 |
| 相律に於ける成分の数に就て | 大幸勇吉 | 二五〇頁 |

（16）『我等の化学』第六巻六・七合併号（一九三三年）所収。

（17）『我等の化学』第二巻から第五巻までに納められた中瀬古六郎の論説と、その目次は次の通りである。

ただし、第一巻と第六巻分は文献(15)を参照。

第二巻　布哇（ハワイ）　二二一頁
宇宙の帰終：万物の趨向　二五四頁
蛋白構造の過去及び現在　三三九頁

第三巻　学界前途の展望　一頁
水の進化学的意義　一七三頁
植物汁液の上昇　一八〇頁
創刊二ケ年　三二七頁
不老長生　四一九頁

第四巻　窒素と人生　一五頁
珠数麦の小功徳　五四頁
鳥類の鉛中毒　六七頁
富の米国　一〇六頁
LEO HENDRICK BA KELAND　一六六頁
光学の揺籃期　一七五頁
宇宙観の発達　一八〇頁
心霊現象の科学的研究　一八五頁
Arthur Amos Noyes　増田耕作と共訳　二一五頁
Albert Abrham Michelson　二二七頁
The Svedberg　二三〇頁
高層気象とOzoneとの関係　中川清と共訳　三〇九頁
血清反応の化学観　三三一頁

第五巻

Basic Englishに就て　三五八頁
世界発明表　三七〇頁
科学と宗教　中川清と共訳　四〇六頁
外国語の教授に於ける科学的分析及総合　四五二頁
内分泌の生理学　四五七頁
科学と宗教　中川清と共訳　三二、一〇九頁
宇宙線の発見及び研究　六三頁
銀河の彼方――膨れる宇宙――　一五二頁
自然哲学の由来　二一一頁
William Henry Perkin jr　二四五頁
暑熱と健康　二九五頁
Richard ABEGG　三六五頁
宿命主義宇宙観の崩壊　四一八頁

(18) 大幸勇吉「年頭の辞」、『我等の化学』第六巻、一頁（一九三三年）
(19) 古川淳二『化学』第七巻（一九五二年）四三四頁および第一七巻（一九六二年）五七八頁
(20) 道家達将ほか『化学のすすめ』四六八～四七一頁（筑摩書房、一九八〇年）
(21) 「暁鶏既佳晨を報ず」、『我等の化学』第五巻、一頁（一九三二年）
(22) 品川睦明「松井元興」、『日本の基礎化学の歴史的背景』八二～八頁（京大理化学、一九八四年）
(23) 中瀬古六郎「学界前途の展望」、『我等の化学』第三巻、一頁（一九三〇年）

| 年号 | 西暦 | 大阪舎密局の史的展開　京都大学の源流　事項 | 参考事項 |
|---|---|---|---|
| 延暦一三 | 七九四 | 平安京に遷都 | |
| 貞享　元 | 一六八四 | | 天文方創設 |
| 寛政　九 | 一七九七 | | 昌平坂学問所開設 |
| 享和　元 | 一八〇一 | W・ヘンリー “An Epitome of Chemistry” 発刊（イギリス） | 小石元俊「究理堂」建立 |
| | 一八〇三 | イペイ、蘭訳 “Chemie, voor beginnende Liefhebbers” 発刊 | |
| 文政　二 | 一八一九 | 新宮涼庭、京都で蘭方医開業 | |
| 三 | 一八二〇 | シーボルト来日 | |
| 一一 | 一八二八 | | シーボルト事件 |
| 天保　四 | 一八三三 | 宇田川榕庵『植学啓原』発刊。ヅーフ・ハルマ刊行 | |
| 八 | 一八三七 | 宇田川榕庵『舎密開宗』発刊 | |
| 九 | 一八三八 | 緒方洪庵、適塾を開設 | |
| 一〇 | 一八三九 | 新宮涼庭、順正書院（南禅寺境内）を開く | |
| 嘉永　四 | 一八五一 | 川本幸民『気海観瀾広義』発刊 | |
| 六 | 一八五三 | | ペリー来航 |
| 安政　元 | 一八五三 | | 日米和親条約調印 |

| | | | |
|---|---|---|---|
| 安政四 | 一八五七 | ポンペ来日 | 『六合叢談』創刊 |
| 六 | 一八五九 | 川本幸民、蕃書調所（後の開成所）教授となる。シーボルト再来日 | 安政の大獄 |
| 文久二 | 一八六二 | 司馬凌海『七新薬』発刊。ボードウィン来日 | |
| 慶応元 | 一八六五 | 開成所に理学と化学の二科を設置<br>新宮涼閣、新宮涼民、明石博高、京都で医学研究会を結成 | 慶応義塾開設 |
| 二 | 一八六六 | 四月 ハラタマ来日し、長崎精得館にて分析窮理所勤務 | |
| 三 | 一八六七 | 一月 分析窮理所を開成所に移管。ハラタマ上京<br>八月 実験器具類江戸に着くも、物情騒然、業務進行不能 | 大政奉還、王政復古 |
| 四 | 一八六八 | 七月 大阪に舎密局創設が決定（ハラタマ・田中・三崎大阪へ） | 一月 鳥羽伏見の戦<br>五月 上野彰義隊の戦 |
| 明治元 | 一八六八 | 十一月 舎密局上棟 | 九月『明治月刊』創刊 |
| 二 | 一八六九 | 二月 舎密局は大阪府の所管<br>四月 神戸病院開設（教頭はヴェダー、事務総轄は森信一）<br>五月 大阪舎密局開校。ハラタマ開講之説を論じる<br>九月 大阪府所管洋学校、英学普通科を教授<br>十二月 洋学校は民部省移管となり神戸洋学校を併合<br>『理化新説』発刊 | 上京、柳池小学校開校<br>版籍奉還、東京遷都 |
| 三 | 一八七〇 | 三月 舎密局、洋学校とも大学の所管<br>五月 舎密局は理学校となり、造幣寮に移管<br>京都舎密局仮局設置。リッテル来日<br>十月 理学校と洋学校は合併し大阪開成所と改称、大学の所管 | 明石博高、京都府に出仕し、勧業掛を拝命 |

| | | | |
|---|---|---|---|
| | | 理学校は開成所分局（理学所ともいう）<br>十二月 ハラタマ契約期間満了し、離阪（翌年五月に帰国）<br>『理化日記』発刊 | 工部省設置 |
| 明治四 | 一八七一 | 二月 造幣寮（のちの造幣局）開業式<br>六月 大阪開成所の新校舎落成（七月 開業式）<br>グリフィス来日 | 文部省設置<br>廃藩置県 |
| 五 | 一八七二 | 六月 明治天皇臨幸（大阪理学所）<br>八月 大阪開成所は第四大学区第一番中学と改称 | 新英学校女紅場設置<br>学制発布 |
| 六 | 一八七三 | 四月 第三大学区第一番中学となる。大阪開明学校と改称<br>八月 鴨東に京都舎密局本館竣工 | 徴兵令発布 |
| 七 | 一八七三 | 四月 大阪外国語学校と改称<br>十二月 大阪英語学校と改称 | 同志社英学校開校 |
| 一〇 | 一八七七 | 東京大学創設（東京開成学校と東京医学校を合併）<br>十月『理化土曜集談』創刊 | 西南戦争 |
| 一二 | 一八七九 | 四月 大阪専門学校と改称 | |
| 一三 | 一八八〇 | 十二月 大阪中学校と改称 | |
| 一四 | 一八八一 | 京都舎密局廃止 | |
| 一八 | 一八八五 | 七月 大学分校となる | |
| 一九 | 一八八六 | 四月 第三高等中学校と改称<br>十一月 第三高等中学校、大阪から京都への移転が決定 | 三月 帝国大学令公布<br>東京大学、帝国大学と改称 |
| 二二 | 一八八九 | 八月 第三高等中学校京都（吉田本町）への移転 | 大日本帝国憲法発布 |

| | | | |
|---|---|---|---|
| 明治二三 | 一八九〇 | 九月 第三高等中学校、京都での授業開始 | |
| 二七 | 一八九四 | 六月 第三高等学校設置（専門教育のみ） | 日清戦争 |
| 三〇 | 一八九七 | 四月 第三高等学校（大学予科新設）二本松町へ移設<br>六月 京都帝国大学設立 | 帝国大学、東京帝国大学と改称 |
| 三二 | 一八九九 | 九月 理工科大学開設<br>九月 医科大学、法科大学開設<br>十二月 附属図書館設置。医科大学附属医院設置 | |
| 三三 | 一九〇〇 | | 京都法政学校開校 |
| 三七 | 一九〇四 | | 日露戦争 |
| 三九 | 一九〇六 | 九月 文科大学設置 | |
| 四〇 | 一九〇七 | | 東北帝国大学設立 |
| 四三 | 一九一〇 | | 九州帝国大学設立 |
| 大正二 | 一九一三 | 七月 沢柳事件 | |
| 三 | 一九一四 | 七月 京都帝国大学、理科大学と工科大学に分科 | 第一次世界大戦 |
| 六 | 一九一七 | | ロシア革命 |
| 七 | 一九一八 | | 北海道帝国大学 |
| 八 | 一九一九 | 二月 京都帝国大学 理学部、工学部と改称<br>五月 経済学部設置 | ヴェルサイユ条約調印 |
| 一二 | 一九二三 | 十一月 農学部設置 | 関東大震災 |
| 一五 | 一九二六 | 十月 化学研究所附置 | |
| 昭和三 | 一九二八 | 九月『我等の化学』創刊 | |

| | | | |
|---|---|---|---|
| 昭和四 | 一九二九 | | 世界大恐慌 |
| 六 | 一九三一 | | 大阪帝国大学設立 |
| 八 | 一九三三 | 五月 滝川事件<br>七月『我等の化学』休刊 | |
| 一四 | 一九三九 | 八月 人文科学研究所附置 | 名古屋帝国大学設立<br>第二次世界大戦 |
| 一六 | 一九四一 | 三月 結核研究所附置<br>十一月 工学研究所附置 | 大平洋戦争 |
| 一九 | 一九四四 | 五月 木材研究所附置 | |
| 二〇 | 一九四五 | | 広島・長崎に原子爆弾<br>ポツダム宣言受諾 |
| 二一 | 一九四六 | 九月 食糧科学研究所附置 | 日本国憲法公布 |
| 二二 | 一九四七 | 十月 京都大学と改称 | 教育基本法公布 |
| 二四 | 一九四九 | 五月 第三高等学校は京都大学（新制）に包括（分校設置）<br>教育学部設置<br>十一月 ノーベル物理学賞・湯川秀樹受賞 | |
| 二五 | 一九五〇 | 三月 第三高等学校廃止 | 朝鮮戦争 |
| 二六 | 一九五一 | 四月 防災研究所附置 | 日米安全保障条約調印 |
| 二八 | 一九五三 | 四月 新制大学院設置<br>八月 基礎物理学研究所附置 | |
| 二九 | 一九五四 | 四月 分校を教養部と改称（学内措置） | |

| | | | |
|---|---|---|---|
| 昭和三一 | 一九五六 | 四月　ウイルス研究所附置 | 日本、国際連合に加盟 |
| 三五 | 一九六〇 | 四月　薬学部設置 | 日米新安保条約調印 |
| 三七 | 一九六二 | 四月　経済研究所附置 | |
| 三八 | 一九六三 | 四月　教養部設置。数理解析研究所附置。原子炉実験所附置 | |
| 三九 | 一九六四 | | 東海道新幹線開通<br>東京オリンピック |
| 四〇 | 一九六五 | 四月　東南アジア研究センター附置 | アメリカ、ベトナム北爆。 |
| 四一 | 一九六六 | 四月　保険管理センター附置 | 中国、文化大革命。 |
| 四二 | 一九六七 | 六月　霊長類研究所附置 | |
| 四三 | 一九六八 | | 大学紛争頻発 |
| 四四 | 一九六九 | 四月　大型計算機センター附置 | アポロ11号月面着陸 |
| 四五 | 一九七〇 | 三月　昭和三六年設置の工業教員養成所廃止 | 大阪万国博覧会 |
| 四六 | 一九七一 | 四月　放射性同位元素総合センター附置 | |
| 四七 | 一九七二 | 五月　体育指導センター附置 | 沖縄の施政権返還 |
| 五〇 | 一九七五 | 四月　医療技術短期大学部設置 | |
| 五一 | 一九七六 | 五月　ヘリオトロン核融合研究センター附置<br>放射線生物研究センター附置 | ロッキード疑獄事件 |
| 五二 | 一九七七 | 四月　環境保全センター附置<br>七月　埋蔵文化財研究センター附置 | |
| 五三 | 一九七八 | 四月　情報処理教育センター附置 | 日中平和友好条約調印 |
| 五五 | 一九八〇 | 四月　医用高分子研究センター附置 | |

| | | | |
|---|---|---|---|
| 昭和五六 | 一九八一 | 十二月 ノーベル化学賞・福井謙一受賞 | |
| 六一 | 一九八六 | 四月 アフリカ地域研究センター附置 | |
| 六二 | 一九八七 | 十一月 ノーベル医学生理学賞・利根川進受賞 | |
| 六三 | 一九八八 | 十二月 遺伝子実験施設附置 | リクルート事件 |
| 平成 二 | 一九九〇 | 六月 生体医療工学研究センター（医用高分子研究センター拡充）附置 | 東西ドイツ統一 |
| 三 | 一九九一 | 四月 大学院人間・環境学研究科設置 | 湾岸戦争<br>ソ連邦崩壊 |
| 四 | 一九九二 | 四月 大学院法学研究科拡充・法学部教授移籍<br>十月 総合人間学部設置 | 連立与党内閣成立 |
| 五 | 一九九三 | 三月 教養部廃止<br>四月 工学部化学系教授、大学院工学研科へ移籍 | |
| 六 | 一九九四 | 大学院への移籍進む | |
| 七 | 一九九五 | | 阪神大震災 |
| 九 | 一九九七 | 六月 京都大学創立百周年記念 | |

# あとがき

京都大学の発祥・源流は、大阪舎密局に求められる。著者は、このことを白金坩堝というコレクションを通じて、曲がりくねった道のりを探策してきた。初めは単なる遊びでしかなかった。昭和五十八年度の科学研究費奨励研究Ｂの支援を受け、またその頃、丸山和博（京大・前理学部長、現・京都工芸繊維大学長）、（故）後藤良造両先生のお誘いにより、『日本の基礎化学の歴史的背景』（京大理・化学、一九八四年）の執筆に参画することになり、京都大学の化学史を意識するようになった。その後も折にふれて、一つずつ気になる史実を調べ直して、口頭発表したり、論文にしてきた。その間、京都大学内の各図書館（室）をはじめ多くの機関を利用し、関係する方々には大変お世話になった。

もとより、著者は一介の技術専門職員であり、化学学生実験のサポーターとしての業務の合間をぬって、いわば第二次世界大戦の申し子・一九四五年にロシアで発見された電子スピン共鳴（ＥＳＲ）法を用いて有機ラジカルの物理化学的研究に励んでいる身であり、時間と研究費のやりくりが研究の進捗と深く関係していた。ともかく、ＥＳＲ発見五十周年記念の年に、副専攻の分野ではあるが、本書が上梓できたことはうれしい。そして、まもなく迎えるであろう京都大学百周年記念に当たり、ささやかなプレゼントとなっておれば、これまた幸いなことである。

次にお世話になった方々の氏名を思いつく範囲（順不同）で記し、感謝申し上げたい。

（故）後藤良造、（故）大杉治郎、（故）明石博吉、（故）木下圭三、（故）竹内清和、（故）冨岡平治、松村義臣、小石秀夫、島尾永康、丸山和博、芝哲夫、道家達将、菅原国香、海堀昶、椎原庸、近盛晴嘉、伊藤正、住野公昭、広田襄、大矢博昭、浜田啓介、山本有造、愛宕元、阿辻哲次、堀田満、戸部博、西村健一郎、西井正弘、石川光庸、松田清、山下英一、武田瑞啓、三崎寿子、竹中祐典、梶山雅史、中野実、森俊夫、森文信、森友伸、斎藤多喜夫、佐久間温己、石田純郎、洲脇一郎、岡泰正、大塚活美、湯本豪一、片山好、有坂菊枝、妻・静子、愚息・宏一の各氏には、資料提供・史料および原稿校訂・考証助言等でご協力いただいた。

本書の出版に当たっては、宗田一・梅溪昇両先生のお力添えをいただき、出版の進捗には思文閣出版の林秀樹氏に終始お世話になり、吉永三千代さんには出版実務でご協力をいただいた。なお、本書の出版に関連して、快く資料提供許可を下さいました関係機関の各位、とりわけ京都大学総合人間学部長の児嶋眞平先生には、平素からのご厚情に対して深くお礼申し上げます。

終りに、去る一月十七日早朝の兵庫県南部地震によって、人命を含む多大の被害が神戸周辺及び阪神間にまたがってでたことに、心いたむものである。

平成七年三月十日

藤田　英夫

藤田英夫（ふじた　ひでお）

1943年に兵庫県三木市で生まれ，1962年から京都大学教養部化学教室に技術職員として勤務．その間に，立命館大学法学部（1966）及び理工学部基礎工学科（1971）卒業．1968年から出口安夫教授（故，京都大学名誉教授）に師事して，電子スピン共鳴法（ESR，EPR）主専攻．1992年10月には機構改組により，京都大学総合人間学部自然環境学科物質環境論講座の技術専門職員となる．1996年には牧野圭祐京都工芸繊維大学教授（のち京大名誉教授）にて，「生体内酸化還元反応の解釈を目指したヘテロ芳香族ラジカルの基礎研究――EPR及びENDORによる電子状態の解析――」で，京都工芸繊維大学博士（学術）取得．1998年には日本化学会にて，「温故知新の実践と基礎実験化学教育への貢献」で，化学教育有功賞を受賞．同年には文部省訓令初制定にて，京都大学総合人間学部の技術専門官（課長級）を拝命し，2003年に京都大学を定年退職．同年には若狭湾エネルギー研究センター，京都大学国際融合創造センター（現産官学本部）等に勤める．2004年以降は年金生活，借地農園で野菜栽培を楽しむ．2000年～2011年の間は京都薬科大学にて，非常勤講師（科学史）．

著書：気体材料―気相ＥＳＲ（分担），『素材のＥＳＲ評価法』大矢博昭・山内淳編（ＩＰＣ出版，1992年），『大阪舎密局の史的展開 京都大学の源流』（思文閣出版，初版1995年），編著『科学と青春の軌跡 焦土に息吹いた三高生の化学クラブ』（せせらぎ出版，1999年），『化学薬品の黎明 理学所御備試薬品目録の復刻』（私家版，2013年），化学史学会編（分担），『化学史事典』（化学同人，2017年），『EPR（ESR）スペクトル集 超微細構造の世界に魅せられた半世紀』（私家版，2018年）．

論文：J. C. S. Faraday Trans 1, 77, 2077-83（1983），日本化学会誌，1989，1512-15，日本海水学会誌，61，281-85（2007），他に約90報の論文がある．

所属学会：日本化学会，電子スピンサイエンス学会，化学史学会（評議員）．

現住所　〒611-0025 京都府宇治市神明石塚54-292

大《おお》阪《さか》舎《せい》密《み》局《きょく》の史《し》的《てき》展《てん》開《かい》

――京《きょう》都《と》大《だい》学《がく》の源流《げんりゅう》――

（オンデマンド版）

Digital Publishing

2019年11月30日　発行

著　者　　藤田　英夫

発行者　　田中　大

発行所　　株式会社 思文閣出版

〒605-0089　京都市東山区元町355

TEL　075-533-6860　FAX　075-531-0009

URL　https://www.shibunkaku.co.jp/

装　幀　　上野かおる（鷺草デザイン事務所）

印刷・製本　　株式会社 デジタルパブリッシングサービス



AK529

ISBN978-4-7842-7043-9　C3021　　Printed in Japan

藤田英夫（ふじた　ひでお）

1943年に兵庫県三木市で生まれ，1962年から京都大学教養部化学教室に技術職員として勤務．その間に，立命館大学の法学部（1966），及び理工学部基礎工学科（1971年）を卒業．1968年頃から出口安夫教授（現・京大名誉教授）に師事して，ESR研究（主専攻）の道に入る．1992年10月には，機構改組により総合人間学部自然環境学科の技術専門職員となり、現在に至る．化学史学会（評議員），日本化学会，国際フリーラジカル学会ほかに所属．

著書：気体材料－素材の気相ESR（分担）『素材のESR評価法』大矢博昭編（IPC出版，1992年），（共同執筆）『無機定性分析実験』京大総合人間学部編（共立出版，1994年）

論文：J. C. S. Faraday Trans 1, 77, 2077～83（1983），日本化学会誌，1989，1512～15；磁気共鳴と医学，5，37～41（1994）；ほかに多数の共著論文がある。

現住所：〒611 京都府宇治市神明石塚54-292

大阪舎密局《おおさかせいみきよく》の史《し》的展開《てきてんかい》——京都大学《きようとだいがく》の源流《げんりゅう》——

平成７（1995）年７月１日

著　者　藤田英夫
発行者　田中周二
発行所　株式会社思文閣出版
京都市左京区田中関田町２－７
電話 075 － 751 － 1781（代表）

印　刷　昭和堂印刷所
製　本　池田製本

 ISBN4-7842-0868-2 C3021

# 挿図出典一覧

■口　絵

第1図　浪花百景之内セイミ局（長谷川貞信画/神戸市立博物館所蔵）

第2図　摂州神戸山手取開之図（横浜開港資料館所蔵）

第3図　御城外大調練之図（長谷川小信画/京都大学総合人間学部図書館所蔵）

第4図　大阪開成所全図の一部（京都大学総合人間学部図書館所蔵）

第5図　「白金器入函　化學實驗場」（京都大学総合人間学部自然環境学科物質環境論講座所蔵）

第6図　七宝焼琺瑯板（ワグネル作/故・明石博高家所蔵）

第7図　京都細覧図（著者所蔵）

第8図　第三高等中学校の京都移転当時の一覧図（京都大学総合人間学部図書館所蔵）

第9図　大阪舎密局開校記念写真（大洲市立博物館所蔵）

第10図　宇都宮三郎とハラタマ（'Leraar onder de Japanners', 1987, De Bataafsche Leeuw, Amsterdamから転載）

第11図　大阪舎密局役人写真と舎密局日記（三高同窓会『会報』64号，1986年）

第12図　大阪舎密局写真（芝哲夫氏提供）

第13図　神戸病院の正面玄関（京都大学総合人間学部図書館所蔵）

第14図　神戸病院付近の山手近景（京都大学総合人間学部図書館所蔵）

第15図　東南方からの神戸病院（京都大学総合人間学部図書館所蔵）

第16図　神戸病院の前庭からの神戸港（京都大学総合人間学部図書館所蔵）

第17図　森信一の顕彰碑

第18図　ボードウィンを囲む学生たち（『甦る幕末』、朝日新聞社、1986年）

第19図　Chemie, voor Beginnende Liefhebbers.（1803）.（京都大学附属図書館所蔵）

第20図　舎密開宗（天保8年、1837）（京都府立総合資料館所蔵）

第21図　リツテルの契約原文（京都大学総合人間学部図書館所蔵）

第22図　『理化土曜集談』（東京大学法学部、宮武外骨収蔵品「明治新聞雑誌文庫」所蔵）

■挿入図版


第１図　緒方洪庵（緒方正美氏所蔵）…… 4

第２図　宇田川榕庵（『化学と教育』口絵、第37巻第５号、日本化学会、1989年）…… 5

第３図　宇都宮三郎（竹内清和「宇都宮三郎年譜」、『郷土文化』第５巻２号、1989年）…… 6

第４図　川本幸民（中瀬古六郎『世界化学史』、カニヤ書店、1924年）…… 7

第５図　川本幸民の顕彰碑…… 8

第６図　田中芳男・ハラタマ・三崎嘯輔・平田助左衛門（京都大学総合人間学部図書館所蔵）…… 23

第７図　『大阪舎密局開講之説』（京都大学総合人間学部図書館所蔵）…… 25

第８図　『理化新説』（京都大学総合人間学部図書館所蔵）…… 28

第９図　『理化日記』（京都大学総合人間学部図書館所蔵）…… 33

第10図　三崎嘯輔の墓碑…… 37

第11図　『新式近世化学』（京都府立総合資料館所蔵）…… 38

第12図　松本銈太郎（京都大学総合人間学部図書館所蔵）…… 39

第13図　明石博高（故・明石博吉家所蔵）…… 42

第14図　明石博高の墓碑…… 43

第15図　吉田山麓の化学実験場…… 62

第16図　吉田彦六郎（『京都化学学士会会報』第19号、1930年、京都大学理学部化学教室所蔵）…… 73

第17図　新宮凉庭（『鬼国先生言行録』、京都大学附属図書館所蔵）…… 86

第18図　『官版明治月刊』（京都大学文学部国史学図書室所蔵）…… 88

第19図　何礼之助（京都大学総合人間学部図書館所蔵）…… 89

第20図　ハラタマの俸給受取書（三高同窓会『会報』64号、1986年）…… 92

第21図　リッテルの俸給受取書（京都大学総合人間学部図書館所蔵）…… 98

第22図　京都大学沿革史略図（『化学と教育』第37巻第５号、日本化学会、1989年）…… 100

第23図　リッテルの墓碑…… 114

第24図　『理化集談』（東京大学法学部、宮武外骨収蔵品「明治新聞雑誌文庫」所蔵）…… 116

第25図　大阪開成所全図の舎密局部分（口絵第４図の拡大図）…… 123

第26図　大阪司薬場平面図（京都大学総合人間学部図書館所蔵）……………………125

第27図　120年前の妙行寺と長崎港（横浜開港資料館所蔵）…………………………150

第28図　最近の妙行寺、グラバー園中腹からの遠望………………………………………150

第29図　長崎養生所趾……………………………………………………………………………150

第30図　神戸での14歳の久原躬弦（塚原徳道編『久原躬弦書簡集』、津山洋学
　　　　資料館、1987年）……………………………………………………………………154

第31図　京都舎密局正堂の門柱部位の拡大写真（京都府立総合資料館所蔵）………162

第32図　舎密局の大小の表札〔表〕（京都府立総合資料館所蔵，京都府京都文
　　　　化博物館管理）………………………………………………………………………162

第33図　舎密局の大小の表札〔裏〕（京都府立総合資料館所蔵、京都府京都文
　　　　化博物館管理）………………………………………………………………………162

第34図　ハラタマ居宅の略図と使途（口絵第４図の拡大図）…………………………171

第35図　ハラタマ居宅の当時の写真（芝哲夫氏提供）…………………………………171

第36図　来日当時のヴェダー（医学文化館所蔵）………………………………………175

第37図　口絵第14図の道標の拡大図………………………………………………………176

第38図　現在の道標………………………………………………………………………………176

第39図　口絵第13図の門構えの拡大図……………………………………………………178

第40図　開港神戸之図の一部分………………………………………………………………179

第41図　神戸地籍之図の一部分………………………………………………………………180

第42図　森信一（森友伸氏所蔵）……………………………………………………………185

第43図　森信一の墓碑（森文信氏所蔵）……………………………………………………188

第44図　若き日のガワー（横浜開港資料館所蔵）………………………………………224

第45図　ガワーのサイン（横浜開港資料館所蔵）………………………………………225

第46図　『我等の化学』（京都大学医学部図書館所蔵）…………………………………230

第47図　大幸勇吉（『五十年のあゆみ』、近畿化学工業会、1970年）…………………231

第48図　中瀬古六郎（『五十年のあゆみ』、近畿化学工業会、1970年）……………231

第49図　近重真澄（『京都化学学士会会報』第35号、1943年、京都大学理学部
　　　　化学教室所蔵）………………………………………………………………………232

第50図　喜多源逸（『五十年のあゆみ』、近畿化学工業会、1970年）…………………236

# 人名索引

## あ行


アトキンソン 46, 116, 155
アボガドロ 34, 139
アンチセル，トーマス 42
明石博高 43, 158
明石博吉 161
明石厚明 161
明石国助(染人) 161
足立長雋 7
天谷千松 229
飯塚大治 230
飯沼春蔵 27
池田菊苗 45
池田謙斎 16
池田潜蔵 56
市川斎宮 19
市川(平岡)盛三郎 34, 41
伊藤博文(俊輔) 176, 186, 205
今立吐酔 57
ウイリス 225
ヴェダー(ベダル) 132, 175, 202, 208, 219, 220
上野彦馬 14
臼井唯一 27
宇田川玄真(榛斎) 87
宇田川隼一 155
宇田川榕庵 8, 85, 154
宇都宮三郎(鉱之進) 6, 116, 131, 167
オールコック 223
大久保利道 22
大隈重信 24
大幸勇吉 230
大村益次郎 186
緒方洪庵 4
緒方惟準 14, 22, 203
奥山嘉一郎(政敬) 31, 97
織田顕次郎 77
小田良平 236
折田彦市 48, 61


## か行


ガウランド 187
カニッツァーロ 34
ガラタマ(ハラタマ) 20, 92
ガワー(A.A.J：ゴウル、ガール) 133, 223
ガワー(E.H.M.) 223
何礼之助(礼之) 132, 204
柏原学介 43
糟谷宗資 72
桂　文郁 43
桂川甫策 19
加藤弘之 97
樺島　祝 230
川本幸民(裕軒) 7
神田孝平 97
キニヨット 67
キンドル 186
木内伝内 133
菊池大麓 204
岸本(億川)一郎 27, 42, 204
喜多源逸 235
北垣国道 56
木戸孝允(桂小五郎) 205
木下広次 77
木村和三郎 230
グリフィス 38, 57, 135, 155
日下部太郎(八木八十八) 38, 138
久原躬弦 102, 116, 153
ゲールツ(ヘールツ) 54
ケズウィック 223
小石元俊 86
小石元瑞 86
小石第二郎 179
小泉俊太郎 55
後藤象二郎 21, 151

後藤新平 103
後藤良造 166
小松　茂 74
小松帯刀 21

## さ行

サムナー 72, 101
西園寺公望 76
坂口正男 86
桜井錠二 46
桜田一郎 236
佐藤　直 64
佐藤道碩 19
ジュエット 155
ジュクロー 72
ジュリー，レオン 52
ジョセフ・ヒコ(彦) 220
椎原　庸 166
幣原喜重郎 65
芝　哲夫 123
司馬凌海 6
島津源吉 72
島津源蔵 56
下村孝太郎 66
新宮春男 104
新宮凉閣 43
新宮凉亭 86
新宮凉庭 86, 159
スチュワード 42
菅原国香 122
杉浦重剛 46
杉田定一 140
青地林宗 7
ソマーズ 73
副島種臣 97

## た行

高橋鉉太郎 49
高橋三郎 113
高橋増次郎 64
高畠五郎 6
高松豊吉 235
高松凌雲 204
高峰譲吉 29
竹内清和 167
田中芳男 22, 40, 88
谷本　富 229
団　琢磨 48
近重真澄(物庵・物安) 102, 230
塚原徳道 35, 113
辻　新次 19
辻岡精輔 27, 45, 117, 140
坪井信良 8
土肥慎一郎(土井通夫) 131
道家達将 167
徳大寺実則 97
戸塚静伯 19
利根川進 99

## な行

長井長義 17
長岡半太郎 48
中川重麗 57
中川信輔 133
中沢岩太 77
中島永元 61
中島　正 230
中瀬古六郎 66, 230
長田銀蔵 117
長与専斎 14, 204
新島　襄 65
西本清介 133
西四辻公業 133
仁田　勇 174

## は行

パーキン 130
パークス 224
ハイリッヒ 160
ハラタマ 15, 20, 31, 91
ハリス 67
長谷川信篤 50
浜口雄幸 65
林　権助 48

林屋辰三郎 77,101
坂　優吉 27
ピステリュース(ピストリュス) 96,133
肥後七左衛門 19
平田助左衛門 31
ファン・デン・ブルク 11
フレセニウス 16
深瀬仲馬 133
福井謙一 103
福沢諭吉 52,169
ヘーデン 179
ヘールツ 54,159
ペリー 3
ヘンリー 86
ボードウィン(A.F.) 14,186,203
ホール，カリー 224
ボールドウィン，チャーレス 52
ホフマン 18,40
ポンペ 12
堀場信吉 235
本多健一 104

## ま行

マルチン 45
牧野伸顕 70
槇村正直 51,159
町田久成 97
松井直吉 61,63
松井元興 237
松木五楼 230
松本銈太郎 23,27,39,203
松本良順 12
三崎玉雲軒 137
三崎嘯輔(宗玄・尚之) 27,31,38,90,137
三崎宗庵 38
三崎宗仙 38
三瀬諸淵 131
溝淵進馬 65
箕作阮甫 8
箕作麟祥(貞一郎) 154
宮本阮甫 43
三輪恒一郎 229
村岡範為馳 72,101
村上英俊 6
村橋次郎 27,45
藻寄隆次 33
森　信一(龍玄) 184,189

## や～わ行

保田東潜 27
山尾庸造(庸三) 223
山寺容磨 67
山本覚馬 51,159
山本利道 230
横尾治三郎 229
吉川亀次郎 64,229
吉田彦六郎 72,101,229
ラボジェ 17
リッテル(リッター) 33,110,111,155
レーマン，ルドルフ 52
レムセン 66,156
ロスコー 34
ワイリー 5
ワグネル 55,159

# 事項索引

## あ行


アドレナリン 29
アニリン 130
アボガドロの分子仮説 139
明石医療所 162
味の素 45
有田焼 55
有馬温泉の成分分析 32
*American Journal of Medical Science* 208
An Epitome of Chemistry 86
インジゴ 130
医学伝習所 12
一番教師館 172
『宇都宮氏経歴談』 166
漆の化学的研究 72
英国一番館 224
衛生試験所 141
『英文定性分析指針』 66
『英文定量分析指針』 66
『英蘭会話訳語』 20
「蝦夷南西部への旅行」 37
X線の発明 72
大阪アカデミー 111
大阪英語学校 47, 122
大阪外国語学校 46
大阪開成所 32, 36, 112
「大阪開成所全図」 24, 123
大阪開明学校 46
大阪司薬場 124
「大阪司薬場平面図」 24, 124
大阪舎密局 10, 22, 85, 123
大阪舎密局開校記念写真 131, 174
大阪舎密局の写真 123
大阪専門学校 48
大阪造幣局 31
大阪中学校 48
大阪洋学校 36
大阪理学所(校) 32


## か行


ガワーのサイン 225
海軍伝習 11
開成所 8, 19
開物新社 88
開明学校 46
『科学朝日』 113
「化学概論(グリフィス講義録)」 139
『化学器械図説』 39
化学教室 109, 134
『化学撮要』 44
化学実験場 99, 134
『化学と教育』 167
『化学日記』 34, 41
『化学用器械目録』 29, 127
『学術用器械薬品雑品受渡控』 62, 136
学制公布 46
金沢市(藩) 33, 111
川本幸民の顕彰碑 9
「関西大学創立次第概見」 76, 99
『気海観瀾』 7
『気海観瀾広義』 5
「擬年報」 87
『旧理学所器械目録並諸省貸附器械目録』 29, 127
究理堂 86, 179
『教会法学略記説』 117
『京都』 77, 101
京都移転 62
『京都学校記』 52
「京都細覧図」 162
京都司薬場 55
京都舎密局 53, 158
京都舎密局の三つの表札 160
京都大学総合人間学部(旧教養部) 87, 101
『京都府教育雑誌』 73
『京都府舎密局事業拡張告知文』 54

『郷土文化』 167
京都薬学校 67
『金銀精分(官版)』 31, 39, 138
『銀行形情』 117
『金相学』 102
金相学 230
九鬼邸(屋敷) 8
『瓊浦日抄』 17
「原子説沿革の概略」 63
『現代化学大観』 66
コバルト彩釉料 55
工科大学 229
工芸舎密教示 162
『交詢雑誌』 169
『鉱泉定性分析表』 159
『神戸医科大学史』 177
『神戸開港三十年史』 177
神戸外国人居留地 224
神戸事件 220
『神戸市立東山病院史』 177
神戸大学医学部 177
「神戸地籍之図」 180
神戸病院 175
神戸病院の写真 174
神戸洋学伝習所 178
「御城外大調練之図」 85
御番所 179

## さ行

『最新無機化学』 74
『最新有機化学』 74
済世館 38
薩英戦争 224
沢柳事件 228
三高 69, 75, 101
三田市(藩) 7
「三人ガワー」 223
シーボルトの外国奉行への返翰 6
シケィキュンデ(Scheikunde) 4, 122
『試験階梯』 31, 39
『試験告示』 159
『七新薬』 6
『実験音響学』 72
七宝 55
七宝焼珐瑯板(ワグネル作) 160
司薬場 53
『試薬用法』 31, 39
写真術 18
『写真発明百年記念講演集』 18
聚星館 117
修猷館 58
『需氏舎密原義』 45
順正 86
『小学化学書』 41
『植学啓原』 4
『植物掛図』 41
『植物自然分科表』 41
「緒言追加」 88
『新式近世化学』 39, 117, 139
『壬辰雑誌』 64
『人身分離則』 87
『新撰化学教科書』 74
『新訂草木図説』 41
『神陵史』 68, 75
『神陵小史』 63, 126
Chemie,voor Beginnende Liefhebbers 85
精得館 85, 204
西南戦争 187
セイミ(舎密) 4, 5, 85, 122
『舎密開宗』 4, 85
『舎密学を興すの記』 26, 87
舎密局(学) 3, 4
『舎密局開講之説』 25, 89, 124
舎密局址 10
『舎密局生徒仮教則』 54
『舎密局創立之起源并爾来之記録』 26, 87, 126
「舎密局日記」 133
舎密局の授業 28
『舎密局必携』 14
『舎密伝習見聞日記』 15
『舎密便覧』 11
『世界化学史』 66
石墨の鑑定 32

「摂州神戸山手取開之図」 179
『善性白粉』 159
『造幣局百年史』 186

## た行

タカジァスターゼ 29
大学分校 60
『大君の都』 225
第三高等学校(三高) 69, 75, 101
第三高等中学校 60
『第三高等中学校器械模型標品并薬品目録』 62, 136
大政奉還 20
第四(三)大学区第一番中学 37
滝川事件 237
「田中芳男文書」 24
『歎異抄』 58
『中等化学教科書』 74
津山市(藩) 154
『定性試験桝屋』 31, 39
適塾 4
「電気分解説」 64
『天工開物』 3
『ドイツ東アジア科学·民族学協会報告』 113
東京遷都 23
東京深川セメント製造所 117
陶磁器 53
同志社 66
『動物学』 41
『動物掛図』 41
『動物訓学』 41
『東洋錬金術』 102
鳥羽伏見の戦い 20

## な行

ナフタリン 130
長崎分析窮理所 149
長崎養生所(精得館) 151
「浪花百景之内セイミ局」 85
生麦事件 223
鳴滝塾 11
日清戦争 71, 101
「日本での重要使命」 37
「日本の古い衣服」 37
『日本有用動物見本』 41
女紅場 52, 100
ノーベル賞 103

## は行

ハラタマの居宅 170
ハラタマの契約書 92
ハラタマの講義(録) 28, 39
ハラタマの俸給受取書 92
波理須(ハリス)理化学校 65
『ハルマ和解』 87
廃藩置県 111
白金器入函 134
白金坩堝 30, 109
蕃書調所 8, 19
『万有化学』 6
ビール 8
『日出新聞』 57
「兵庫県御免許開港神戸之図」 178
兵庫洋学伝習所 154
『微量分析化学』 66
フランス大博覧会 40
福井市(藩) 38
富国強兵 52
『仏教問答』 58
『物理化学の進歩』 235
『物理学教授法』 72
物理学実験場 63
『物理日記』 34, 41
『分析学初歩』 45
分析窮理所 85
『分析道具品立帳』 16
「ベックマン転位」 153
『兵家須読舎密真源』 5
『平民学校論略』 72
『賢理(ヘンリー)氏化学書』 86
ボードウィンを囲む学生たち 202
ポルトランドセメント 117
ポンズ 53

## ま行

マセソン商会 223
三崎塾(観先塾・得英学舎) 141
妙行寺 150
『彌勅出生以前』 103
『明治化学の開拓者』 114
『明治月刊』 88
『明治文化全集』 88
『明治文化と明石博高翁』 160
森信一の顕彰碑 186, 190
森信一の写真 185
森信一の墓碑 188
森信一の履歴書 184, 191, 194
文部省設置 36

## や行

ヤーパン号(咸臨丸) 11
「薬学校通則」 67
『薬品雑物試験表』 31, 39, 117
『山城の炭酸泉』 160
『裕軒川本先生小伝』 8
『裕軒随筆』 6
『有用植物図説』 41
「溶液之説」 64
洋学校 36
養生所趾 152
洋書調所 8
「甦る幕末」(写真展) 202

## ら～わ行

蘭学 3
リツテルの契約書 97
リッテルの講義(録) 34, 41, 112, 126
リツテルの俸給受取書 98
リッテルの墓碑 114
利得耳君碑 114
Remarks on the Actual State of Medical Science in Japan 208
理化学校 21
理学所(校) 32
『理学所御備置試薬品目録(試薬掛)』 29, 127
『理化(土曜)集談』 110, 114
『理化新説』 28, 39, 126
理科大学 229
『理化日記』 34, 41, 112, 126
『六合叢談』 5
理工科大学 229
立命館 76
レモナーデ(リモナーデ) 53
煉真舎 44
坩堝 16
『ワグネル博士化学講義筆記』 44
『我等の化学』 66, 103, 228